全国水利行业"十三五"规划教材(职业技术教育)
中国水利教育协会策划组织

现代水利工程项目管理

(第2版)

主　编　尹红莲　庄　玲
副主编　刘　宁　朱显鸽　刘淑文
　　　　王典鹤
主　审　毕守一　闫德强

U0235395

黄河水利出版社
·郑州·

内 容 提 要

本书是全国水利行业"十三五"规划教材,是根据中国水利教育协会职业技术教育分会高等职业教育教学研究会制定的现代水利工程项目管理课程标准编写完成的。本书以典型现代水利水电工程项目为范例,根据我国近年来制定的有关水利水电工程建设的法律、法规,结合现代项目管理的理念、方法和水利工程建设的实践全面介绍水利工程项目管理过程中主要参建各方需要掌握和了解的管理体系及建设程序。本书共分 11 个项目,内容包括:工程项目管理基本知识、工程项目管理组织、工程项目招标与投标、工程项目进度管理、工程项目成本管理、工程项目质量管理、工程项目合同管理、工程项目安全管理、工程项目信息管理、工程项目综合案例。

本书可作为高等职业技术学院、高等专科学校水利水电工程管理、水利水电工程建筑、水利工程、水利工程施工、水利水电工程造价与管理等专业的教材,也可供从事水利工程建设项目施工、咨询和监理等工作的相关人员使用以及作为水利工程施工企业项目管理人员的培训教材。

图书在版编目(CIP)数据

现代水利工程项目管理/尹红莲,庄玲主编.—2 版.
郑州:黄河水利出版社,2018.8 (2022.1 重印)
全国水利行业"十三五"规划教材. 职业技术教育
ISBN 978-7-5509-2072-9

I.①现… Ⅱ.①尹… ②庄… Ⅲ.①水利工程管理-
项目管理-高等职业教育-教材 Ⅳ.①TV512

中国版本图书馆 CIP 数据核字(2018)第 151836 号

组稿编辑:王路平 电话:0371-66022212 E-mail:hhslwlp@163.com
　　　　　田丽萍 　　　　66025553 　　　912810592@qq.com

出　版　社:黄河水利出版社　　　　　　　　　网址:www.yrcp.com
　　　　　地址:河南省郑州市顺河路黄委会综合楼14层　邮政编码:450003
发行单位:黄河水利出版社
　　　　　发行部电话:0371-66026940、66020550、66028024、66022620(传真)
　　　　　E-mail:hhslcbs@126.com
承印单位:河南承创印务有限公司
开本:787 mm×1 092 mm　1/16
印张:18
字数:420 千字　　　　　　　　　印数:5 101—6 100
版次:2018 年 8 月第 1 版　　　　　印次:2022 年 1 月第 3 次印刷
定价:45.00 元

第 2 版前言

本书是贯彻落实《国家中长期教育改革和发展规划纲要(2010—2020年)》《国务院关于加快发展现代职业教育的决定》(国发〔2014〕19号)、《现代职业教育体系建设规划(2014—2020年)》和《水利部教育部关于进一步推进水利职业教育改革发展的意见》(水人事〔2013〕121号)等文件精神,依据中国水利教育协会水教协〔2016〕16号文《关于公布全国水利行业"十三五"规划教材名单的通知》,在中国水利教育协会精心组织和指导下,由中国水利教育协会职业技术教育分会组织编写的全国水利行业"十三五"规划教材。教材以学生能力培养为主线,具有鲜明的时代特点,体现了实用性、实践性、创新性的特色,是一套水利高职教育精品规划教材。

本书第1版由山东水利职业学院尹红莲主持编写,自2014年8月出版以来,因其通俗易懂,全面系统,应用性知识突出,实用性强等特点,受到全国高职高专院校水利类专业师生及生产单位广大水利从业人员的喜爱。近四年来,国家及行业相关法律、法规、规范标准发生了变化,PPP、代建制等新的建设管理模式得到推广应用,同时在教学过程中发现了第1版教材中个别不完善的内容。为进一步满足教学和生产的需要,并使教材符合新法律、法规、规范,编者在第1版的基础上对原教材内容进行了全面修订、补充和完善。与第1版相比,本次再版修改了相关新法律、法规、规范、标准的内容;部分学习项目中增加了小案例;增加了代建制管理综合案例。进一步引入行业职业标准和职业资格证书标准,引进企业技术人员参与编写,把企业生产实际中应用的项目管理新知识、新技术、新方法反映到教材中去。实现了课证融合,使课程内容适应职业技能培养的需要。

本书编写人员及编写分工如下:山东水利职业学院尹红莲编写项目一、项目三;山东水利职业学院刘宁编写项目二、项目七;杨凌职业技术学院朱显鸽编写项目四;山东水利职业学院王典鹤编写项目五、项目八;山西水利职业技术学院刘淑文编写项目六;山东水利职业学院孙爱华编写项目九;山东水利职业学院彭英慧编写项目十;乐陵市水利建筑安装公司王康编写项目十一综合案例一,山东省南水北调工程建设管理局闫德强、刘孝菊编写项目十一综合案例二,山东临沂水利工程总公司李文龙、日照市水务工程建设有限公司庄玲编写项目十一综合案例三。本书由尹红莲、庄玲担任主编,由刘宁、朱显鸽、刘淑文、王典鹤担任副主编,由安徽水利水电职业技术学院毕守一教授、山东省南水北调工程建设管理局闫德强研究员担任主审。全书由尹红莲统一规划和统稿。

本书在编写过程中,得到了中国水利教育协会、黄河水利出版社以及生产企业人员的大力支持和帮助,在此一并致以诚挚的谢意!

由于编者水平有限,书中难免存在错漏和不足之处,恳请广大师生及专家、读者批评指正。

编 者

2018 年 5 月

目 录

项目一　工程项目管理基本知识

【学习目标】

能够理解项目与工程项目、项目管理与工程项目管理的概念,掌握工程项目的生命周期和管理过程,了解项目管理的知识体系,会划分工程项目的生命周期。

【学习任务】

(1)项目与项目管理。

(2)工程项目与工程项目管理。

(3)工程项目的生命周期与管理过程。

(4)工程项目管理知识体系。

(5)现代工程项目管理的发展历程

【任务分析】

要实现项目的四大目标(费用、进度、质量、安全),对工程项目进行管理,首先要学习工程项目管理的基本知识,了解项目、项目管理、工程项目、工程项目管理的概念,工程项目的分解及生命周期以及相关的知识体系,这是工程项目管理的基础。

【任务实施】

任务一　项目与项目管理

一、项目的概念及分类

(一)定义及特性

1.项目的定义

目前对项目的定义有很多种。例如美国项目管理协会(PMI)认为,项目是为提供某种独特产品、服务或成果所做的临时性努力。麦克·吉多认为,项目就是以一套独特而又相互联系的任务为前提,有效地利用资源,为实现一个特定的目标所做的努力。国际标准化组织(ISO)将项目定义为:项目是由一系列具有开始和结束日期、相互协调和控制的活动组成的,通过实施活动而达到满足时间、费用和资源等约束条件及实现项目目标的独特过程。上述项目的定义尽管有所不同,但其本质是一样的。因此,可以将项目定义为:项目是在一定约束条件(资源和时间的限制)下,具有明确目标的一次性活动(或任务)。

2.项目的特性

1)目标性

项目的目标性是指任何一个项目都是为了实现特定的组织目标和产出目标服务的,主要包括以下两类:

(1)成果性目标(目的性目标),是指项目的功能要求。

(2)约束性目标,又称约束条件和限制条件。

2)一次性和单件性

一次性和单件性是指项目过程的一次性和项目成果的单件性。

3)约束性

约束性是指每个项目在一定程度上受到内在条件和外在条件的制约。内在条件的制约主要是对项目的质量、寿命和功能的约束;外在条件的制约主要是对项目资源的约束,包括人力、财力、物力、时间、技术、信息等方面的资源。

4)整体性

(1)许多生产要素形成一个有机的整体。

(2)有许多目标,要整体优化。

一个项目是一个整体,在按其需要配置生产要素时,必须进行统筹考虑、合理安排,保证总体目标的实现。

(二)项目的分类

按照不同的分类标准,可以将项目分为不同的种类,如表 1-1 所示。

表 1-1　项目的分类

分类标准	分类内容
规模大小	小型项目、中型项目、大型项目、特大型项目
复杂程度	复杂项目、简单项目
行业领域	建设项目、工业项目、农业项目、交通项目、医疗卫生项目
活动性质	产品开发项目、技术改造项目、投资项目、科研项目、采购项目
结果形态	产品项目、服务项目
用户明确程度	有明确用户项目、无明确用户项目

(三)项目的分解

为了便于制订计划,控制项目的开始和结束的时间、项目的质量以及项目的费用,常常将项目进行分解。一般的项目可按图 1-1 所示进行分解。

图 1-1　项目分解图

二、项目的生命周期

项目的生命周期是指项目产出物的生命周期——项目的建造(或开发),以及建成交付的工程(或产品)的使用直至最终清理的全过程。以可交付成果的完成为标志,可将项目分为如图 1-2 所示的几个阶段。

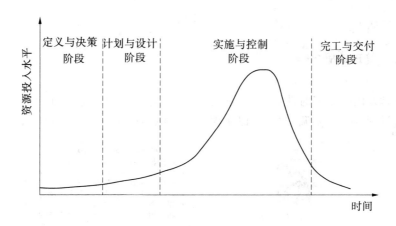

图1-2   项目的生命周期

1.定义与决策阶段

定义——明确问题。

决策——做决定。

(1)此阶段主要任务是提出项目、定义项目、项目决策。

(2)此阶段主要工作为识别需求、调查研究、拟订方案、提出项目建议书、可行性分析、项目评估。

(3)此阶段成果主要有项目方案、项目建议书、可行性研究报告、评估报告。

2.计划与设计阶段

计划——对实现项目所需的工作进行预先安排。

设计——将项目方案具体化。

(1)此阶段主要任务是计划项目、设计项目。

(2)此阶段主要工作为组建项目小组、确定目标、界定范围、项目产出物设计、分解工作、编制进度计划、编制成本计划、编制质量计划、编制资源计划、制订项目团队组建方案、风险分析。

(3)此阶段成果主要有项目计划书、项目设计文件。

3.实施与控制阶段

(1)此阶段主要任务是实施项目、控制项目。

(2)此阶段主要工作为组建项目团队、招标采购、落实计划、实施计划、跟踪项目进展、纠正项目偏差、控制项目变更、协调冲突、阶段性评审。

(3)此阶段成果主要有项目产出物、自评报告。

4.完工与交付阶段

(1)此阶段主要任务是结束项目、交付项目产出物、总结经验。

(2)此阶段主要工作为项目完成范围的确认、项目产出物的质量验收、移交项目产出物、合同费用结算、项目费用决算及审计、资料整理与归档、绩效评估与经验总结、项目团队解散。

(3)此阶段成果主要有项目验收报告、项目执行报告。

三、项目管理

(一)项目管理的概念

1.定义

项目管理是由一个临时性的专门组织,综合运用各种知识、技能、工具和方法,对项目进行有效地计划、组织、协调和控制,以实现项目目标的过程。如图1-3所示。

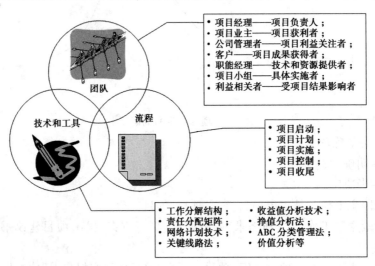

图1-3 项目管理示意图

2.基本特性

项目管理与其他非项目管理相比具有如下几个特性:

(1)普遍性。

(2)目的性。

(3)独特性。

(4)集成性。

(5)创新性。

(二)项目管理专业知识领域

项目管理专业知识领域包括项目管理知识体系,应用领域的知识、标准和规章制度,项目环境状况,通用管理知识与技能,人际关系处理技能。如图1-4所示。

1.项目管理知识体系

项目管理知识体系是项目管理领域独特但与其他管理学科重叠的知识。

项目管理知识体系包括项目生命周期理论、项目管理过程理论、项目管理知识领域。

2.应用领域专业知识

(1)技术特征:软件开发、建筑工程、汽车制造、化工生产、农业开发等。

(2)管理特征:生产管理、营销管理、物流管理、人事管理、工程承发包、新产品开发等。

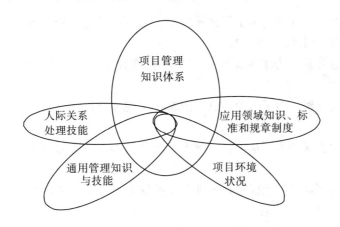

图 1-4 项目管理专业知识领域

3.项目环境状况

1)内部环境

项目所处的组织氛围包括组织机构、职责和权利的分配、管理风格和企业文化等。

(1)企业文化。形成一致的目标和共同的价值观;建立融洽的关系和畅通的沟通渠道;形成高昂的士气;相互信任、支持和尊重;营造坦诚、坦率、正直的工作氛围;有归属感、自豪感等。

(2)企业战略。分三步走战略,即普及项目管理知识,制定项目管理的流程与规范,完善和提高项目管理体系。

(3)组织结构。允许项目作为一个独立的实体来运行,具有相对的自主权,但又要能够与各个职能部门保持必要的联系。

2)外部环境

(1)政治经济:政府采取的某些政策措施。

(2)文化意识:宗教习俗、价值观念、环保意识、风俗习惯等。

(3)标准和制度:国际社会的惯例、政府规章、行业标准等。

4.通用管理知识与技能

通用管理知识与技能指计划、组织、人员配备、控制等方面的管理理论和方法。包括管理学、经济学、计划管理、财务管理、控制论、组织行为学、人力资源管理、采购管理、市场营销、物流管理等。

5.人际关系处理技能

有效的沟通包括交流信息、对组织施加影响、领导能力、激励、谈判与冲突管理等。

(三)项目管理知识领域

(1)项目范围管理。为了实现项目的目标,对项目的工作内容进行控制的管理过程。

(2)项目时间管理。为了确保项目最终按时完成的一系列管理过程。

(3)项目费用管理。为了保证完成项目的实际费用不超过预算费用的管理过程。

(4)项目质量管理。为了确保项目达到客户所规定的质量要求所实施的一系列管理过程。

(5)项目人力资源管理。为了保证所有项目关系人的能力和积极性都得到最有效地发挥和利用所做的一系列管理措施。

(6)项目沟通管理。为了确保项目信息的合理收集和传输所需要实施的一系列措施。

(7)项目风险管理。为了减免不确定因素对实现项目目标的影响所采取的一系列管理措施。

(8)项目采购管理。为了从项目实施组织之外获得所需资源或服务所采取的一系列管理措施。

(9)项目集成管理。为确保项目各项工作能够有机地协调和配合所展开的综合性和全局性的项目管理工作及过程。

任务二　工程项目与工程项目管理

一、工程项目的概念及其特性

(一)工程项目的概念

《建设工程项目管理规范》(GB/T 50326—2017)将建设工程项目管理定义为:为完成依法立项的新建、扩建、改建等各类工程而进行的、有起止日期的、达到规定要求的一组相互关联的受控活动,包括策划、勘察、设计、采购、施工、试运行、竣工验收和考核评价等阶段。建设工程项目又称为工程项目或基本建设项目,例如建造一座大坝、一座水电站、一栋大楼、一条高速公路等。

(二)工程项目的特性

与一般的项目相比,工程项目除具有一般项目的特点外,还具有自身的特点及规律,表现在以下几个方面:

(1)具有明确的建设任务。

(2)具有明确的质量、进度和费用目标。

(3)建设成果和建设过程固定在某一地点。

(4)建设产品具有唯一性或单件性的特点。

(5)建设产品具有整体性的特点。

(6)工程项目管理具有复杂性。工程项目涉及的单位多,各单位之间关系协调的难度和工作量大;工程技术的复杂性不断提高,出现了许多新技术、新材料和新工艺;大中型项目的建设规模大;社会、政治和经济环境对工程项目的影响,特别是对一些跨地区、跨行业的大型工程项目的影响,越来越复杂。

(7)建设过程具有投资大、建设周期长、风险大、连续性、流动性和环境制约性等特征。

二、工程项目的分类

为了加强建设项目管理,正确反映建设工程项目的内容和规模,建设工程项目可按不同标准分类。

(一)按建设性质分类

建设项目按其建设性质不同,可划分成基本建设项目和更新改造项目两大类。

1.基本建设项目

基本建设项目是投资建设用于进行以扩大生产能力或增加工程效益为主要目的的新建、扩建工程及有关工作。基本建设项目有下列四类:

(1)新建项目。它是根据国民经济和社会发展的近远期规划,从无到有的建设项目。现有企业、事业和行政单位一般不应有新建项目,若新增的固定资产价值超过原有全部固定资产价值3倍,可算为新建项目。

(2)扩建项目。指现有企业为扩大生产能力或新增效益而增建的生产车间或工程项目,以及事业、行政单位增建业务用房等。

(3)迁建项目。指现有企业、事业单位为改变生产布局或出于环境保护等其他特殊要求,搬迁到其他地点的建设项目。

(4)恢复项目。指原固定资产因自然灾害或人为灾害等原因已全部或部分报废,又投资重新建设的项目。

2.更新改造项目

更新改造项目是指对企业、事业单位原有设施进行技术改造或固定资产更新,以及相应配套的辅助性生产、生活福利等工程和有关工作。

更新改造项目包括挖潜工程、节能工程、安全工程、环境工程。更新改造措施应按专款专用、少搞土建、不搞外延的原则进行。

(二)按投资作用分类

基本建设项目按其投资在国民经济各部门中的作用,分为生产性建设项目和非生产性建设项目。

1.生产性建设项目

生产性建设项目是指直接用于物质生产或直接为物质生产服务的建设项目,主要包括以下四个方面:

(1)工业建设。包括工业国防和能源建设。

(2)农业建设。包括农、林、牧、渔、水利建设。

(3)基础设施。包括交通、邮电、通信建设,地质普查,勘探建设,建筑业建设等。

(4)商业建设。包括商业、饮食、营销、仓储、综合技术服务事业的建设。

2.非生产性建设项目

非生产性建设项目包括用于满足人民物质和文化福利需要的建设和非物质生产部门的建设,主要包括以下几个方面:

(1)办公用房。各级国家党政机关,社会团体、企业管理机关的办公用房。

(2)居住建筑。住宅、公寓、别墅。

(3)公共建筑。科教文卫、广播电视、博览、体育、社会福利事业、公用事业、咨询服务、宗教、金融、保险等建设。

(4)其他建设。不属于以上各类的其他非生产性建设。

(三)按项目规模分类

按照国家规定的标准,基本建设项目划分为大型、中型、小型三类,更新改造项目划分为限额以上和限额以下两类。不同等级标准的建设项目,国家规定的审批机关和报建程序也不尽相同。

三、工程项目的分解

基本建设项目是项目中最重要的一类,指按一个总体设计进行建设的各个单项工程所构成的总体。其特征是在经济上能够进行统一核算,行政上有独立组织形式,实行统一管理。

(一)单项工程

单项工程是指具有独立的设计文件,能够独立施工,在竣工投产后可以独立发挥效益或生产设计能力的产品车间(联合企业的分厂)、生产线或独立工程等。

一个建设项目可以包括若干个单项工程,如一个新建工厂的建设项目,其中的各个生产车间、辅助车间、仓库、住宅等工程都是单项工程。有些比较简单的建设项目本身就是一个单项工程,如只有一个车间的小型工厂,一条森林铁路等。一个建设项目在全部建成投产以前,往往陆续建成若干个单项工程,所以单项工程是考核投产计划完成情况和新增生产能力的基础。

单项工程由若干个单位工程组成。

(二)单位工程

单位工程是建筑业企业的产品,是指具有独立设计,可以独立施工,但完成后不能独立发挥效益的工程。民用建筑物或构筑物的土建工程连同安装工程一起称为一个单位工程,工业建筑物或构筑物的土建工程是一个单位工程,而安装工程又是一个单位工程。

只有建设项目、单项工程、单位工程才能称为项目,因为它们都具有项目的特性,如单件性、一次性、生命周期、约束条件,而建筑工程的分部、分项工程就不能称为项目。

(三)分部工程

由于组成单位工程的各部分是由不同工人用不同材料和工具完成的,可以进一步把单位工程分解为分部工程。土建工程的分部工程按建筑工程的主要部位划分,如基础工程、主体工程、地面工程、装饰工程等;安装工程的分部工程是按工程的种类划分的,如管道工程、电气工程、通风工程及设备安装工程等。

(四)分项工程

按照不同的施工方法、构造及规格可以把分部工程进一步划分为分项工程,分项工程是用较简单的施工过程就能生产出来的,可以用适当的计量单位计算并便于测定或计算的工程基本构成要素。土建工程的分项工程是按建筑工程的主要工种进行工程划分的,如土方工程、钢筋工程、抹灰工程等;安装工程的分项工程是按用途或输送不同介质、物料以及设备组别划分的,如给水工程、排水工程、通风工程和制冷工程等。

四、工程项目管理

(一) 工程项目管理的概念

工程项目管理的含义有多种表述,英国皇家特许建造师学会对工程项目管理的定义是,对一个项目从开始到结束,进行全过程的规划、协调和控制,其目的是满足业主的要求,在功能合格和资金有限的条件下完成一个项目,具体地说,即完成其进度目标、投资目标和质量目标。

国际咨询工程师联合会对工程项目管理的定义是,在一个统一的领导下,对一个多专业组成的小组动员,在业主所要求的进度、质量与费用的目标内,完成项目。

我国《建设工程项目管理规范》(GB/T 50326—2017)对工程项目管理的定义是,运用系统的理论和方法,对建设工程项目进行的计划、组织、指挥、协调和控制等专业化活动。

对工程项目管理的概念可以进一步理解:只有明确目标(投资、进度、质量、安全)的工程才称为项目管理意义上的"项目";从项目开始到项目完成,从组织和管理的角度,通过项目策划(PP)和项目控制(PC),使项目的四大目标(费用、进度、质量、安全)尽可能好地实现。

(二) 工程项目管理的类型和任务

一个工程项目往往由许多参与单位承担不同的建设任务,而各参与单位的工作性质、工作任务和利益不同,因此就形成了不同类型的项目管理。

1.工程项目管理的类型

按工程项目不同参与方的工作性质和组织特征划分,工程项目管理有如下类型:

(1)业主方的项目管理。

(2)设计方的项目管理。

(3)施工方的项目管理。

(4)供货方的项目管理。

(5)建设项目总承包方的项目管理。

不管工程项目参与哪一方的项目管理,都服务于项目的整体利益,其中业主方的项目管理是管理的核心。

2.业主方项目管理的目标和任务

业主方项目管理服务于业主的利益,其项目管理的目标包括项目的投资目标、进度目标和质量目标。

项目的投资目标、进度目标和质量目标之间既有矛盾的一面,也有统一的一面,它们之间的关系是对立与统一的关系。

业主方的项目管理工作涉及项目实施阶段的全过程,即在设计前的准备阶段、设计阶段、施工阶段、动用前准备阶段和保修期分别进行安全管理、投资控制、进度控制、质量控制、合同管理、信息管理及组织和协调,如表1-2所示。

表1-2中有7行和5列,构成业主方35个分块项目管理的任务,其中安全管理是项目管理中最重要的任务,因为安全管理关系到人身的健康与安全,而投资控制、进度控制、质量控制和合同管理等则主要涉及物质的利益。

表 1-2　业主方项目管理的任务

阶段	设计前的准备阶段	设计阶段	施工阶段	动用前准备阶段	保修期
安全管理					
投资控制					
进度控制					
质量控制					
合同管理					
信息管理					
组织和协调					

3.设计方项目管理的目标和任务

设计方项目管理主要服务于项目的整体利益和设计方本身的利益,其项目管理的目标包括设计的成本目标、设计的进度目标和设计的质量目标,以及项目的投资目标。

设计方项目管理的任务包括与设计工作有关的安全管理、设计成本控制和与设计工作有关的工程造价控制、设计进度控制、设计质量控制、设计合同管理、设计信息管理、与设计工作有关的组织和协调。

4.施工方项目管理的目标和任务

施工方项目管理主要服务于项目的整体利益和施工方本身的利益。项目管理的目标包括施工的成本目标、施工的进度目标和施工的质量目标。

施工方项目管理的任务包括施工安全管理、施工成本控制、施工进度控制、施工质量控制、施工合同管理、施工信息管理、与施工有关的组织与协调。

5.供货方项目管理的目标和任务

供货方项目管理的目标包括供货方的成本目标、供货的进度目标和供货的质量目标。

供货方项目管理的任务包括供货的安全管理、供货方的成本控制、供货的进度控制、供货的质量控制、供货合同管理、供货信息管理、与供货有关的组织与协调。

6.建设项目总承包方项目管理的目标和任务

建设项目总承包方项目管理的目标包括项目的总投资目标和总承包方的成本目标、项目的进度目标和项目的质量目标。

建设项目总承包方项目管理的任务包括安全管理、投资控制和总承包方的成本控制、进度控制、质量控制、合同管理、信息管理、与建设项目总承包方有关的组织和协调。

◀ 任务三　工程项目的生命周期与管理过程

一、工程项目的生命周期

工程项目的生命周期是指从提出项目建设意向、进行项目决策到项目竣工验收、投入运行的全过程。工程项目的全生命周期包括项目的决策阶段、实施阶段和使用阶段。项目的实施阶段包括设计前的准备阶段、设计阶段、施工阶段、动用前准备阶段和保修期。如图 1-5 所示。

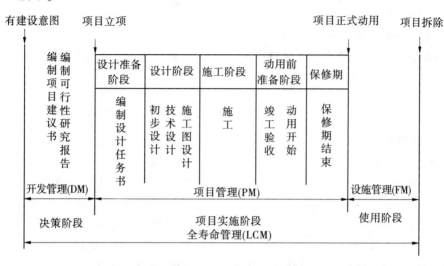

图 1-5　工程项目的全生命周期

工程项目管理是工程管理（professional management in construction）的一个部分,在整个工程项目全寿命中,决策阶段的管理是 DM（development management）（尚没有统一的中文术语,可译为项目前期的开发管理）,实施阶段的管理是项目管理 PM（project management）,使用阶段（或称运营阶段）的管理是 FM（facility management）,即设施管理。

二、工程项目的管理过程

(一)工程项目管理过程的概念

工程项目管理包括两个过程:

(1)工程项目的实现过程——为了创造工程项目的成果而开展的各项活动所构成的过程。

(2)工程项目的管理过程——在工程项目的实现过程中,对工程项目进行的计划、决策、组织、协调、沟通、激励、控制等管理活动所构成的过程。

在整个工程项目的进程中,工程项目管理过程和工程项目的实现过程从时间上是相互交叉和重叠的,从作用上是相互制约和相互影响的。

(二)工程项目管理过程的划分

1.启动过程

启动过程是工程项目定义、工程项目决策的过程。这个过程主要解决如下问题:

(1)工程项目的客户和主要利益相关者有哪些人?

(2)工程项目提出的原因和希望达到的目的是什么?

(3)工程项目有哪些目标? 哪些目标是必须达到的?

(4)如何确认工程项目的成功?

(5)可能影响工程项目成功的风险和障碍有哪些?

(6)如何组建工程项目团队,由谁负责(担任项目经理)?

(7)工程项目是否可行?

(8)采用什么样的解决方案?

(9)选择什么样的组织来执行解决方案?

工程项目的启动阶段开始于对项目业主/客户需求(机会)的识别,结束于同执行解决方案的组织签订合同。

2.计划过程

1)工程项目计划的内容

(1)需要做什么?　　　　　　　　　　——确定工程项目的范围。

(2)什么时间做?　　　　　　　　　　——编制进度计划。

(3)谁来做?　　　　　　　　　　　　——配备工程项目人力资源。

(4)需要哪些资源?　　　　　　　　　——编制采购计划。

(5)花多少钱去做?　　　　　　　　　——编制预算(成本计划)。

(6)做成什么样子?　　　　　　　　　——确定质量要求(质量计划)。

(7)可能会出现哪些问题,如何应对?　——制订风险管理计划。

(8)如何进行信息交流?　　　　　　　——制订沟通管理计划。

(9)如何处理项目的变更?　　　　　　——制订变更控制计划。

2)工程项目计划的步骤

(1)清晰地定义项目的产品。

(2)将工程项目的任务详细地划分为工作包。

(3)以网络图的形式绘制工程项目活动的优先顺序逻辑图。

(4)估计完成每项活动需要花费的时间。

(5)确定各项活动需要的资源种类、数量。

(6)预计每项活动的成本。

(7)编制工程项目进度计划及预算额。

3)工程项目计划的批准与变更

(1)审批者。①高层管理者:表明对工程项目计划的认同,对工程项目所需资源的承诺,以及对工程项目启动的正式授权。②客户:表明了对工程项目方案的认可,接受工程项目范围、双方职责的界定。

(2)变更原则。①在发生重大偏差时,才应做变更;②变更前应提交变更申请,批准后方可实施;③变更的原因和结果要形成文件。

3.实施过程

(1)指导与管理工程项目的执行。

(2)实施质量保证。

(3)工程项目团队组建。

(4)工程项目团队建设。

(5)信息发布。

（6）询价。

（7）卖方选择。

（8）跟踪项目进展。

（9）阶段性评审：①状态评审；②设计评审；③过程评审。

4.控制过程

工程项目的控制过程是在工程项目实施过程中，工程项目管理者根据工程项目跟踪提供的信息，对比项目计划，找出偏差，分析原因，提出纠偏方案，实施纠偏措施的全过程。控制过程包括：

（1）整体变更控制。

（2）范围核实。

（3）范围控制。

（4）进度控制。

（5）费用控制。

（6）质量控制。

（7）合同控制。

（8）风险控制。

5.收尾过程

收尾过程是制定一个工程项目或工程项目阶段的移交与接受条件，并完成工程项目或工程项目阶段成果的移交，从而使工程项目顺利结束的管理工作和活动。这一过程必须获得客户对工程项目结果的验收和接受，必须总结经验教训。收尾过程包括：

（1）工程项目移交评审。

（2）工程项目合同收尾。

（3）工程项目行政收尾。

（4）工程项目后评价。

（三）工程项目管理过程之间的联系

工程项目管理过程的 5 个步骤是密切联系、交叉进行的。前后过程之间并没有明显的时间分界；整个工程项目有 5 个管理过程，工程项目生命周期的每个阶段也有这 5 个管理过程。

首先工程项目管理的工作过程之间前后衔接，管理工作过程的输入和输出是它们相互之间的关联要素。一个具体过程的结果或输出，就是另一个具体过程的输入，因此各个工程项目管理工作过程之间有文件和信息的传递。这种输入与输出的关系有时是双向的，如图1-6所示。

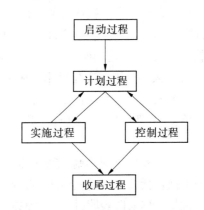

图1-6 各管理工作过程之间的相互关系

另外，工程项目管理的各个工作过程在时间上也并不是一个完成以后另一个才能开始，在工程项目管理中一个工作过程组的各个具体过程会有不同程度的交叉和重叠，如图1-7所示。

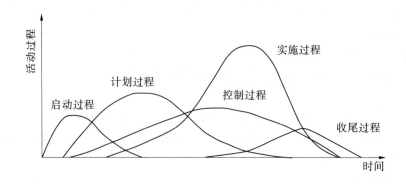

图 1-7　一个工程项目管理过程中管理工作的交叉、重叠

任务四　现代工程项目管理的产生与发展趋势

一、工程项目管理产生的背景和原因

(一)工程项目规模日趋扩大,技术日趋复杂

自 20 世纪 50 年代末、60 年代初以来,随着科学技术的发展、工业和国防建设以及人民生活水平不断提高的要求,需要建设很多大型、巨型工程,如航天工程、大型水利工程、核电站、大型钢铁企业、石油化工企业和新型城市开发等。这些工程技术复杂、规模大、对项目建设的组织与管理就提出更高的要求。对于这些大型工程,投资者和建设者都难以承担由于项目组织和管理的失误而造成的损失。竞争激烈的社会环境,迫使人们重视项目的管理。

(二)人们认识到工程项目总目标控制的重要性

投资者对一个工程项目的建设,往往有许多目标:建设地点、建筑形式、结构形式、功能、使用者的满意程度、经济性、时间等。这些目标形成了一个目标系统,此目标系统如何控制,其核心问题是如何确保其总目标的实现。

(三)人们认识到工程项目协调的重要性

一个大中型工程项目在运行中会涉及很多单位,诸如建设单位、设计单位、施工单位、供应单位、监理单位、运输单位、政府部门、金融机构、司法部门、服务部门以及科研单位等。

所谓工程项目的协调,指的是以上单位之间的协调,以及各有关单位内部的协调。协调的方面包括技术、经济、组织、质量和进度等。

大量工程实践表明,以上各种关系、各个方面的协调直接影响着工程项目总目标的实现。人们逐渐认识到协调也是一项专门的技术,它被称为协调技术。

(四)人们认识到工程项目信息管理的重要性

一个工程项目从投资决策至项目建成、交付使用,其间需要多方面和多种形式的信息,如可行性研究资料、设计任务书、设计文件、委托设计和施工的合同、概预算文件、施工文件、来往信件、会议记录、谈话记录、情况汇报和各种统计表等。对以上这些有关的信息进行收集、存储、加工和整理,称为信息管理。

长期建设的实践,使项目决策者、参加者认识到,在工程项目进展过程中由于缺乏信息、难以及时获取信息、所得到的信息不准确或信息的综合程度不满足项目管理的要求等,造成项目控制、决策的困难,以致影响项目总目标的实现。使人们越发意识到工程项目信息管理的重要性。电子计算机是高效信息处理的工具,应考虑使用计算机辅助项目管理。

二、工程项目管理在我国的发展

我国进行工程项目管理的实践活动至今有 2 000 多年的历史。我国许多伟大的工程,如都江堰水利工程、宋朝丁渭修复皇宫工程、北京故宫工程等,都是名垂史册的项目管理实践活动。其中许多工程运用了科学的思想和组织方法,反映了我国古代工程项目管理的水平和成就。中华人民共和国成立后,我国工程项目管理的实践活动得到了很大发展,创造了许多项目管理的经验,并进行了总结,只是没有系统地上升为学科理论。

改革开放以来,我国首先从德国和日本引进了项目管理理论,之后美国和世界银行的项目管理理论和实践经验随着文化交流及项目建设陆续传入我国。招标投标承包制的推广过程就是项目管理理论的应用和发展过程。1987 年开始推广的鲁布革经验,使我国项目管理实践和理论研究跨上了一个新台阶。1988 年开始试行的建设监理和施工项目管理至今已取得很大成就,转入推广阶段。

三、我国进行工程项目管理的意义

(1)项目管理是国民经济基础管理的重要内容。中华人民共和国以来,建筑行业飞速发展,进行了大量的工程项目管理实践活动,从管理角度来讲,我们有成功的经验,也有失败的教训,有的教训还是很深刻的。就好的来说,有宝钢工程、葛洲坝工程、京津塘高速公路工程,以及南浦大桥等工程,这些工程对国民经济的发展起了重要的作用。所以,项目管理的好坏直接影响到国家、地区的经济效益和社会效益。

(2)项目管理是建筑业企业成为支柱产业的关键。企业经营是目的,项目管理是手段。振兴建筑业,光凭人多是不可能成功的,我们必须依靠"质量兴业"。而提高工程质量的关键是加强管理,提高项目管理水平。

(3)项目管理是工程建设和建筑业改革的出发点、立足性和着眼点。建筑业已经进行和正在进行的各项改革,包括进行股份制投资、实行总承包方式、采用 FIDIC 合同条件、安全方面执行国际劳工组织 167 号公约、推行工程建设监理、造价改革等,都要落实到项目上。如果一项改革不利于工程项目管理,不能提高工程项目的效益,那么这项改革是无效的。

(4)项目管理是建筑业企业能力和竞争实力的体现。

(5)项目管理是一门科学,进行项目管理意味着进行科学的管理。

(6)加强项目管理已成为各级建设主管部门、建筑市场各主体单位当前突出、紧迫的任务。

四、我国实行工程项目管理的特点

(1)我国推行工程项目管理是在政府的领导和推动下进行的,有法规、有制度、有规划、有步骤。这与国外所进行的自发性和民间性的工程项目管理有着原则的区别。

(2)推行工程项目管理与我国改革开放是同步的,改革的内容是多方面的,都和项目紧密相关。

(3)学习国际惯例,结合国情发展我国的项目管理,为世界项目管理学科的发展做出贡献。

(4)我国产生了一大批项目管理典型,如北京国际贸易工程、京津塘高速公路工程等,并得到推广。

(5)项目管理的两个分支即工程建设监理和施工项目管理得到迅猛发展,推动了项目管理理论的发展。

五、现代工程项目管理发展趋势

(一)项目管理的国际化趋势

随着我国改革开放的进一步加快,中国经济日益深刻地融入全球市场,企业走出国门在海外投资和经营的项目也在增加,许多项目要通过国际招标、咨询或 BOT 方式运作,项目管理的国际化正形成趋势和潮流。特别是我国加入 WTO 后,行业壁垒下降,国内市场国际化,国内外市场全面融合,面对日益激烈的市场竞争,我国的企业必须以市场为导向,转换经营模式,增强应变能力,勇于进取,在竞争中学会生存,在拼搏中寻求发展。

(二)项目管理的信息化趋势

伴随着 Internet 走进千家万户,以及知识经济时代的到来,项目管理的信息化已成必然趋势。21 世纪的主导经济、知识经济已经来临,与之相应的项目管理也将成为一个热门前沿领域。知识经济时代的项目管理是通过知识共享、运用集体智慧提高应变能力和创新能力的。目前,西方发达国家的一些项目管理公司已经在项目管理中运用了计算机网络技术,开始实现了项目管理网络化、虚拟化。另外,许多项目管理公司也开始大量使用项目管理软件进行项目管理,同时从事项目管理软件的开发研究工作。种种迹象表明,21 世纪的项目管理将更多的依靠电脑技术和网络技术,新世纪的项目管理必将成为信息化管理。

(三)工程项目全寿命管理

项目管理作为一门学科,30 多年来在不断发展,传统的项目管理(project management)是该学科的第一代,其第二代是 program management(尚没有统一的中文术语,指的是由多个相互关联的项目组成的项目群的管理,不局限于项目的实施阶段),第三代是 portfolio management(尚没有统一的中文术语,指的是多个项目组成的项目群的管理,这多个项目不一定有内在联系,可称为组合管理),第四代是 change management(指的是变更管理)。

把 DM、PM 和 FM 集成为一个管理系统,这就形成了工程项目全寿命管理(lifecycle management)系统,其含义如图 1-8 所示。工程项目全寿命管理可避免 DM、PM 和 FM 相互独立的弊病,有利于工程项目的保值和增值。所谓全寿命管理,即为建设一个满足功能需求和经济上可行的工程项目,对其从工程项目前期策划,直至工程项目拆除的项目全寿命的全过程进行策划、协调和控制,以使该项目在预定的建设期限内、在计划投资范围内顺利完成建设任务,并达到所要求的工程质量标准,满足投资商、项目经营者以及最终用户的需求,在工程项目运营期进行物业的财务管理、空间管理、用户管理和运营维护管理,以使该工程项目创造尽可能多的有形和无形的效益。

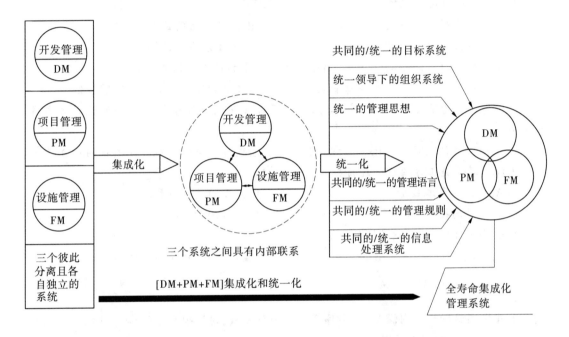

图1-8　工程项目全寿命管理

(四)工程项目管理的集成化

所谓工程项目管理的集成化,就是利用项目管理的系统方法、模型、工具对工程项目相关资源进行系统整合,并达到工程项目设定的具体目标和投资效益最大化的过程。例如"SIPOC"工程项目管理模型将工程项目的过程简单描述为:S—供应商;I—工程项目输入,P—工程项目的系统处理过程,O—输出,C—客户。它将工程项目的利害关系者集合和工程项目的过程作为一个完整的整体进行研究,揭示了工程项目的系统集成是工程项目内在、本质的要求。

(五)合作管理

传统的建设合同中,业主与承包商中间往往视彼此为对手,这导致了效率的降低和成本的增加。因此,业主们试图寻找一种新的模式来处理与承包商之间的工作关系。于是,合作管理开始为人们所重视和使用。所谓合作管理模式,是指业主与工程参与各方在相互信任、资源共享的基础上达成一种短期或长期的协议;在充分考虑参与各方利益的基础上确定建设工程共同的目标;建立工作小组,及时勾通,以避免争议和诉讼的产生,相互合作、共同解决建设工程实施过程中出现的问题,共同分担工程风险和有关费用,以保证参与各方目标和利益的实现。选择了合作管理模式,就应为达到一种"双赢"局面而努力。

因此,人际关系、权利的平衡和各方股东利益的满足是合作管理模式需要解决的问题。

职业能力训练一

一、单项选择题

1.对于一个建设工程项目来说,(　　)是管理的核心。
　　A.设计方的项目管理　　　　　　　　　B.施工方的项目管理
　　C.业主方的项目管理　　　　　　　　　D.供货方的项目管理
2.在业主方的项目管理中,(　　)是项目管理中的最重要的任务。
　　A.安全管理　　　B.成本管理　　　C.技术管理　　　D.范围控制
3.设计方作为项目建设的一个参与方,其项目管理主要服务于(　　)和设计方本身的利益。
　　A.业主方的利益　　B.施工方的利益　　C.项目的整体利益　　D.项目的投资目标
4.以下属于施工方项目管理目标的是(　　)。
　　A.施工的成本目标　　　　　　　　　B.施工的效益目标
　　C.项目的投资目标　　　　　　　　　D.项目的效益目标
5.项目的目标中,其成果性目标是(　　)。
　　A.进度　　　　　B.成本　　　　　C.功能和使用价值　　D.质量

二、多项选择题

1.建设项目管理的内涵是:自项目开始至项目完成,通过项目策划和项目控制使项目的(　　)三大目标得以实现。
　　A.费用　　　B.协调　　　C.质量　　　D.进度　　　E.合同
2.一个工程项目的建设是由多个单位共同参与完成的,参与单位的(　　)不同,相应项目管理的类型也就不同。
　　A.工作性质　　B.工作方法　　C.工作任务　　D.环境　　　E.利益
3.下列(　　)的项目管理都属于施工方的项目管理。
　　A.施工总承包　　　　　　　B.施工设备供货方　　　　　C.施工分包方
　　D.建设项目总承包方　　　　E.运营维护阶段
4.下列属于业主方项目管理范畴的是(　　)。
　　A.投资方　　B.开发方　　C.总承包方　　D.监理方　　E.设计方
5.项目的实施阶段包括(　　)。
　　A.施工阶段　　　　　　　B.设计阶段　　　　　　　C.保修期
　　D.可行性研究阶段　　　　E.设计前的准备阶段
6.建设工程项目的全寿命周期包括(　　)。
　　A.决策阶段　　　　　　　B.实施阶段　　　　　　　C.使用阶段
　　D.保修阶段　　　　　　　E.竣工验收阶段

三、综合题

1.论述项目与工程项目、项目管理与工程项目管理的区别。

2.工程项目有哪些类型?

3.论述项目管理的工作过程及其相互关系。

项目二　工程项目管理组织

【学习目标】

　　能够根据工程建设项目的特点,组建工程建设组织,设置合适的机构,配置适当的人员,分配适宜的工作;能熟练掌握项目经理的任命与项目经理部的组建;能进行水利工程建设项目的发包。

【学习任务】

　　(1)工程项目管理的组织模式。

　　(2)水利工程项目法人责任制。

　　(3)工程项目发包模式。

　　(4)项目经理与项目团队。

【任务分析】

　　水利工程建设的顺利进行,关键在于项目管理模式的组建。为适应工程项目的建设,必须选配好项目技术管理班子。项目经理部的组成,项目经理的配置,起着十分重要的作用。

【任务实施】

任务一　工程项目管理的组织模式

一、组织的基本原理

(一)组织、组织构成因素与工程项目管理组织

1.组织的概念

组织是为了使系统达到它特定的目标,使全体参加者经分工与协作以及设置不同层次的权力和责任制度而构成的一种人的组合体。

组织的概念包括四层含义:

(1)目标是组织存在的前提。

(2)没有分工与协作就不是组织,没有不同层次的权力和责任制度就不能完成组织活动和实现组织目标。

(3)组织的功能在于有计划地组织、指挥、调节和控制各种活动,实现组织目标。

(4)组织生存的基本条件是必须具备一定的物质和技术基础,并不断地进行变换,使自己适应环境的要求。

2.组织构成因素

组织构成受多种因素的制约,最主要的有管理层次、管理跨度、管理部门、管理职能。各因素之间相互联系、相互制约。

1）管理层次

管理层次是指从组织的最高管理者到最基层的实际工作人员的等级层次的数量。管理层次可以分为三个层次，即决策层、协调层和执行层、操作层，三个层次的职能要求不同，表示不同的职责和权限，由上到下权责递减，人数却递增。组织必须形成一定的管理层次，否则其运行将陷于无序状态，管理层次也不能过多，否则会造成资源和人力的巨大浪费。

2）管理跨度

管理跨度是指一个主管直接管理下属人员的数量。在组织中，某级管理人员的管理跨度大小直接取决于这一级管理人员所要协调的工作量，跨度大，处理人与人之间关系的数量随之增大。跨度太大时，领导者和下属接触频率会太高。跨度的大小又和分层多少有关，一般来说，管理层次增多，跨度会小；反之，层次减少，跨度会大。

3）管理部门

按照类别对专业化分工的工作进行分组，以便对工作进行协调，即为部门化。部门可以根据职能来划分，可以根据产品类型来划分，可以根据地区来划分，也可以根据顾客类型来划分。组织中各部门的合理划分对发挥组织效能非常重要，如果划分不合理，就会造成控制、协调困难，浪费人力、物力、财力。

4）管理职能

组织机构设计确定的各部门的职能，在纵向要使指令传递、信息反馈及时，在横向使各部门相互联系、协调一致。

3.工程项目管理组织

工程项目管理组织是实施或参与项目管理工作，具有明确的职责、权限和相互关系的人员与设施的集合。包括发包人、承包人、分包人和其他有关单位为完成项目管理目标而建立的管理组织。

（二）组织结构设计

组织结构就是指在组织内部构成和各部分间所确定的较为稳定的相互关系和联系方式。简单地说，就是指对工作如何进行分工、分组和协调合作。

1.组织结构的含义

（1）确定正式关系与职责的形式。

（2）向组织各个部门或个人分派任务和各种活动的方式。

（3）协调各个分离活动和任务的方式。

（4）组织中权利、地位和等级关系。

2.工程项目管理机构的组织设计基本原则

1）集权与分权统一的原则

在任何组织中都不存在绝对的集权和分权。在项目管理机构设计中，所谓集权，就是项目经理掌握所有管理大权，各专业管理人员只是其命令的执行者；所谓分权，是指各专业科室在各自管理的范围内有足够的决策权，项目经理主要起协调作用。

2）专业分工与协作统一的原则

对于项目管理机构来说，分工就是将管理目标，特别是投资控制、进度控制、质量控制三大目标分成各部门以及各工作人员的目标、任务,明确干什么、怎么干。

3) 管理跨度与管理层次统一的原则

在组织机构的设计过程中,管理跨度与管理层次成反比例关系。应该在通盘考虑影响管理跨度的各种因素后,在实际运用中根据具体情况确定管理层次。

4) 权责一致的原则

在项目管理机构中应明确划分职责、权力范围,做到责任和权力相一致。权责不一致对组织的效能损害是很大的。权大于责就容易产生瞎指挥、滥用权力的官僚主义;责大于权就会影响管理人员的积极性、主动性、创造性,使组织缺乏活力。

5) 才职相称的原则

使每个人现有的和可能有的才能与其职务上的要求相适应,做到才职相称,人尽其才,才得其用,用得其所。

6) 经济效率原则

应组合成最适宜的结构形式,实行最有效的内部协调,使事情办得简洁而正确,减少重复和扯皮。

7) 弹性原则

组织机构既要有相对的稳定性,不要总是轻易变动,又要随组织内部和外部条件的变化,根据长远目标作出相应的调整与变化,使组织机构具有一定的适应性。

(三)组织机构活动基本原理

1.要素有用性原理

一个组织机构中的基本要素有人力、物力、财力、信息、时间等。

运用要素有用性原理,首先应看到人力、物力、财力等因素在组织活动中的有用性,充分发挥各要素的作用,还要具体分析各要素的特殊性,以便充分发挥每一要素的作用。

2.动态相关性原理

一加一可以等于二,也可以大于二,还可以小于二。整体效应不等于其各局部效应的简单相加,这就是动态相关性原理。组织管理者的重要任务就在于使组织机构活动的整体效应大于其局部效应之和,否则,组织就失去了存在的意义。

3.主观能动性原理

人是生产力中最活跃的因素,组织管理者的重要任务就是要把人的主观能动性发挥出来。

4.规律效应性原理

规律与效应的关系非常密切,一个成功的管理者懂得只有努力揭示规律,才有取得效应的可能;而要取得好的效应,就要主动研究规律,坚决按规律办事。

二、工程项目管理组织机构形式

项目管理组织形式的设计,应遵循集中与分权统一、专业分工与协作统一、管理跨度与分层统一、权责一致、才职相称、经济效率和弹性的原则。同时,应考虑工程项目的特点、工程项目承发包模式。常用的项目管理组织形式有直线制、职能制、直线—职能制和矩阵制。

(一)直线制项目管理组织

直线制是早期采用的一种项目管理形式,来自于军事组织系统,它是一种线性组织结构,其本质就是使命令线性化,每一个工作人员都只有一个上级。整个组织自上而下实行垂直领导,不设职能机构,可设职能人员协助主管人员工作,主管人员对所属单位的一切问题负责。

这种组织形式是最简单的,它的特点是组织中各种职位是按垂直系统直线排列的,权利系统自上而下形成直线控制,权责分明。它适用于管理项目能划分为若干相对独立子项的大型建设项目,如图 2-1 所示。项目经理负责整个项目的规划、组织和指导,并着重负责整个项目范围内各方面的协调工作。各专业科室分别负责子项目的目标值控制,具体领导现场专业或专项管理组的工作。

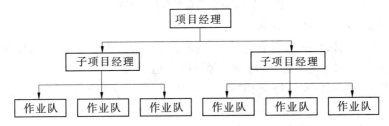

图 2-1 直线制项目管理组织形式

1.直线制组织的优点

(1)保证单头领导,每个组织单元仅向一个上级负责,一个上级对下级直接行使管理和监督的权力,即直线职权,一般不能越级下达指令。项目参加者的工作任务、责任、权力明确,指令唯一,这样可以减少扯皮和纠纷,协调方便。

(2)它具有独立的项目组织的优点。尤其是项目经理能直接控制组织资源。

(3)信息流通快,决策迅速,项目容易控制。

(4)项目任务分配明确,责、权、利关系清楚。

2.直线制组织的缺点

(1)当项目比较多、比较大时,每个项目对应一个组织,企业资源可能达不到合理使用。

(2)项目经理责任较大,一切决策信息都集中于他处,这要求他能力强、知识全面、经验丰富,是一个"全能式"人物。否则,决策较难、较慢,容易出错。

(3)不能保证项目经理参与单位之间信息流通速度和质量。

(4)单位的各项目间缺乏信息交流,项目之间的协调、企业的计划和控制比较困难。

(二)职能制管理组织

职能制组织形式是一种传统的组织结构模式,它特别强调职能的专业分工,因此组织系统是以职能为划分部门的基础,把管理的职能授权给不同的管理部门。这种管理组织形式,就是在项目经理部之下设立一些职能机构,分别从职能角度对基层管理组织进行业务管理,并在项目经理授权的范围内,就其主管的业务范围,向下传达命令和指示。这种组织形式强调管理职能的专业化,即把管理职能授权给不同的专业部门。

在职能制的组织结构中,项目的任务分配给相应的职能部门,职能部门经理对分配到本部门的项目任务负责,职能制的组织结构适用于任务相对比较稳定明确的项目管理工作,如图2-2所示。

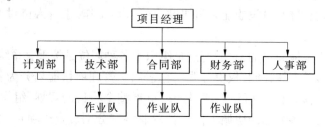

图2-2　职能制项目管理组织形式

1.职能制管理组织形式的优点

(1)由于部门是按职能来划分的,因此各职能部门的工作具有很强的针对性,可以最大程度地发挥人员的专业才能,减轻项目经理的负担。

(2)如果各职能部门能做好互相协作的工作,对整个项目的完成会起到事半功倍的效果。

2.职能制组织形式的缺点

(1)项目信息传递途径不畅。

(2)工作部门可能会接到来自不同职能部门的互相矛盾的指令。

(3)不同职能部门之间有意见分歧难以统一时,互相协调存在一定的困难。

(4)职能部门直接对工作部门下达工作指令,项目经理对工程项目的控制能力在一定的程度上被弱化。

(三) 直线—职能制

直线—职能制是直线制组织形式与职能制组织形式结合而形成的一种组织结构形式。在组织中,设有两套系统,即直线指挥系统和职能参谋管理系统,职能参谋管理体系即机关,下设各级领导者,从事专业化工作和参谋活动。在实际运行中,领导权和指挥权归属于各级领导,参谋部门的职责是对相应层次的领导提供参谋、咨询和建议,对下级单位提供业务指导,而没有直接指挥权,如图2-3所示。

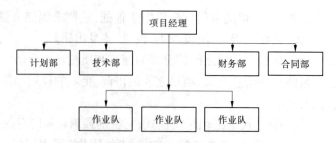

图2-3　直线—职能制项目管理组织形式

1.直线—职能制组织形式的优点

直线—职能制组织形式既能保证指挥与命令的统一性,又能发挥各专业人员和部门的职能。

2.直线—职能制组织形式的缺点

直线—职能制组织形式存在职能参谋部门相互争权,职能参谋系统与直线系统职权不清,职能参谋部门职权可能越位的情况,也使下级单位缺乏必要的自主性。

3.适用范围

直线—职能制组织形式适用于中小型工程项目。

(四)矩阵制项目管理组织

矩阵制是现代大型工程管理中广泛采用的一种组织形式,是美国在 20 世纪 50 年代创立的一种组织形式,它把职能原则和项目对象原则结合起来建立工程项目管理组织机构,使其既发挥职能部门的横向优势,又能发挥项目组织纵向优势。从系统论的观点来看,解决问题不能只靠某一部门的力量,一定要各方面专业人员共同协作。矩阵制的项目组织由横向职能部门系统和纵向子项目组织系统。如图 2-4 所示。

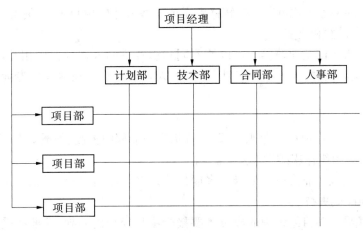

图 2-4　矩阵制项目管理组织形式

1.特征

(1)项目管理组织机构与职能部门的结合部同职能部门数量相同,多个项目与职能部门的结合部呈矩阵状。

(2)把职能原则和对象原则结合起来,既发挥职能部门的横向优势,又发挥项目组织的纵向优势。

(3)专业职能部门是永久性的,项目组织是临时性的。职能部门负责人对参与项目组织的人员有组织调配、业务指导和管理考察权,项目经理将参与项目组织的职能人员在横向上有效地组织在一起,为实现项目目标协同工作。

(4)矩阵中的每个成员或部门,接受原部门负责人和项目总监的双重领导,但部门的控制力大于项目的控制力,部门负责人有权根据不同项目的需要和忙闲程度,在项目之间调配本部门人员。

(5)项目经理对"借"到本项目经理部来的成员,有权控制和使用,当感到人力不足或某些成员不得力时,他可以向职能部门求援或要求调换,辞退回原部门。

(6)项目经理部的工作有多个职能部门支持,项目部没有人员包袱。但要求在水平方向和垂直方向有良好的信息沟通及良好的协调配合,对整个企业组织和项目组织的管理水平及组织渠道畅通提出了较高的要求。

2.适用范围

(1)适用于平时承担多个需要进行项目管理工程的企业。在这种情况下,各项目对专业技术人才和管理人员都有需求,加在一起数量较大。采用矩阵制组织可以充分利用有限的人才对多个项目进行管理,特别有利于发挥稀有人才的作用。

(2)适用于大型、复杂的工程项目。因大型、复杂的工程项目要求多部门、多技术、多工种配合实施,在不同阶段,对不同人员,有不同数量和搭配各异的需求。显然,矩阵式项目管理组织形式可以很好地满足其要求。

3.矩阵制项目管理组织优点

(1)能以尽可能少的人力,实现多个项目管理的高效率。理由是通过职能部门的协调,一些项目上的闲置人才可以及时转移到需要这些人才的项目上去,防止人才短缺,项目组织因此具有弹性和应变力。

(2)有利于人才的全面培养。可以使不同知识背景的人在合作中相互取长补短,在实践中拓宽知识面;发挥了纵向的专业优势,使人才成长建立在深厚的专业训练基础之上。

4.矩阵式项目管理组织缺点

(1)由于人员来自项目企业职能部门,且仍受职能部门控制,故凝聚在项目上的力量减弱,往往使项目组织作用的发挥受到影响。

(2)管理人员或专业人员如果身兼多职地管理多个项目,往往难以确定项目的优先顺序,有时难免顾此失彼。

(3)双重领导。项目组织中的成员既要接受项目经理的领导,又要接受企业中原职能部门的领导,在这种情况下,当领导双方意见和目标不一致甚至有矛盾时,当事人便无所适从。

(4)矩阵制组织对项目管理企业管理水平、项目管理水平、领导者的素质、组织机构的办事效率、信息沟通渠道的畅通,均有较高要求。

任务二　水利工程项目法人责任制

项目法人责任制的前身是项目业主责任制,它是西方国家普遍实行的一种项目管理模式。自1987年以来,我国一些利用外资或合资建设的水电项目相继引入了这种项目管理模式,并取得了投资省、工期短、质量好的效果。1995年4月水利部发布了《水利工程建设项目实行项目法人责任制的若干意见》,规定生产经营性项目原则上都要实行项目法人责任制;其他类型的项目应积极创造条件,实行项目法人责任制。2011年12月,为贯彻落实2011年中央一号文件和中央水利工作会议精神,适应大规模水利建设的需要,进一步加强中小型公益性水利工程建设项目法人管理,提高项目管理水平,确保工程建设的质量、安全、进度和效益,水利部制定了《关于加强中小型公益性水利工程建设项目法人管理的指导意见》。实行建设项目法人责任制,明确了产权关系,真正落实了投资责任。项目法人责任制是对项目业主责任制的超越,而不是"项目业主责任制"换了一种说法,它可以解决建设项目业主责任制难以解决的问题。

一、项目法人责任制的特点

项目法人责任制是以现代企业制度为基础的一种创新制度,它与传统的计划经济体制下的工程建设指挥部负责制有着本质的区别。两者特点比较见表2-1。

表2-1 项目法人责任制与工程建设指挥部负责制管理模式比较

比较内容	工程建设指挥部负责制	项目法人(公司)责任制
经济管理体制	计划经济,政企不分	市场经济,政企分开
行为特征	政府派出机构,是政府行为,项目建成后才组建企业法人	独立法人实体,是企业行为,先有法人,后有项目
产权关系	产权关系模糊,不便于落实固定资产的保值增值责任	产权关系明确,便于落实固定资产的保值增值责任
建设资金筹措	投资主体单一,主要依靠国家预算内投资	投资主体多元化,筹资方式市场化、国际化
管理方式	投资、建设、运营、还贷各自分段管理,利益主体多元化	投资、建设、运营、还贷全过程管理,利益主体一元化
管理手段	主要依靠行政手段	只要依靠经济和法律手段
投资风险责任	不承担或无法承担盈亏责任,粗放经营,"三超"现象严重,还贷责任无法落实	自负盈亏,集约经济,追求经济效益,便于落实还贷责任
运行结果	临时机构,项目建成后便解散	项目建设期间及建成后均为现代企业制度的公司

二、项目法人的组织形式

按照《关于实行建设项目法人责任制的暂行规定》的要求,项目法人可按《中华人民共和国公司法》的规定设立有限责任公司(包括国有独资公司)和股份有限公司形式。其组织特征是:所有者、经营者和生产者之间通过公司的权力机构、决策机构、管理机构和监督机构,形成各自独立、权责分明、相互制约的关系,并以法律和公司章程加以确立和实现。

(一)有限责任公司

有限责任公司是指由2个以上、50个以下股东共同出资,每个股东以其认缴的出资额为限对公司承担责任,公司以其全部资产对债务承担责任的项目法人。有限责任公司不对外公开发行股票,股东之间的出资额不要求等额,而由股东协商确定。

1.股东会

股东会由全体股东组成,是公司的最高权力机构,代表股东的意志和利益。

股东会依法行使以下12项职权:公司的经营方针和投资计划;选举和更换董事,决定有关董事的报酬事项;选举和更换由股东代表出任的董事,决定有关监事的报酬事项;审议批准董事会的报告;审议批准监事会或监事的报告;审议批准公司的年度财务预算方案、决算方案;审议批准公司的利润分配方案和弥补亏损方案;对公司增加或减少注册资本作出决议;对发行公司债券做出决议;对股东向股东以外的人转让出资做出决议;对公司合并、分立、变更公司形式、解散和清算等事项做出决议;修改公司章程。

2.董事会

董事会是公司决策和业务执行的常设机构,由股东大会选出的若干董事共同组成。董事长是公司的法定代表人。

董事会对股东会负责,行使以下10项职权:负责召集股东会,并向股东会报告工作;执行股东会的决议;决定公司的经营计划和投资方案;制订公司的年度财务预算方案、决算方案;制订公司的利润分配方案和弥补亏损方案;制订公司增加或减少注册资本的方案;拟订公司合并、分立、解散的方案,变更公司形式;决定公司内部管理机构的设置;聘任或者解聘公司经理(总经理),根据经理的提名,聘任或者解聘公司副经理、财务负责人,决定其报酬事项;制定公司的基本管理制度。

3.监事会

监事会是在股东大会领导下的公司监督机构,是公司必备的常设机构,其成员不得少于3人。

监事会行使以下职权:检查公司财务;对董事、经理执行公司职务时违反法律、法规或者公司章程的行为进行监督;当董事和经理的行为损害公司的利益时,要求董事和经理予以纠正;提议召开临时股东会;公司章程规定的其他职权。监事会成员列席董事会会议。

4.公司经理

公司经理(总经理)由董事会聘任或者解聘。经理对董事会负责,列席董事会会议。

公司经理行使以下职权:主持公司的生产经营管理工作,组织实施董事会决议;组织实施公司年度经营计划和投资方案;拟订公司内部管理机构设置方案;拟订公司的基本管理制度;制定公司的具体规章;提请聘任或者解聘公司副经理、财务负责人;聘任或者解聘除应由董事会聘任或者解聘以外的管理负责人员;公司章程和董事会授予的其他职权。

(二)国有独资公司

国有独资公司也称国有独资有限责任公司,它是由国家授权投资的机构或国家授权的部门作为唯一出资人的有限责任公司。

国有独资公司不设股东会。由国家授权投资的机构或国家授权的部门,授权公司董事会行使股东会的部门职权,决定公司的重大事项。但公司的合并、分立、解散、增减资本和发行公司债券,必须由国家授权投资的机构或国家授权的部门决定。

国有独资公司设立董事会。其成员由国家授权投资的机构或国家授权的部门按照董事会的任期委派或者变更,董事会成员中应当由公司职工代表。董事长、副董事长由国家授权投资的机构或国家授权的部门在董事会成员中指定。董事长为公司的法定代表人。

国有独资公司的经理由董事会聘任或解聘。经国家授权投资的机构或国家授权的部门同意,董事会成员可以兼任经理。

国家授权投资的机构或国家授权的部门依照法律、行政法规的规定,对国有独资公司的国有资产实行监督管理。这种监督管理尽管也是通过"监事会"的组织实施的,但这种监事会与有限责任公司和股份有限公司的监事会不同,它是属于法人之外的监督组织。

(三)股份有限公司

股份有限公司是指全部资本由等额股份构成,股东以其所持股份为限对公司承担责任,公司以其全部资产对债务承担责任的项目法人。股东有限公司应有5个以上发起人,其突出特点是可能获准在交易所上市。

国有控股或参股的股份有限公司同有限责任公司一样,也要按照《中华人民共和国公司法》的有关规定设立股东会、董事会、监事会和经理层组织机构,其职权与有限责任公司的职权类似。

三、项目法人的主要管理职责

项目法人对项目的立项、筹资、建设和生产经营、还本付息以及资产的保值增值的全过程负责,并承担投资风险。其具体管理职责包括如下几点:

(1)负责筹集建设资金,落实所需外部配套条件,做好各项前期工作。

(2)按照国家有关规定,审查或审定工程设计、概算、集资计划和用款计划。

(3)负责组织工程设计、监理、设备采购和施工的招标工作,审定招标方案。对投标单位的资质进行全面审查,综合评选,择优选择中标单位。

(4)审定项目年度投资和建设计划;审定项目财务预算、决算;按合同规定审定归还贷款和其他债务的数额,审定利润分配方案。

(5)按国家有关规定,审定项目(法人)机构编制、劳动用工及职工工资福利方案等,自主决定人事聘任。

(6)建立建设情况报告制度,定期向水利建设主管部门报送项目建设情况。

(7)项目投产前,要组织运行管理班子,培训管理人员,做好各项生产准备工作。

(8)项目按批准的设计文件内容建成后,要及时组织验收和办理竣工决算。

(9)负责工程档案资料的管理,包括对各参建单位所形成档案资料的收集、整理、归档工作进行监督、检查。

任务三 工程项目发包模式

一、平行承发包模式

平行承发包,是指业主将建设工程的设计、施工以及材料设备采购的任务经过分解分别发包给若干个设计单位、施工单位和材料设备供应单位,并分别与各方签订合同。各设计单位之间的关系是平行的,各施工单位之间的关系也是平行的,各材料设备供应单位之间的关系也是平行的,如图2-5所示。

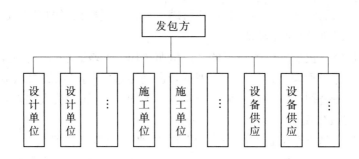

图 2-5   平行承发包模式示意图

(一)任务分解

采用这种模式首先应合理地进行工程建设任务的分解,然后进行分类综合,确定每个合同的发包内容,以便选择合适的承建单位。

进行任务分解与确定合同数量、内容时应考虑以下因素:

(1)工程情况。建设工程的性质、规模、结构等是决定合同数量和内容的重要因素。建设工程实施时间的长短、计划的安排也对合同数量有影响。

(2)市场情况。首先,由于各类承建单位的专业性质、规模大小在不同市场的分布状况不同,建设工程的分解发包应力求使其与市场结构相适应;其次,合同任务和内容对市场具有吸引力,中小合同对中小型承建单位有吸引力,又不妨碍大型承建单位参与竞争;最后,还应按市场惯例做法、市场范围和有关规定来决定合同内容和大小。

(3)贷款协议要求。对两个以上贷款人的情况,可能贷款人对贷款使用范围、承包人资格等有不同要求,因此需要在确定合同结构时予以考虑。

(二)平行承发包模式的优点

(1)有利于缩短工期。设计阶段与施工阶段有可能形成搭接关系,从而缩短整个建设工程工期。

(2)有利于质量控制。整个工程经过分解分别发包给各承建单位,合同约束与相互制约使每一部分能够较好地实现质量要求。

(3)有利于业主选择承建单位。大多数国家的建筑市场中,专业性强、规模小的承建单位一般占较大的比例。这种模式的合同内容比较单一、合同价值小、风险小,使它们有可能参与竞争。因此,无论大型承建单位还是中小型承建单位都有机会竞争。业主可在很大范围内选择承建单位,提高择优性。

(4)费用控制方面,发包以施工图设计为基础,工程的不确定性低,通过招标选择施工单位,对降低工程造价有利。

(三)平行承发包模式的缺点

(1)合同数量多,会造成合同管理困难。合同关系复杂,使建设工程系统内结合部位数量增加,组织协调工作量大。必须加强合同管理的力度,加强各承建单位之间的横向协调工作。

(2)投资控制难度大。这主要表现在:一是总合同价不易确定,影响投资控制实施;二是工程招标任务量大,需控制多项合同价格,增加了投资控制难度;三是在施工过程中设计变更和修改较多,导致投资增加。

二、设计/施工总承包

设计/施工总承包,即设计和施工分别总承包,如图 2-6 所示。

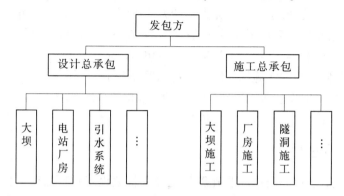

图 2-6　设计/施工总承包模式示意图

这种模式对项目组织有利,发包方只需和一个设计总承包单位及一个施工总承包单位签订合同。因此,相对于平行承发包模式而言,其协调工作量小,合同管理简单。

采用这种模式时,一般规定总承包单位(或施工总承包单位)不可把总包合同规定的任务全部转包给其他设计单位(或施工单位),并且要求总包单位将任何部分任务分包给其他单位时,必须得到发包方的认可,以保证工程项目投资、进度、质量目标不受影响。《中华人民共和国合同法》规定,建设工程主体工程的结构部分不得分包。

三、工程项目总承包

工程项目总承包亦称技术全过程承包,也常称为"交钥匙承包""一揽子承包",如图 2-7 所示。

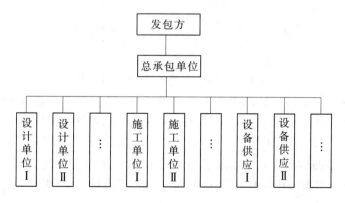

图 2-7　工程项目总承包模式示意图

发包方把一个工程项目的设计、材料采购、施工等全部任务都发包给一个单位,这一单位称总承包单位。总承包单位可以自行完成全部任务,也可以把项目的部分任务在取得发包人认可的前提下,分包给其他设计和施工单位。

总承包是在项目全部竣工试运行达到正常生产水平后,再把项目移交给发包方。

这种总承包模式工作量最大、工程范围最广,因而合同内容也最复杂,单独项目组织、投资控制、合同管理都非常简单,而且这种模式责任明确、合同关系简单明了,易于形成统一的项目管理保证系统,便于按现代化大生产方式组织项目建设,是近年来现代化大生产方式进入建设领域和项目管理不断发展的产物。相对来说,总承包单位一般都具有管理大型项目的良好素质和丰富经验,工程项目总承包可以依靠总包的综合管理优势,加上总包合同法律约束,使项目的实施纳入统一管理的保证系统。

这种总承包模式对发包方、总承包单位来说,承担的风险都很大,一旦总承包失败,就可能导致总承包单位破产,发包方也将遭受巨大的损失。

四、工程项目总承包管理

工程项目总承包管理亦称"工程托管",是业主将建设工程项目管理任务委托给一家工程项目管理咨询公司,亦即"代建制"。工程项目总承包管理单位在承揽工程项目的设计和施工任务之后,再把承揽的全部设计和施工任务发包给其他单位,如图2-8所示。项目总承包管理单位是纯管理公司,主要是经营项目管理,本身不承担任何设计和施工任务。这类承包管理是站在项目总承包立场上的项目管理,而不是站在发包方立场上的"监理",发包方还需要有自己的项目管理,以监督总承包单位的工作。

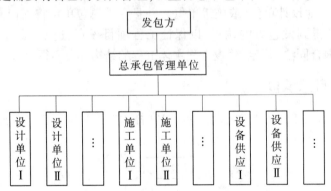

图2-8　工程项目总承包管理模式示意图

水利工程建设项目代建制,是指政府投资的水利工程建设项目通过招标等方式,选择具有水利工程建设管理经验、技术和能力的专业化项目建设管理单位,负责项目的建设实施,竣工验收后移交运行管理单位的制度。2015年2月水利部印发了《关于水利工程建设项目代建制管理的指导意见》(水建管〔2015〕91号),推进了代建制在水利工程建设项目管理中的应用,对发挥市场机制作用,增强基层管理力量,实现水利工程专业化的项目管理有着重要的作用。

任务四　项目经理与项目团队

一、项目经理的地位和要求

(一)项目经理的地位

工程项目是一次性的整体任务,在完成这项任务时,工程中必须有一个最高的责任者和组织者,这就是项目经理。

项目经理是承包人的法定代表人在承包项目上的一次性授权代理人,是对工程项目实施阶段全面负责的管理者,在整个活动中占有举足轻重的地位。确立工程项目经理的地位是做好工程项目管理的关键。

(1)项目经理是企业法人代表在工程项目上负责管理和合同履行的一次性授权代理人,是项目管理的第一责任人。从企业内部看,项目经理是工程项目实施过程中所有工作的总负责人,是项目动态管理的体现者,是项目生产要素合理投入和优化组合的组织者;从对外方面看,作为企业法人代表的企业经理,不直接对每个建设单位负责,而是由工程项目经理在授权范围内对建设单位直接负责。由此可见,工程项目经理是项目目标的全面实现者,既要对建设单位的成果性目标负责,又要对企业效益性目标负责。

(2)项目经理是协调各方面关系,使之相互紧密协作、配合的桥梁和纽带。他对项目管理目标的实现承担着全部责任,即承担着履行合同义务、执行合同条款、处理合同纠纷等责任,受法律的约束和保护。

(3)项目经理对项目实施进行控制,是各种信息的集散中心。自下、自外而来的信息,通过各种渠道汇集到项目经理;项目经理又通过指令、计划和协议等,对下、对外发布信息。通过信息的集散达到控制的目的,使项目管理取得成功。

(4)项目经理是项目责、权、利的主体。项目经理是项目总体的组织管理者,即项目中人、物、技术、信息和管理等所有生产要素的组织管理者,他不同于技术、财务等专业的总负责人,他必须把组织管理职责放在首位。首先,项目经理必须是项目实施阶段的责任主体,是实行项目目标的最高责任者,而且目标的实现还不能超出限定的资源条件。责任是实行项目经理负责制的核心,它构成了项目经理工作的压力,是确定项目经理权力和利益的依据。对项目经理的上级管理部门来说,最重要的工作之一就是把项目经理的这种压力转化为动力。其次,项目经理必须是项目的权力主体。权力是确保项目经理能够承担起责任的条件与手段,所以权力的范围必须视项目经理责任的要求而定;如果没有必要的权力,项目经理就无法对工作负责。最后,项目经理还必须是项目的利益主体。利益是项目经理的工作动力,是由于项目经理负有相应的责任而得到的报酬,所以利益的形式及利益的多少也应该视项目经理的责任而定。如果没有一定的利益,项目经理就不愿负有相应的责任,也不会认真行使相应的权力,也难以处理好与项目经理部、国家、企业和职工之间的利益关系。

(二)工程项目对项目经理的要求

由于项目经理对项目的重要作用,人们对他的知识结构、能力和素质的要求越来高,按照项目和项目管理的特点,项目经理的基本要求如下。

1.政治素质

项目经理是企业的重要管理者,应具备较高的政治素质和职业道德,必须具有思想觉悟高、政治观念强和良好的社会道德品质。在项目管理中能自觉地坚持正确的经营方向,认真执行党和国家的方针、政策,遵守国家的法律、法规,执行上级主管部门的有关决定,自觉地维护国家利益,保护国家财产,正确处理国家、企业和职工三者之间的利益关系,并且能够坚持原则、善于管理、勇于负责、不怕吃苦,有较强的事业心和责任感。

2.领导素质

项目经理是一名领导者,应具有较高的组织能力。具体应满足下列要求:

(1)博学多识,明礼诚信。即具有马列主义、现代管理、科学技术、心理学等基础知识,见多识广、眼界开阔,能够客观公正地处理各种关系。

(2)多思善断,灵活机动。即具有独立解决问题和同外界洽谈业务的能力。思维敏捷,善于抓住最佳的时机,并能当机立断,坚决果断地实施。当情况发生变化时,能够随机应变地跟踪决策,巧妙地处理问题。

(3)团结友爱,知人善任。即用人要知人所长,用其所长,避其所短;尊贤爱才,大公无私,不任人唯亲,宽容大度,关心别人胜于关心自己。

(4)公道正直,勤俭自强。即能以身作则,办事公道,敬业奉献。

(5)铁面无私,赏罚分明。即赏功罚过,不讲情面,以此建立管理权威,提高管理效率。

3.知识素质

项目经理应当是一个专家,具有大专以上相应的学历层次和水平,懂得项目技术知识、经营管理知识和法律知识;特别要精通项目管理的基本理论和方法,懂得项目管理的规律;具有较强的决策能力、组织能力、指挥能力、应变能力;能够带领项目经理班子成员,团结广大职工一道工作。同时,在专业上必须是内行、专家。此外,每个项目经理还应经过专门的建造师职业资格考试,并取得建造师职业资格证书,取得相应资格的项目经理还应按规定定期接受继续教育。承担外资工程的项目经理还应掌握一门外语。

4.实践经验

每个项目经理必须具有一定的工程实践经验和按规定经过一定的实践锻炼。只有具备了实践经验,才能灵活自如地处理各种可能遇到的实际问题。

5.身体素质

由于项目经理要承担繁重的工作,而且工作条件和生活条件都因现场性强而相当艰苦,因此项目经理必须年富力强,有健康的身体,才能保持充沛的精力和坚韧的意志。

(三)项目经理的选择

项目经理的选择,一是要有合理的选择方式,二是要有规范的选择程序,三是要确定谁是决策者。

(1)选择方式。项目经理的选择方式有面向社会竞争招聘、人事部门按企业组织制度委任和基层推荐。

(2)选择程序。项目经理的选择程序是:初选对象—确定对象—正式任命。

（3）工程项目经理的决策者应当是企业法定代表人，由他任命工程项目经理，法定代表人可以兼任一个重点工程项目的项目经理。

（四）项目经理的基本工作和经常性工作

1.项目经理的基本工作

（1）策划项目管理目标。项目经理应当对质量、工期、成本目标做出规划；应当组织项目经理班子成员对目标系统做出详细规划，进行目标管理。目标规划工作从根本上决定了项目管理的成败。确定了项目管理目标，就使员工的活动有了中心。

（2）制定制度和规范。要建立合理而有效的项目管理组织机构，制定重要的规章制度和规范，从而保证规划目标的实现。规章制度和规范必须符合现代管理基本原理，必须面向全体职工，使他们乐于接受，以利于推进规划目标的实现。规章制度和规范由项目经理组织机构制定，项目经理给予审批、督促和效果考核。

（3）选用人才。项目经理必须选择好项目经理班子成员及主要的业务人员。项目经理在选择人员时，应坚持精干高效的原则，要选得其才，用得其能。

2.项目经理的经常性工作

（1）决策。项目经理必须按照科学的方法进行重大决策。项目经理不需要包揽一切决策，只需要对如下两种情况做出及时明确的决断：一是出现非规范事件，即意外性事件，例如特殊的合同变更、对某些特殊材料的购买、领导重要指示的执行决策等；二是下级请示的重大问题，即涉及项目目标的全局性问题。

（2）深入实际。项目经理必须经常深入实际，密切联系群众，这样才能体察下情，了解实际，及时发现问题，便于开展领导工作，把问题解决在群众面前，把关键工作做在最恰当的时候。

（3）继续学习。项目管理涉及现代生产、科学技术、经营管理的最新成就，项目经理必须接受继续教育、事先学习、干中学习。事实上，群众的水平是在不断提高的，项目经理如果不学习提高，就不能很好地领导群众，也不能很好地解决出现的问题。项目经理必须不断抛弃老化了的知识，不断地学习新知识、新思想和新方法，跟上改革形势，推进管理改革，适应国内、国际市场的需求。

（4）实施合同。对合同中确定的各项目标的实现进行有效的协调与控制，组织全体职工实现工期、质量、成本、安全、文明施工目标，提高经济效益。

二、项目经理责任制

（一）项目经理责任制的概念

1.项目经理责任制的含义

项目经理责任制，是指以项目经理为责任主体的项目管理目标责任制，用以确立项目经理部与企业、职工三者之间的责、权、利关系。它是以工程项目为对象，以项目经理全面负责为前提，以项目目标责任书为依据，以创优质工程为目标，以求得产品的最佳经济效益为目的，实现从项目开工到竣工验收的一次性全过程的管理。

2.项目经理责任制的主体与重点

（1）项目管理是项目经理全面负责、项目管理班子集体参与的管理。工程项目管理的成果不仅是项目经理个人的功劳,项目管理班子是一个集体,没有集体的团结协作就不会取得成功。由于领导班子明确了分工,使每个成员都分担了一定的责任,大家一致对国家和企业负责,共同享受企业的利益。但是,由于责任不同,承担的风险也不同,比如项目经理要对质量承担终身责任,所以项目经理责任制的主体必然是项目经理。

(2)项目经理责任制的重点在于管理。管理是科学,是规律性的活动。项目经理责任制的重点必须是放在管理上。如果说企业经理是战略家,那么项目经理就应当是战术家。因此,项目经理责任制要注重管理的内涵和运用。

3.项目经理责任制的特点

工程项目经理责任制有以下特点:

(1)对象终一性。它以工程项目为对象,实行产品形成过程的一次性,全面负责,不同于过去企业的年度或阶段性承包。

(2)主体直接性。它实行经理负责、全员管理、标价分离、指标考核、项目核算,确保上缴、节约增效、超额奖励的复合型指标责任制,重点突出了项目经理个人的责任。

(3)内容全面性。项目经理责任制是根据先进、合理、实用、可行的原则,以保证提高工程质量,缩短工期,降低成本,保证安全和文明施工等各项目标为内容的全过程的目标责任制。它明显地区别于单项或利润指标承包。

(4)责任风险性。项目经理责任制充分体现了"指标突出,责任明确,利益直接,考核严格"的基本要求,其最终结果与项目经理部成员特别是与项目经理的行政晋升、奖罚等个人利益直接挂钩,经济效益与风险责任同在。

(二)项目经理责任制的作用

项目经理责任制的作用主要体现在以下几点:

(1)有利于明确项目经理与企业和职工三者之间的责、权、利、效关系。

(2)有利于项目规范化、科学化管理和提高产品质量。

(3)有利于运用经济手段强化对项目的法制管理。

(4)有利于促进和提高企业项目管理的经济效益和社会效益,不断解放和发展生产力。

(三)项目经理责任制管理目标确立的原则

1.实事求是

项目目标管理责任书制定形式和指标确定是责任制的重要内容,企业应力求从项目管理的实际出发,做到:

(1)具有先进性,不搞"保险承包"。在指标的确定上,应以先进水平为标准,避免"不费力、无风险、稳收入"的现象出现。

(2)具有合理性,不搞"一刀切"。不同的工程类型和现场条件采取不同的经济技术指标,不同的职能人员实行不同的岗位责任制,力争做到大家在同一起跑线上平等竞争,减少分配不公现象。

(3)具有可行性,不追求形式。对因不可抗力而导致项目管理目标责任难以实施的,应及时调整,以使每个责任人既要感到风险压力,又能充满必胜的信念,避免"以包代保"、"以包代管"等现象。

2.兼顾企业、项目经理和职工三者的利益

在项目经理责任制中,企业、项目经理和职工三者的根本利益是一致的。一方面,项目责任制应把保证企业利益放在首位;另一方面,也应维护项目经理和职工的正当利益,特别是在确定个人收入基数时,要切实贯彻按劳分配、多劳多得的原则。

3.责、权、利、效统一

责、权、利、效统一,是项目经理责任制的一项基本原则,这里需要特别注意的是,必须把"效"(即企业的经济效益和社会效益)放在重要地位。因为虽尽到了责任,获得相应的权力和利益,不一定就必然产生好的效益,责、权、利的结合应最终围绕企业的整体效益来运行。

(四)实行项目经理责任制的条件

实行项目经理责任制,必须坚持管理层与劳务层分离的原则,依靠市场,实行业务系统化管理,通过人、财、物各要素的优化组合,发挥系统管理的有效职能,使管理向专业化、科学化发展,同时又赋予项目经理一定的权力,促使项目高速、优质、低耗地全面完成。实行项目经理责任制必须具备下列条件:

(1)项目任务落实,开工手续齐全,具有切实可行的项目管理规划大纲或施工组织设计。

(2)图纸、工程技术资料、劳动力配备、主材落实,能按计划供应。

(3)组织一个精干、得力、高效的项目管理班子,有一批懂技术、会管理、敢负责并掌握项目管理技术的人才。

(4)建立了企业业务工作系统化管理,企业具有为项目经理部提供人力资源、材料、设备即生活设施等各项服务的功能。

三、项目经理的责、权、利

(一)项目经理的任务与职责

1.项目经理的任务

项目经理的任务主要包括保证项目按照规定的目标高速、优质、低耗地全面完成;保证各生产要素在项目经理授权范围内最大限度地优化配置。具体包括以下几项:

(1)确定项目管理组织机构的构成并配备人员,制定规章制度,明确有关人员的职责,组织项目经理部开展工作。

(2)确定管理总目标和阶段性目标,进行目标分解,实行总体控制,确保项目建设成功。

(3)及时、适当地做出项目管理决策,包括投标报价决策、人事任免决策、重大技术组织措施决策、财务工作决策、资源调配决策、进度决策、合同签订与变更决策,对合同执行情况进行严格管理。

(4)协调本组织机构与各协作单位之间的协作配合与经济、技术工作,在授权范围内代理(企业法人)进行有关签证,并进行相互监督、检查,确保质量、工期、成本控制和节约。

(5)建立完善的内部及对外信息管理系统。

(6)实施合同,处理好合同变更、洽商纠纷和索赔,处理好总分包关系,协调好与有关单位的协作配合,与建设单位相互监督。

2.项目经理的职责

项目经理的职责是由其所承担的任务决定的。项目经理应当履行下列职责:

(1)代表企业实施施工项目管理,贯彻执行国家法律、法规、方针、政策和强制性标准,执行企业管理制度,维护企业的合法权益。

(2)签订和组织履行"项目管理目标责任书",执行企业与业主签订的《项目承包合同书》中由项目经理负责履行的各项条款。

(3)严格财经制度,加强成本核算,积极组织工程款回收,按"项目管理目标责任书"处理项目经理部与国家、企业、分包单位及职工之间的利益分配。

(4)组织编制项目管理实施规划,包括工程进度计划和技术方案,制订安全生产和保证质量措施,并组织实施。

(5)对进入现场的生产要素进行优化配置和动态管理,执行有关技术规范和标准,积极推广应用新技术、新工艺、新材料和项目管理软件集成系统,确保工程质量、工期,实现安全、文明生产,努力提高经济效益。

(6)建立质量管理体系和安全管理体系,并组织实施。进行现场文明施工管理,发现和处理突发事件。

(7)在授权范围内负责与企业管理层、劳务作业层、各协作单位、发包人、分包人和监理工程师等的协调,解决项目中出现的问题。

(8)组织制定项目经理部各类管理人员的职责权限和各项规章制度,协调好与公司机关各职能部门的业务联系和经济往来工作,定期向公司经理报告工作。

(9)做好工程竣工结算、资料整理归档,接受企业审计并做好项目经理部的解体与善后工作。

(10)协助企业进行项目的检查、鉴定和评奖申报。

(二)项目管理目标责任书的内容

项目管理责任书应包括下列内容:

(1)企业各业务部门与项目经理部之间的关系。

(2)项目经理部使用作业队伍的方式,项目所需材料供应方式和机械设备供应方式。

(3)应达到的项目进度目标、项目质量目标、项目安全目标和项目成本目标。

(4)在企业制度规定以外,由法定代表人向项目经理委托的事项。

(5)企业对项目经理部人员进行奖罚的依据、标准、办法及应承担的风险。

(6)项目经理解职和项目经理部解体的条件及方法。

(三)项目经理的权限

赋予项目经理一定的权力是确保项目经理承担相应责任的先决条件。为了履行项目经理的职责,项目经理必须具有一定的权限,这些权限应由企业法人代表授予,并用制度和目标责任书的形式具体确定下来。项目经理在授权和企业规章制度范围内,应具有以下权限:

(1)项目投标权。项目经理参与企业进行的施工项目投标和签订施工合同。

（2）人事决策权。项目经理经授权组建项目经理部,确定项目经理部的组织机构,选择、聘任管理人员,确定管理人员的职责,组织制定施工项目的各项规章制度,并定期进行考核、评价和奖罚。

（3）财务支付权。项目经理在企业财务制度规定的范围内,根据企业法定代表人授权和施工项目管理的需要,决定资金的投入和使用,决定项目经理部的计酬办法。

（4）物资采购管理权。项目经理在授权范围内,按物资采购程序文件的规定行使采购权。

（5）作业队伍选择权。项目经理根据企业法定代表人授权或按照企业的规定选择、使用作业队伍。

（6）进度计划控制权。根据项目进度总目标和阶段性目标的需要,对项目建设的进度进行检查、调整,并在资源上进行调配,从而对进度计划进行有效的控制。

（7）技术质量决策权。根据项目管理实施规划或项目组织设计,有权批准重大技术方案和重大技术措施,必要时召开技术方案论证会,把好技术决策关和质量关,防止技术上决策失误,主持处理重大质量事故。

（8）现场管理协调权。项目经理根据企业法定代表人授权,协调和处理与施工项目管理有关的内部与外部事项。

（四）项目经理的利益

项目经理最终的利益是项目经理行使权力和承担责任的结果,也是市场经济条件下责、权、利、效相互统一的具体体现。权益可分为两大类:一是物资兑现,二是精神奖励。项目经理应享有以下利益:

（1）获得基本工资、岗位工资和绩效工资。

（2）在全面完成项目管理目标责任书确定的各项责任目标、交工验收并结算后,接受企业的考核和审计,除按规定获得物质奖励外,还可进行表彰、记功,获得优秀项目经理等荣誉称号和其他精神奖励。

（3）经考核和审计,未完成项目管理目标责任书确定的责任目标或造成亏损的,按有关条款承担责任,并接受经济或行政处罚。

四、项目经理责任制管理目标责任体系的建立与考核

责任制体现了企业生产方式与市场招标投标机制的统一,有利于企业经营机制的转换。其作用的最大发挥取决于是否建立起以项目经理为核心的指标责任网络体系。

（一）项目经理责任制管理目标责任体系的建立

项目管理目标责任体系的建立是实现项目经理责任制的重要内容,项目经理之所以能对工程项目承担责任,就是因为有自上而下的目标管理和岗位责任制作基础。

1.项目经理与企业经理(法人)代表之间的责任制

项目经理产生后,与企业经理就工程项目全过程签订项目管理目标责任书。其是对项目从开工到竣工交付使用全过程及项目经理部建立、解体和善后处理期间重大问题的办理而事先形成的具有企业法规性文件。这种责任书,也是项目经理的任职目标。责任书的签订须经双方同意并经企业工会签证,具有很强的约束力。

在项目管理目标责任书的总体指标内,按企业当年综合计划,项目经理与企业经理签订年度项目经理经营责任状。因为有些项目经理部承担的工程任务跨年度,甚至好几年,如果只有项目经理目标责任书而无近期年度责任状,就很难保证工程项目最终目标的实现。年度项目经理经营责任状以公司当年统一下达给各项目经理部计划指标为依据,主要内容包括生产产值、工程形象进度、工程质量、成本降低、文明生产和安全生产要求等。

2.项目经理与本部其他人员之间的管理目标责任制

项目经理在实行个人负责制的过程中,还必须按管理的幅度和能位匹配等原则,将一人负责转变为人人尽职尽责,在内部建立以项目经理为中心分工负责岗位目标管理的责任制。主要内容有:

(1)按"双向选择、择优聘用"的原则,配备合格的管理班子。

(2)明确每一业务岗位的工作职责。按业务系统管理方法,在系统基层业务人员的工作职责基础上,进一步将每一业务岗位工作具体化、规范化,尤其是各业务人员之间的分工协作关系一定要规定清楚。

(3)签订系统人员业务上岗责任状,明确各自的责、权、利,这是企业横向目标管理责任制落实到个人的具体反映。

(二)建立项目管理目标责任体系的做法

1.一条原则,两个坚持

本着"宏观控制,微观搞活"的原则,坚持推行以项目管理为核心、业务系统管理为基础、思想政治工作为保证的全员管理责任制,坚持运用法律手段建立企业内部全员合同制。

2.三种目标责任制类型

(1)以工程项目为对象的三个层次的责任制。工程项目管理的好坏不仅关系到项目经理部的命运,而且直接关系到企业的根本利益。所以,项目、栋号、班组这三个层次之间责任制的落实必须首先体现企业和国家的利益,本着"指标突出、责任明确、利益直接、考核严格、个人负责、全员管理、民主监督"的原则进行。

(2)以工程项目分包单位为对象的经济责任制。

(3)企业职能部门与各项目经理部之间的关系。企业各职能部门为项目管理提供服务、指导、协调、控制、监督保证,应把其工作分为三个部分,实行业务管理责任制。一是对企业管理负责的职能性工作,包括制定规章制度、研究改进工作、指导基层管理、监督检查执行情况、沟通对外联系渠道、提供决策方案等。二是对企业效益负责的职能性工作,包括严格掌管财与物、为现场提供业务服务、帮助现场解决问题等。三是按照软指标硬化的原则,对部室实行"五费"包干,即包工资,增人不增资,减人不减资;包办公费、招待费、交通费、差旅费,做到超额自负,节约按比例提取奖励。

3.四种工资

(1)一线工人实行全额累进计件工资制。

(2)二、三线工人实行结构浮动效益工资制。

(3)干部实行岗位效益工资制。

(4)对于无法用以上三种方式计酬的部分职工,根据不同情况,分别实行档案工资和内部工资、待岗工资制。

(三)项目管理目标责任制的考核

考核是项目管理目标责任制生效期间的必要内容。考核的目的和作用,是对其经营效果或经济责任制履行情况的总结,也是对责任单位和个人经营活动的合法性、真实性、有效性程度做出符合客观实际的评价,这对于爱护、鼓励和调动责任单位和个人的积极性,维护项目责任制的严肃性、公正性、连续性都大有好处。

1.项目经理部责任制的考核

项目经理部在项目的生产经营中,发挥着相对独立的决策、指挥、协调等各种作用,承担着处理企业内外和上下、左右各方面的经济关系的责任,因此项目经理部的考核内容也应是多方面的。

1)考核依据

考核依据包括项目管理目标责任书和项目经理部在考核期内生产经营的实际效益两大部分。

2)考核内容

项目经理部是企业内部相对独立的生产经营管理实体,其工作的目标是通过项目经理获得,确保经济效益和社会效益的提高。因此,考核内容主要围绕"两个效益"全面考核并与单位工资总额和个人收入挂钩。工期、质量、安全等指标实行单项考核,奖罚同工资总额挂钩浮动。

3)考核方法

(1)组织机构。企业应成立专门的考核领导小组,由主管生产经营的领导挂帅,经营、工程、安全、质量、财会、审计等有关部门领导参加。日常工作由公司经营管理部门负责。考核领导小组对个别特殊问题进行研究商定,对整个考核结果集体审核并讨论通过,最后报请企业经理办公室决定。

(2)考核周期。每月由经营管理部门按统计报表和文件规定,进行政审性的考核。季度由考委会按纵横考评结果和经济效益综合考核,预算工资总额,确定管理人员岗位效益工资档次。年末全面考核,进行工资总额结算和人员最终奖罚兑现。

2.分包队的责任制考核

项目经理部下属的作业分包队,由项目经理部按双方所签责任状进行考核。考核方法是月预提,季结算,年度全面考核结算。由于施工项目经理部下属的作业分包队只是对直接费用承包,所以不能简单地照搬企业对项目的考核办法,应按实际节约值的工资提成比例分别计算,这个考核办法可供劳务分包公司参考。

3.生产班组的责任考核

施工生产班组以综合施工任务书为依据,实行全额累进计件工资、优质优价和材料节余奖。其考核的内容和范围相对来说比较少,考核单位应把好施工任务书在工前编制下达、工中检查验收、工完结算兑现三关。对于因班组自身责任造成的质量返工、工伤事故、材料超耗等,应严格按规定执行,当由考核单位造成以上问题时,班组可依据规定索赔,考核单位也应如实给予补偿。

五、项目团队

(一)项目团队概念

项目团队主要指项目经理及其领导下的项目经理部和各职能管理部门。由于项目的特殊性,特别需要强调项目团队的团队精神,团队精神对项目经理部的成功运作起关键性作用。

项目团队的精神具体体现在:

(1)有明确的目标。这里的目标一定是所有项目成员的共同意愿。

(2)有合理的分工与协作。通过责任矩阵明确每一个成员的职责,各成员之间是相互合作的关系。

(3)有不同层次的权力和责任。

(4)组织有高度的凝聚力,能使大家积极地参与。

(5)团队成员全身心投入项目团队工作中。

(二)项目团队建设

项目团队建设是指将肩负项目管理使命的团队成员按照特定的模式组织起来,协调一致,以实现预期项目目标的持续不断的过程。它是项目经理和项目管理团队成员的共同职责,团队建设过程中应创造一种开放和自信的气氛,使全体团队成员有统一感和使命感。

1.项目团队建设的重要性

项目团队建设就是要创造一个良好的氛围与环境,使整个项目管理团队为实现共同的项目目标而努力奋斗。项目团队建设的重要性主要体现在:

(1)使团队成员确立明确的共同目标,增强吸引力、感召力和战斗力。

(2)做到合理分工与协作,使每个成员明确自己的角色、权力、任务和职责,以及与其他成员之间的关系。

(3)建立高度的凝聚力,使团队成员积极热情地为项目成功付出必要的时间和努力。

(4)加强团队成员之间的相互信任,促使成员之间相互关心、彼此认同。

(5)实行成员之间有效的沟通,形成开放、坦诚的沟通氛围。

2.项目团队建设中的意识

一个成功的项目团队应树立五种意识,即目标意识、团队意识、服务意识、竞争意识和危机意识。

(1)目标意识。应做到目标到人、个人目标与组织目标相结合、强烈的责任心和自信心。

(2)团队意识。包括团队成功观念,树正气、刹邪风,个人利益与团队利益相结合。

(3)服务意识。包括面向客户的服务、面向团队内部的服务及面向维修保养人员的服务。

(4)竞争意识。包括责权利均衡、论功行赏,处理好主角与配角的关系。

(5)危机意识。包括使命感,行业、市场的危机,团队的危机。

3.项目团队建设的阶段

1)形成阶段

形成阶段主要依靠项目经理来指导和构建团队。团队形成需要两个基础,即以整个运行的组织为基础,一个组织构成一个团队的基础框架,团队的目标为组织的目标,团队的成员为组织的全体成员;在组织内的一个有限的范围内完成某一特定任务或为一共同目标等形成的团队。

2)磨合阶段

磨合阶段是团队从组建到规范阶段的过渡过程,主要指团队成员之间,成员与内外环境之间,团队与所在组织、上级、客户之间进行的磨合。

在这个阶段,由于项目任务比预计的繁重、困难,成本或进度的计划限制可能比预计的紧张,项目经理部成员会产生激动、希望、怀疑、焦急和犹豫的情绪,会有许多矛盾,而且可能有的团队成员因不适应而退出团队,为此,团队要进行重新调整与补充。在实际工作中,应尽可能地缩短磨合时间,以便使团队早日形成合力。

3)规范阶段

经过磨合阶段,团队的工作开始进入有序的状态,团队的各项规则经过建立、补充与完善,成员之间经过认识、了解与相互定位,形成了自己的团队文化、新的工作规范,培养了初步的团队精神。

4)表现阶段

经过上述三个阶段,团队进入了表现阶段。这是团队最佳状态的时期,团队成员批次高度信任,配合默契,工作效率有大的提高,工作效果明显,这时团队已经比较成熟。

5)休整阶段

休整阶段包括休止与整顿两方面的内容。团队休止是指团队经过一个时期的工作,工作任务即将结束,团队将面临总结、表彰等工作,所有这些都暗示着团队前一时期的工作已经基本结束,团队可能面临解散的状况,团队成员要考虑自己的下一步工作。

团队整顿是指团队的原工作任务结束后,团队准备接受新的任务时,要进行调整和整顿,包括工作作风、工作规范、人员结构等方面的调整与整顿。如果这种调整比较大,实际上是构建一个新的团队。

4.项目团队能力的持续改进方法

1)改善工作环境

工作环境是指团队成员工作地点的周围情况和工作条件。工作环境的状态可以影响人的工作情绪、工作效率、工作的主动性和创作性,进而影响工作质量与工作进度。因此,项目负责人应注意通过改善团队的工作环境来提高团队的整体工作质量与效率,特别是对于工作周期较长的项目。

2)人员培训与文化管理

培训包括为提高项目团队技能、知识和能力而进行的所有活动。通过培训,将有效地推进项目的文化建设和管理。项目培训可以是正式的,也可以是非正式的。

在培训中,应该重点引导各种人员的文化及价值取向,要逐步形成项目文化管理的基础架构,包括各种制度和程序应该是根据惯例、文化的发展定期进行修订,惯例、文化的发展也必须将各种制度、程序的要求囊括其中,这样使培训与文化管理有机地结合起来,提高项目管理的效果。

3)团队的评价、表彰与奖励

团队的评价是对员工的工作业绩、工作能力、工作态度等方面进行调查与评定。评价是激励的方式之一。正确地开展评价,可以形成良好的团队精神和团队文化,树立正确的是非标准,让人产生成就感与荣誉感,从而使团队成员能够在一种竞争的激励中产生工作动力,提高团队的整体能力。团队评价可以采取指标考核、团队评议、自我评价等多种方式。

表彰与奖励是管理活动中的重要组成部分,可以提高或强化管理者所希望的行为。在取得的成绩与奖励之间建立起清晰、明确、有效的联系,有助于表彰与奖励成为管理活动行之有效的工具。

4)反馈与调整

项目人员配备、项目计划、项目执行报告等都只是反映了项目内部对团队发展的要求,此外,项目团队还应该对照项目之外的期望进行定期的检查,使项目团队建设符合团队外部对其发展的期望。外部反馈的信息主要包括委托方的要求、项目团队领导层的意见及其他相关客户的评价与建议等。

当项目团队成员的表现不能满足项目的要求或者不适应团队的环境时,项目经理必须对项目团队成员进行调整。项目团队调整的另一项内容是对团队内的分工进行调整,这种调整有时是为了更好地发挥团队成员的专长,或为解决项目中的某一问题,也可能是为化解团队成员之间的矛盾。调整的目的都是使团队更适合项目工作的要求。

职业能力训练二

一、单项选择题

1.落实目标控制的人员、任务和职责是目标控制的(　　　)措施。
　　A.组织　　　　　　B.技术　　　　　　C.经济　　　　　　D.合同

2.(　　　)是指一名主管人员直接管辖的下属人员的数量。
　　A.管理层次　　　　B.管理跨度　　　　C.管理机构　　　　D.管理组织

3.组织内部形成的较为稳定的相互关系和联系方式,称为(　　　)。
　　A.组织机构　　　　B.组织结构　　　　C.组织分工　　　　D.组织职能

4.具有相关联的职能系统和子项目系统的监理组织形式为(　　　)监理组织形式
　　A.直线制　　　　　B.矩阵制　　　　　C.直线—职能制　　D.职能制

5.一个组织内的管理跨度和管理层次(　　　)。
　　A.成正比关系　　　B.成反比关系　　　C.没有关系　　　　D.成线性关系

6.(　　　)是组织存在的前提。
　　A.组织机构　　　　B.组织目标　　　　C.组织成员　　　　D.分工与合作

7.施工总承包管理模式下,施工总承包管理单位(　　　)。

A.承担主体工程施工　　　　　　　　　　B.承担所有工程施工

C.一般不参与具体工程的施工　　　　　　D.承担半数以上单位工程的施工

8.下列有关施工总承包模式的表述中,正确的是(　　　)。

A.项目质量的好坏很大程度上取决于业主的管理水平

B.施工总承包合同一般实行单价合同

C.业主需要进行多次招标,管理量较大

D.业主只负责对施工总承包单位的管理及组织协调

9.某开发公司工程建设方面经验不足,目前拟建项目的施工图设计尚未完成,在此情况下,为早日开工,该公司可采用的较为适宜的发承包模式是(　　　)。

A.平行发包　　　　　　　　　　　　　B.施工总承包

C.施工总承包管理　　　　　　　　　　D.以上三种模式均可

二、多项选择题

1.工程项目承发包模式包括(　　　)。

A.平行承发包模式　　　　　　　　　　B.总承包模式

C.规划—施工—运行模式　　　　　　　D.总承包管理模式

E.设计/施工总承包模式

2.矩阵制项目管理组织模式的主要优点有(　　　)。

A.命令源唯一,权力集中　　　　　　　B.决策迅速,隶属各项明确

C.具有较大的机动性和适应性　　　　　D.有利于解决复杂问题

E.加强了各职能部门间的横向联系

3.对于一个特定的管理者而言,其合理的管理跨度与(　　　)有关。

A.他本人的能力和专长　　　　　　　　B.他与上级管理者的关系

C.他在组织中所处的层次　　　　　　　D.他下属的能力和专长

E.他下属所做工作的关联程度

4.在建设项目管理实践中形成的管理组织模式一般分为(　　　)。

A.职能制　　　B.直线制　　　C.直线—职能制　　　D.矩阵制　　　E.曲线制

5.组织构成一般是上小下大的形式,由(　　　)四大因素组成。

A.主管领导　　　B.管理层次　　　C.管理跨度　　　D.管理部门　　　E.管理职能

6.施工总承包模式的特点有(　　　)。

A.在开工前就有较明确的合同价,有利于业主对总造价的早期控制

B.业主对施工总承包单位的依赖性较大

C.业主要负责所有承包单位的管理及组织协调,工作量较大

D.一般要等施工图设计全部结束后,才能进行施工总承包的招标

E.施工总承包模式适用于大型项目和建设周期紧迫的项目

7.与平行发承包模式相比,施工总承包模式的不同之处在于(　　　)。

A.工作程序不同

B.开工日期较迟,建设周期较长

C.合同一般实行总价合同

D.业主只需要进行一次招标,与一个施工总承包单位签约

E.业主只负责对施工总承包单位进行管理及组织协调

三、案例题

某大型引水工程,技术复杂、工程量大,分别由混凝土挡水坝、引水隧洞、明渠三个建筑物组成。各建筑物营地距离较远,且交通条件不太好,往返一次均在6 h以上。拟选择一家施工单位承担该项工程的施工任务。其主营地与建设单位营地计划一并设置在混凝土挡水坝下游附近,根据需要,工程沿线可安排下属项目管理机构。

问题:

若你单位独立承担该项目施工任务,试简要绘制项目管理机构图并说明该设置的主要理由。

项目三 工程项目招标与投标

【学习目标】

　　能够组织招标,能够评标定标,会编制标底和招标文件;能够分析招标文件,能够组织投标,懂得投标技巧,会编制投标文件。

【学习任务】

　　(1)概述。

　　(2)水利水电工程施工招标。

　　(3)水利水电工程施工投标。

【任务分析】

　　招标与投标,是市场经济中用于采购大宗商品的一种交易方式,也是国内外广泛采用的分派建设任务的主要交易方式。要能够进行招标,必须熟悉相关的法律法规和招标投标程序。投标是目前获取工程项目的重要途径,正确编制报价是关系到能否中标的重要依据,要掌握一定的技巧,正确编制投标文件。

【任务实施】

任务一 概 述

一、工程招标投标的概念

　　工程招标是指招标人(业主或建设单位)为发包方,根据拟建工程的内容、工期、质量和投资额等技术经济要求,公开或非公开邀请有资格和能力的投标人报出工程价格,从中择优选取承担可行性研究、勘察、设计、施工等任务的承包单位。工程项目投标是指经招标人审查获得投标资格的投标人,按照招标条件和自己的能力,在规定的期限内向招标人填报投标书,并争取中标,达成协议的过程。

　　自1984年我国工程建设项目推行招标投标制以来,对控制工期、保证工程质量、降低工程造价、提高经济效益、健全建筑市场竞争机制起到了重要的作用。30多年来,国家先后颁布了一系列相关的法律、法规、条例,例如《中华人民共和国招标投标法》(简称《招标投标法》)自2000年1月1日起施行;《水利工程建设项目招标投标管理规定》自2002年1月1日起施行;《中华人民共和国标准施工招标资格预审文件》(简称《标准施工招标资格预审文件》)和《中华人民共和国标准施工招标文件》(简称《标准施工招标文件》)自2008年5月1日起施行;2013年3月11日,国家发展和改革委员会等9部委员会对《标准施工招标资格预审文件》和《标准施工招标文件》发布了修改规定,自2013年5月1日起施行;在《标准施工招标资格预审文件》和《标准施工招标文件》基础上,结合水利水电工程特点和行业管理需要,水利部组织编制了《水利水电工程标准施工招标资格预审文件》和《水利水电工程标准施工招标文件》(简称《水利水电工程标准文件》)自2010年2月1日施行,凡列入国家或地方投资计划的大中型水利水电工程使用《水利水电工程标准文件》,小型水利水电工程可参照使用;《中华人民共和国招标投标法实施条例》(简称《招标投标法实施条例》)自2012年2月1日起施行;《电子招标投标办法》自2013年5月1日起施行;《招标公告和公示信息发布管理办法》自2018年1月1日起施行;《必须招标的工程项目规定》自2018年6月1日起施行;中华人民共和国主席令(第八十六号)对《招标投标法》进行了修改,修改后的《招标投标法》自2017年12月28日起施行;中华人民共和国国务院令(第698号)对《中华人民共和国招标投标法实施条例》进行了修订,自2018年3月19日施行;这些法律、法规、条例、示范文本等使招标投标有法可依、有规可循。

二、工程项目招标的分类

(一)按招标的性质分类

1.项目开发招标

项目开发招标是建设单位(业主)邀请工程咨询单位对建设项目进行可行性研究,其"标的物"是可行性研究报告。中标的工程咨询单位必须对自己提供的研究成果认真负责,可行性研究报告应得到业主的认可。

2.监理招标

监理招标是通过竞争方式选择工程监理单位的一种方法。监理招标的"标的物"是监理工程师提供的服务。

3.勘察设计招标

勘察设计招标根据通过的可行性研究报告所提出的项目设计任务书,择优选择承包工程项目勘察设计工作的承包商。其"标的物"是勘察和设计成果。

4.工程施工招标

在工程项目的初步设计或施工图设计完成以后,用招标的方式选择施工承包商,其"标的物"是向建设单位(业主)交付按设计规定的建筑产品。

5.材料、设备招标

工程建设中,材料、设备费占工程总投资的比重很大,招标人通过招标的方式选择承包材料、设备的供应商,其"标的物"是所需要的建筑材料、建筑构件和设备等。

(二)按工程承包的范围分类

1.建设项目总承包招标

从项目的可行性研究、勘察设计、材料和设备采购、工程施工、生产准备、直到竣工投产交付使用而进行的一次性招标。

2.专项工程承包招标

专项工程承包招标指在对工程承包招标中,对其中某些比较复杂或专业性强,或施工和制作要求特殊的单项工程,单独进行招标。

三、必须招标的工程项目

为了确定必须招标的工程项目,规范招标投标活动,提高工作效率、降低企业成本、预防腐败,2018 年 3 月 27 日,中华人民共和国国家发展和改革委员会第 16 号令,根据《招标投标法》第三条的规定,制定了《必须招标的工程项目规定》。符合下列条件的项目必须进行招标:

(1)全部或者部分使用国有资金投资或者国家融资的项目。

①使用预算资金 200 万元人民币以上,并且该资金占投资额 10% 以上的项目。

②使用国有企业事业单位资金,并且该资金占控股或者主导地位的项目。

(2)使用国际组织或者外国政府贷款、援助资金的项目。

①使用世界银行、亚洲开发银行等国际组织贷款、援助资金的项目。

②使用外国政府及其机构贷款、援助资金的项目。

(3)不属于上述条规定情形的大型基础设施、公用事业等关系社会公共利益、公众安全的项目,必须招标的具体范围由国务院发展改革部门会同国务院有关部门按照确有必要、严格限定的原则制定,报国务院批准。

(4)以上规定范围内的项目,其勘察、设计、施工、监理以及与工程建设有关的重要设备、材料等的采购达到下列标准之一的,必须招标:

①施工单项合同估算价在 400 万元人民币以上。

②重要设备、材料等货物的采购,单项合同估算价在 200 万元人民币以上。

③勘察、设计、监理等服务的采购,单项合同估算价在 100 万元人民币以上。同一项目中可以合并进行的勘察、设计、施工、监理以及与工程建设有关的重要设备、材料等的采购,合同估算价合计达到上述规定标准的,必须招标。

四、招标方式

国际上常采用的招标方式有以下三种形式。

(一)公开招标

公开招标亦称无限竞争性招标。由招标人依据《招标投标法》的有关规定,在国内外主要报纸、招标网、电视台等公开的媒介上发布招标广告,凡对此招标工程项目有兴趣的承包商均有同等的机会购买资格预审文件,并参加资格预审,预审合格后均可购买招标文件进行投标。

这种方式可以为一切符合条件的有能力的承包商提供一个平等的竞争机会,促使承包商加强管理、提高工程质量和降低工程成本,使招标人在众多的投标人中选择一个比较理想的承包商,有利于降低工程造价、保证工程质量和缩短工期。但由于参与竞争的承包商可能有很多,会增加资格预审和评标的工作量。

(二)邀请招标

邀请招标亦称有限竞争性选择招标。这种方式不发布广告,而是业主根据自己的经验和所掌握的有关承包商的各种信息资料,对那些被认为有能力,而且信誉好的承包商发出邀请,请他们来参加投标。一般邀请 5~10 家(但不能少于 3 家)前来投标。

这种招标方式花费精力少,省时。但由于经验和信息资料有一定的局限性,有可能漏掉一些在技术上、报价上有竞争力的后起之秀。

(三)议标

议标亦称非竞争性招标或指定性招标。这种方式是招标人邀请一家,最多不超过两家承包商来直接协商谈判。实际上是一种合同谈判的形式。这种方式适用于工程造价较低、工期紧、专业性强或军事保密的工程。其优点是可以节省时间,容易达成协议,迅速开展工作。

但在我国《招标投标法》中规定,我国的招标方式就只有公开招标和邀请招标两种形式。

任务二 水利水电工程施工招标

一、工程施工招标的条件

水利水电工程建设项目施工招标应具备下列条件:

(1)概算已经批准。

(2)建设项目已正式列入国家、部门或地方的年度固定资产投资计划。

(3)建设用地的征用工作已经完成。

(4)有能够满足施工需要的施工图纸和技术资料。

(5)建设资金和主要建筑材料、设备的来源已经落实。

(6)已经建设项目所在地规划部门的批准,施工现场的"三通一平"已经完成或列入施工招标范围。

二、工程施工招标的工作程序

建设项目施工招标的一般程序如图3-1所示。

(一)提交招标报告备案

招标前,按项目管理权限向水行政主管部门提交招标报告备案。报告具体内容应当包括:招标已具备的条件、招标方式、分标方案、招标计划安排、投标人资质(资格)条件、评标方法、评标委员会组建方案以及开标、评标的工作具体安排等。

(二)招标公告和投标邀请书的内容

根据《招标投标法》和《招标投标法实施条例》,2017年11月23日中华人民共和国发展和改革委员会(第10号令)发布了《招标公告和公示信息发布管理办法》,依法必须招标项目的招标公告应当在中国招标投标公共服务平台或者项目所在地省级电子招标投标公共服务平台发布。规定依法必须招标项目的资格预审公告和招标公告应当载明以下内容:

(1)招标项目名称、内容、范围、规模、资金来源。

(2)投标资格能力要求,以及是否接受联合体投标。

(3)获取资格预审文件或招标文件的时间、方式。

(4)递交资格预审文件或投标文件的截止时间、方式。

(5)招标人及其招标代理机构的名称、地址、联系人及联系方式。

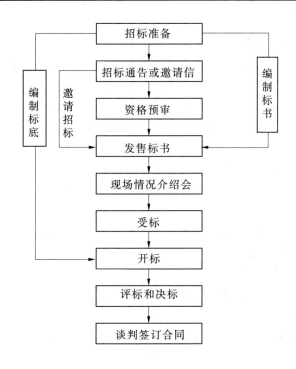

图 3-1 建设项目施工招标程序

(6)采用电子招标投标方式的,潜在投标人访问电子招标投标交易平台的网址和方法。

(7)其他依法应当载明的内容。

2008 年 5 月 1 日开始施行的《标准施工招标资格预审文件》给出了资格预审公告(代招标公告)的内容和格式,在实际招标时将实际招标项目的资料填入即可。

(三)资格预审

招标人可以根据招标项目本身的特点和需要,要求潜在投标人或者投标人提供满足其资格要求的文件,对潜在投标人或者投标人进行资格审查。

资格审查可以分为资格预审和资格后审。资格预审是指在投标前对潜在投标人进行的资质条件、业绩、信誉、技术、资金等多方面进行资格审查,而资格后审是指在开标后对投标人进行的资格审查。资格预审和资格后审的内容与标准是相同的,因此此处主要介绍资格预审。

1.资格预审内容

资格预审包括以下三方面的内容:

(1)邀请承包商参加资格预审。在国内外有关报刊、杂志上发布资格预审公告,邀请愿意参加工程投标的承包商申请投标资格审查。

(2)颁发和提交资格预审文件。业主颁发资格预审须知,要求投标者填写有关表格和回答有关问题。

(3)预审资格资料分析,审查并通知已入选的投标者。由业主负责对投标者提交的资格预审文件进行评比和审查,向所有参加申请资格预审者公布所有入选的投标者名单,即所谓的"短名单"。

2.资格预审的审查办法

资格预审的评审指标有机构与管理、财务状况、技术能力、施工经验与业绩。

《标准施工招标资格预审文件》中"资格审查办法"分别规定合格制和有限数量制两种资格审查方法,招标人可根据招标项目具体特点和实际需要选择适用。

合格制即凡符合《标准施工招标资格预审文件》中规定的初步审查和详细审查标准的申请人均通过资格预审。

有限数量制即审查委员会依据规定的审查标准和程序,对通过初步审查和详细审查的资格预审申请文件进行量化打分,按得分由高到低的顺序确定通过资格预审的申请人。

3.审查程序

上述两种资格方法的审查程序基本相同。有限数量制在资格预审文件澄清后还要进行评分。可分为以下几个步骤。

1)初步审查

审查委员会依据规定的标准,对资格预审申请文件进行初步审查。有一项因素不符合审查标准的,不能通过资格预审。

审查委员会可以要求申请人提交"申请人须知"和规定的有关证明和证件的原件,以便核验。

2)详细审查

审查委员会依据规定的标准,对通过初步审查的资格预审申请文件进行详细审查。有一项因素不符合审查标准的,不能通过资格预审。

通过资格预审的申请人除应满足规定的审查标准外,还不得存在下列任何一种情形:

(1)不按审查委员会要求澄清或说明的。

(2)有"申请人须知"中规定的任何一种情形的。

(3)在资格预审过程中弄虚作假、行贿或有其他违法违规行为的。

3)资格预审申请文件的澄清

在审查过程中,审查委员会可以书面形式,要求申请人对所提交的资格预审申请文件中不明确的内容进行必要的澄清或说明。申请人的澄清或说明应采用书面形式,不得改变资格预审申请文件的实质性内容。申请人的澄清和说明内容属于资格预审申请文件的组成部分。招标人和审查委员会不接受申请人主动提出的澄清或说明。

4)评分

通过详细审查的申请人不少于3个且没有超过规定数量的,均通过资格预审,不再进行评分。

通过详细审查的申请人数量超过规定数量的,审查委员会依据评分标准进行评分,按得分由高到低的顺序进行排序。

(四) 现场勘察与标前会议

在规定的时间组织投标人到现场进行勘察,由投标人承担考察的一切费用和风险。

在现场考察后召开标前会议,在会议上对投标人提出的问题给以澄清和答复,并将澄清与答复以书面形式通知每个投标人。

(五) 开标、评标与授予合同

1.开标

开标的时间,《招标投标法》规定,开标应当在招标文件确定的提交投标文件截止时间的统一时间公开进行。开标地点为招标文件中预先确定的地点。开标就是把所有的投标者递交的投标文件启封揭晓,并当场公开投标人的名称、报价以及确定无效的标书。一般下列情况视为无效标书:

(1)标书未密封。

(2)字迹模糊,辨认不清。

(3)未加盖法人单位公章和法人代表印签。

(4)不符合招标文件有关规定和要求。

(5)逾期送达或未送达指定地点。

2.评标

1)评标的原则

评标活动应遵循公平、公正、科学、择优的原则,招标人应当采取必要的措施,保证评标在严格保密的情况下进行。

2)评标委员会

评标委员会由招标人负责组建,负责评标活动,向招标人推荐中标候选人或者根据招标人的授权直接确定中标人。评标委员会由招标人及其委托的招标代理机构熟悉相关业务的代表,以及技术、经济等方面的专家组成,成员为 5 人以上单数,其中技术经济等方面的专家不得少于成员总数的 2/3。

3)评标方法

评标方法包括经评审的最低投标价法、综合评估法或者法律法规允许的其他评标方法。2008 年 5 月 1 日施行的《标准施工招标文件》中给出了经评审的最低投标价法、综合评估法的评审标准和评标程序。

(1)经评审的最低投标价法。

经评审的最低投标价法是指评标委员会对满足招标文件实质要求的投标文件,根据规定的量化因素及量化标准进行价格折算,按照经评审的投标价由低到高的顺序推荐中标候选人,或根据招标人授权直接确定中标人,但投标报价低于其成本的除外。经评审的投标价相等时,投标报价低的优先;投标报价也相等的,由招标人自行确定。这种方法一般适用于具有通用技术、性能标准或者招标人对其技术、性能没有特殊要求的招标项目。

(2)综合评估法。

不宜采用经评审的最低投标价法的招标项目,一般应当采用综合评估法进行评审。

综合评估法是指评标委员会对满足招标文件实质性要求的投标文件,按照规定的评分标准对施工组织设计、项目管理机构、投标报价、其他因素等进行综合评分,按得分由高到低的顺序推荐中标候选人,或根据招标人授权直接确定中标人,但投标报价低于其成本的除外。综合评分相等时,以投标报价低的优先;投标报价也相等的,由招标人自行确定。

4)评审程序

经评审的最低投标价法和综合评估法的评审程序基本相似。所不同的是,在详细评审时两者略有差别。采用综合评估法的程序如下：

（1）初步评审。

评标委员会可以要求投标人提交"投标人须知"中规定的有关证明和证件的原件，以便核验。评标委员会依据规定的标准对投标文件进行初步评审。有一项不符合评审标准的，作废标处理（适用于未进行资格预审的）。当投标人资格预审申请文件的内容发生重大变化时，评标委员会依据规定的标准对其更新资料进行评审（适用于已进行资格预审的）。

投标人有以下情形之一的，其投标作废标处理：

①"投标人须知"规定的任何一种情形的。

②串通投标或弄虚作假或有其他违法行为的。

③不按评标委员会要求澄清、说明或补正的。

投标报价有算术错误的，评标委员会按以下原则对投标报价进行修正，修正的价格经投标人书面确认后具有约束力。投标人不接受修正价格的，其投标作废标处理。

①投标文件中的大写金额与小写金额不一致的，以大写金额为准。

②总价金额与依据单价计算出的结果不一致的，以单价金额为准修正总价，但单价金额小数点有明显错误的除外。

（2）详细评审。

评标委员会按规定的量化因素和分值进行打分，并计算出综合评估得分。评分分值计算保留小数点后两位，小数点后第三位"四舍五入"。评标委员会发现投标人的报价明显低于其他投标报价，或者在设有标底时明显低于标底，使得其投标报价可能低于其个别成本的，应当要求该投标人作出书面说明并提供相应的证明材料。投标人不能合理说明或者不能提供相应证明材料的，由评标委员会认定该投标人以低于成本报价竞标，其投标作废标处理。

（3）投标文件的澄清和补正。

在评标过程中，评标委员会可以书面形式要求投标人对所提交投标文件中不明确的内容进行书面澄清或说明，或者对细微偏差进行补正。评标委员会不接受投标人主动提出的澄清、说明或补正。澄清、说明和补正不得改变投标文件的实质性内容（算术性错误修正的除外）。投标人的书面澄清、说明和补正属于投标文件的组成部分。评标委员会对投标人提交的澄清、说明或补正有疑问的，可以要求投标人进一步澄清、说明或补正，直至满足评标委员会的要求。

（4）评标结果。

除授权直接确定中标人外，评标委员会按照得分由高到低的顺序推荐3名中标候选人。评标委员会完成评标后，应当向招标人提交书面评标报告。

3.授予合同

在评标委员会推荐的中标候选人中确定中标人；向水行政主管部门提交招标投标情况的书面总结报告；发中标通知书，并将中标结果通知所有投标人；进行合同谈判，并与中标人签署委托合同。发出中标通知书后，招标人无正当理由拒签合同的，招标人向中标人退还投标保证金，并按投标保证金双倍的金额补偿投标人损失。

三、工程施工招标文件编制

(一) 工程施工招标文件构成

《水利水电工程标准施工招标文件》由四部分构成,具体如下:

第一卷

第1章　招标公告(或投标邀请书)

第2章　投标人须知

第3章　评标办法

第4章　合同条款及格式

第5章　工程量清单

第二卷

第6章　图纸

第三卷

第7章　技术标准和要求

第四卷

第8章　投标文件格式

(二) 工程施工招标文件的内容

施工招标文件主要包括投标邀请书、投标须知、合同条件、技术条款、设计图纸、工程量表、投标书和投标保函格式、补充资料表、合同协议书、各类证明文件、评标方法等。现就其主要内容分述如下。

1.招标公告(或投标邀请书)

(1)招标条件。

(2)项目概况与招标范围。

(3)投标人资格要求。

(4)招标文件的获取时间、地点、售价。

(5)投标文件送交的地点、份数和截止时间。

(6)提交投标保证金的规定额度和时间。

(7)发布公告的媒介(若为投标邀请书该项为确认)。

(8)联系方式。

2.投标须知

投标须知对投标者正确编制投标文件起指导作用,它主要是告知投标人投标时的有关注意事项,包括资格要求、投标文件要求、投标的语言、报价计算、货币、投标有效期、投标保证、错误的修正以及本国投标者的优惠、开标的时间和地点。一般应包括下列内容:

(1)总则。包括项目概况、资金来源和落实情况、招标范围、计划工期和质量要求、投标人的资格要求、费用承担、保密、语言文字、计量单位、踏勘现场、投标预备会、分包、偏离。

(2)招标文件的组成、澄清和修改。

(3)投标文件。投标文件的组成、投标价、投标有效期、投标保证金、资格审查资料、备选投标方案、投标文件的编制。

（4）投标。投标文件的密封和标识、投标文件的递交、投标文件的更改与撤回。

（5）开标。开标时间和地点、开标程序。

（6）评标。评标委员会、评标原则、评标。

（7）合同授予。定标方式、中标通知、履约担保、签订合同。

（8）重新招标和不再招标。

（9）纪律和监督。

（10）需要补充的其他内容。

3.合同条款及格式

合同条款也称合同条件，它主要阐明在合同执行过程中，合同双方当事人的职责范围、权利、义务及风险的履行，合同的生效、变更、解除、终止、争议的解决。

合同条款由通用条款和专用条款组成。通用条款直接引用范本的合同通用条款，专用条款则根据项目的具体技术经济特点，结合工程管理和建设目标的需要，在编制招标文件时拟定。

专用条款是针对通用条款而言的，它和通用条款一起共同形成合同条款整体。专用条款的作用是将通用条款加以具体化；对通用条款进行某些修改和补充，对通用条款进行删除。

在合同的优先顺序上是，当通用条款与专用条款矛盾时，以专用条款为准。

4.技术条款

技术条款又称技术规范，它是质量检验验收、工程计量支付等的重要技术经济文件，包括对材料性能的要求、施工方法、技术标准、质量检验与验收方法、计量方式、工作内容等。

5.设计图纸

设计图纸、技术资料和设计说明是招标文件和合同的重要组成部分，是投标者在拟订施工方案、确定施工方法以至提出替代方案、计算投标报价时必不可少的资料。

图纸的详细程度取决于设计的深度与合同的类型。详细的设计图纸能使投标者比较准确地计算报价。

6.工程量报价表

工程量报价表是对合同规定要求施工工程的全部项目内容，按工程部位、性质等列在一系列表内，每个表中既有工程部位需实施的各个子项目，又有每个子项目的工程量和计价要求，以及每个项目报价和总报价等要求。

7.投标文件和投标保证书

投标文件是由投标人充分授权的代表签署的一份投标文件。投标文件是对业主和承包商双方均有约束力的合同的一个重要组成部分。

投标保证书又称投标保函，可分为银行提供的投标保函和担保公司、证券公司或保险公司提供的担保书两种格式。

8.补充资料表

补充资料是招标文件的一个组成部分，其目的是通过投标书的填写在编制招标文件时统一拟定好的各类表格,得到所需要的完整的信息,因而可以了解投标人的各种安排和要求,便于在评标时进行比较,又可以在工程实施过程中便于业主安排资金计划、计算价格调整等。如单价分析表、合同价款计划表、主要施工设备表、主要人员表、分工情况表、施工进度计划及附图、劳动力计划表、临时设施布置等。

9.合同协议书

合同协议书常由业主在投标文件中拟好具体的格式和内容,然后在中标者与业主谈判达成一致协议后签署。

10.履约保证和预付款

履约保证有两种形式,其一是银行保函,其二是履约担保。例如,我国向世界银行贷款的项目一般规定银行保函金额为合同总价的 10%,履约担保金额则为合同总价的30%。

预付款是在工程开工前业主按合同规定向承包商支付的费用,以供承包商调遣人员、施工机械和购买主要建材及设备等,一般为合同价的 10%~15%。

四、施工招标标底的编制

(一)标底的概念、作用、编制原则、编制依据和编制程序

1.标底的概念

标底是招标人对招标工程的预期价格,是由招标人自行或委托经有关部门批准的,具有编制标底资格和能力的中介机构代理编制,并按规定报经审定的招标工程的发包价格。

2.标底的主要作用

《招标投标法》中没有明确规定招标工程是否必须设置标底价格,招标人可根据实际工程的情况决定是否编制标底。如设标底,则标底的编制是招标过程中必不可少的组成部分,在确定承包商的过程中起着一种"商务标准"的作用,合理的标底是业主以合理的价格获得满意的承包商、中标人获取合法利润的基础。充分认识标底的作用,了解编制应遵循的原则和科学的方法,才能编制出与工程实际相吻合的标底,使其起到应有的作用。

(1)能够使招标人预先明确其在拟建工程上应承担的财务义务。标底的编制过程是对项目所需费用的预先自我测算过程,通过标底的编制可以促使招标人事先加强工程项目的成本调查和预测,做到对价格和有关费用心中有数。

(2)控制投资、核实建设规模的依据。按照《水利工程施工招标投标管理办法》的规定,标底必须控制在批准的概算或投资包干的限额之内(指扣除该项工程的建设单位管理费、征地拆迁费等所有不属于招标范围内各项费用的余额)。在实际工作中,如果按规定的程序和方法编制的标底超过批准的概算或投资包干的限额,应进行复核和分析,对其中不合理部分应剔除或调整;如仍超限额,应会同设计单位一起寻找原因,必要时由设计单位调整原来的概算或修正概算,并报原批准机关审核批准后,才能进行招标工作。

(3)评标的重要尺度。投标单位的报价进入以标底为基准的一定幅度范围内为有效报价,无充分理由而超出范围的报价作为废标处理,评标时不予考虑。因此,只有编制了标底,才能正确判断投标者所投报价的合理性和可靠性,否则评标就是盲目的。只有制定了准确合理的标底,才能在定标时做出正确的抉择。

(4)标底编制是招标中防止盲目报价、抑制低价抢标现象的重要手段。盲目压低标价的低价抢标者,在施工过程中则采取或偷工减料,或无理索赔等种种不正当手段,以避免自己的损失,使工程质量和施工进度无法得到保障,业主的合法权益受到损害。在评标过程中,以标底为准绳,剔除低价抢标的标书是防止此现象的有效措施。

标底的性质和作用要求招标工程必须遵循一定的原则,以严肃认真的态度和科学的方法来编制标底,使之准确、合理,保证招标工作的健康开展,定标时作出正确的抉择,使工程顺利进行。2003年12月水利部制定了《水利工程建设项目施工招标标底编制指南》,以指导水利工程招标投标活动中的标底编制工作。

3.标底的编制原则

编制标底应遵循以下原则:

(1)标底编制应遵守国家有关法律、法规和水利行业规章,兼顾国家、招标人和投标人的利益。

(2)标底应符合市场经济环境,反映社会平均先进功效和管理水平。

(3)标底应体现工期要求,反映承包商为提前工期而采取施工措施时增加的人员、材料和设备的投入。

(4)标底应体现招标人的质量要求,标底的编制要体现优质优价。

(5)标底应体现招标人对材料采购方式的要求,考虑材料市场价格变化因素。

(6)标底应体现工程自然地理条件和施工条件因素。

(7)标底应体现工程量大小因素。

(8)标底编制必须在初步设计批复后进行,原则上标底不应突破批准的初步设计概算或修正概算。

(9)一个招标项目只能编制一个标底。

4.标底的编制依据

(1)招标人提供的招标文件,包括商务条款、技术条款、图纸以及招标人对已发出的招标文件进行澄清、修改或补充的书面资料等。

(2)现场查勘资料。

(3)批准的初步设计概算或修正概算。

(4)国家及地区颁发的现行建筑、安装工程定额及取费标准(规定)。

(5)设备及材料市场价格。

(6)施工组织设计或施工规划。

(7)其他有关资料。

5.标底的编制程序

1)准备阶段

(1)项目初步研究。

为了编制出准确、真实、合理的标底,必须认真阅读招标文件和图纸,尤其是招标文件商务条款中的投标须知、专用合同条款、工程量清单及说明,技术条款中的施工技术要求、计量与支付及施工材料要求,招标人对已发出的招标文件进行澄清、修改或补充的书面资料等,这些内容都与标底的编制有关,必须认真分析研究。

工程量清单说明及专用合同条款规定了该招标项目编制标底的基础价格、工程单价和标底总价时必须遵照的条件。

（2）现场勘察。

通过现场勘察，了解工程布置、地形条件、施工条件、料场开采条件、场内外交通运输条件等。

（3）编写标底编制工作大纲。

通常标底编制大纲应包括以下内容：

①标底编制原则和依据。

②计算基础价格的基本条件和参数。

③计算标底工程单价所采用的定额、标准和有关取费数据。

④编制、校审人员安排及计划工作量。

⑤标底编制进度及最终标底的提交时间。

（4）调查、收集基础资料。

收集工程所在地的劳资、材料、税务、交通等方面资料，向有关厂家收集设备价格资料；收集工程中所应用的新技术、新工艺、新材料的有关价格计算方面的资料。

2）编制阶段

（1）计算基础单价。基础单价包括人工预算单价、材料预算价格、施工用电风水单价、砂石料预算价格、施工机械台时费以及设备预算价格等。

（2）分析取费费率、确定相关参数。

（3）计算标底工程单价。根据施工组织设计确定的施工方法，计算标底工程单价。工程单价的取费，通常包括其他直接费、现场经费、间接费、利润及税金等，应参照现行水利工程建设项目设计概（估）算的编制规定，结合招标项目的工程特点，合理选定费率。税金应按现行规定计取。

（4）计算标底的建安工程费及设备费。要注意临时工程费用的计算与分摊。

临时工程费用在概算中主要由三部分组成：①单独列项部分，如导流、道路、房屋等；②含在其他临时工程中的部分，如附属企业、供水、通讯等；③含在现场经费中的临时设施费。在标底编制时应根据工程量清单及说明要求，除单独列项的临时工程外，其余均应包括在工程单价中。

3）汇总阶段

（1）汇总标底。按工程量清单格式逐项填入工程单价和合价，汇总分组工程标底合价和标底总价。

（2）分析标底的合理性。明确招标范围，分析本次招标的工程项目和主要工程量，并与初步设计的工程项目和工程量进行比较，再将标底与审批的初步设计概算作比较分析，分析标底的合理性，调整不合理的单价和费用。

广义的标底应包括标底总价和标底的工程单价。标底总价和标底的工程单价所包括的内容、计算依据和表现形式，应严格按招标文件的规定和要求编制。通常标底工程单价将其他临时工程的费用摊入工程单价中，这与初设概算单价组成内容是不同的；标底总价包括的工程项目和费用也与概算不同。在进行标底与概算的比较分析时应充分考虑这些不同之处。

（二）标底文件组成

标底文件一般由标底编制说明和标底编制表格组成。

1.标底编制说明

主要内容有：

（1）工程概况。

（2）主要工程项目及标底总价。

（3）编制原则、依据及编制方法。

（4）基础单价。

（5）设备价格。

（6）标底取费标准及税、费率。

（7）需要说明的其他问题。

2.标底编制表格

标底编制表格包括：

表1　工程施工招标分组标底汇总表

表2　分组工程标底计算表

附表1　工程单价分析表

附表2　总价承包项目分解表

附表3　人工预算单价计算表

附表4　主要材料（设备）预算价格汇总表

附表5　施工机械台时费汇总表

附表6　混凝土、砂浆材料单价计算表

附表7　施工用水、电价格计算表

附表8　应摊销临时设施费计算表

附表9　主要材料用量汇总表

其他表格。

考虑招标人的特殊要求，根据具体情况确定需增加的表格。根据需要可增列概算与标底工程量对比表、工程单价对比表等。

（三）工程标底的编制方法

水利工程建设项目招标标底的编制方法应采用以定额法为主、实物量法和其他方法为辅、多种方法并用的综合分析方法。标底编制应充分发挥各方法的优点和长处，以达到提高标底编制质量的目的。

编制工程标底的主要工作是编制基础价格和工程单价，现把基础价格和工程单价的编制方法作如下介绍。

1.基础价格

1）人工预算单价

人工预算单价可参照现行《水利工程概（估）算编制规定》（水总〔2014〕429号文，简称《编规》）介绍的方法进行计算。如果招标文件有特别规定，则按招标文件的规定计算。

2) 材料预算价格

一般材料的供应方式有两种,一种是由承包商自行采购运输;另一种是由业主采购运输材料到指定的地点,发包方按规定的价格供应给承包商,再提供运输到用料地点。因此,在编制标底时,应严格按照招标条件计算材料价格。承包商采运方式、材料价格的计算按照《编规》和《水利工程营业税改征增值税计价依据调整办法》(办水总〔2016〕132号文,简称《调整办法》)介绍的方法,发包供应方式,应以招标文件规定的供货价为原价,加上供货地至用料点的运输费,并适当考虑采购保管费。

3) 施工用电、风、水预算价格

(1)施工用电价格。一般招标文件都明确规定了承包商的接线起点和计量电表的位置,并提供基本电价。因此,编制标底时应按照招标文件的规定确定损耗的范围,据以确定损耗率和供电设施维修摊销费,计算出电网供电电价或直接采用电网供电价格。

根据电网供电的可靠程度及本工程的具体情况确定是否需自备柴油机发电。如需要,则自备柴油机发电,发电电价的计算方法同《编规》,最后按供电比例计算综合电价。

(2)施工用水价格。水利工程施工用水一般是业主指定水源点,由承包商自行提取使用,其计算方法参照《编规》和《调整办法》。

(3)施工用风价格。一般由承包商自行生产、使用。故风价可参照《编规》的计算方法进行计算。

4) 砂石料单价

一般砂石料的供应方法有两种:一种是业主指定料场,由承包商自选生产、运输和使用;另一种是业主指定地点,按规定价格向承包商供货。前者砂石料单价应根据料源情况、开采方法(由施工组织设计确定)、开采条件、机械设备类型和生产工艺流程进行计算。

在小型的水利工程中多采用后一种供料方式,应按招标文件中提供的供应单价加计自供料点到工地拌合站堆料场的运杂费用和有关损耗。

5) 施工机械台时费

其计算方法可参照《编规》和《调整办法》的有关内容。

2.工程单价计算

工程单价由直接工程费、间接费、企业利润和税金组成。直接工程费的计算方法主要有定额法和直接填入法。

1) 定额法

定额法是根据招标文件所确定的施工方法、施工机械种类查现行水利部定额相应子目得出完成单位工程的人工、材料、机械的消耗量和相应的基础单价来计算工程直接费。

2) 直接填入法

一项水利工程招标文件的工程量报价单中包含许多工程项目,但是少数一些项目的总价却构成了合同总价的绝大部分。专业人员应把主要的精力和时间用于这些主要项目的计算,而对总价影响不大的项目可采用一种比较简单的、不进行详细费用计算的方法来估算项目单价,这种方法称为直接填入法。

间接费可参照设计概算编制方法计算,但费率不能生搬硬套,应根据招标文件中材料供应、付款等有关条款作调整。利润和税金按照水利部对施工招投标的有关规定进行计算,不应压低施工企业的利润、降低标底,从而引导承包商降低投标报价。

3.临时工程费用

有些业主在招标文件中,把其他施工临时工程单独在工程量报价表中列项,标底应计算这些项目的工程量和单价,招标文件中没有单独开列的其他施工临时工程应按施工组织设计确定的项目和数量来计算其费用,并摊入各有关项目内。

4.编制标底文件

在工程单价计算完毕后,应按照招标文件所要求的表格格式填写有关表格、计算汇总有关数据、编写编制说明、提出分析报表,从而形成全套工程标底文件。

对于小型工程或某标段工程,如果本地区已修建过类似的项目,可对其造价进行统计分析,得出综合单价的统计指标,以这种统计指标作为编制标底的依据,再考虑材料价格涨落、人工工资及各种津贴等费用的变动,加以调整后得出标底。

(四) 工程量清单计价

1.工程量清单编制

为规范水利工程工程量清单计价行为,统一水利工程工程量清单的编制和计价方法,水利部制定了《水利工程工程量清单计价规范》(GB 50501—2007)。所谓工程量清单,是指招标工程的建筑工程项目、安装工程项目、措施项目、其他项目的名称和相应数量的明细清单。

工程量清单由具有编制招标文件能力的招标人,或受其委托具有相应资质的中介机构进行编制,作为招标文件的组成部分。工程量清单由分类分项工程量清单、措施项目清单、其他项目清单和零星工作项目清单组成。

1) 分类分项工程量清单

分类分项工程量清单包括序号、项目编码、项目名称、计量单位、工程数量、主要技术条款编码和备注。项目编码由 12 位组成,一至九位统一编码,其中,一、二位为水利工程顺序码,编码为 50;三、四位为专业工程顺序码,建筑工程为 5001,安装工程为 5002;五、六位为分类工程顺序码,如石方开挖工程为 500102;七至九位为分项工程顺序码,如一般是放开挖 500102001;十至十二位应根据招标工程的工程量清单项目名称由编制人设置,水利建筑工程工程量清单项目自 001 起顺序编码,水利安装工程工程量清单项目自 000 起顺序编码。

2) 措施项目清单

措施项目清单是为保证工程建设质量、工期、进度、环保、安全和社会和谐必须采取的措施并独立成章设置的项目。应根据招标工程的具体情况,参照环境保护、文明施工、安全防护措施、小型临时工程、施工企业进退场费、大型施工设备安拆费等编制。措施项目均以"项"为单位,相应数量为"1"。凡有具体工程数量并按单价结算的措施项目,应列入分类分项工程量清单项目。

3) 其他项目清单

其他项目清单,暂列预留金一项,根据招标工程具体情况,编制人可作补充。

4)零星工作项目清单

零星工作项目清单,编制人应根据招标工程具体情况,对工程实施过程中可能发生的变更或新增加的零星项目,列出人工(按工种)、材料(按名称和型号规格)、机械(按名称和型号规格)的计量单位,并随工程量清单发至投标人。

工程量清单格式组成内容:封面;总说明;分类分项工程量清单;措施项目清单;其他项目清单;零星工作项目清单;其他辅助表格(招标人供应材料价格表、招标人提供施工设备表、招标人提供施工设施表)。

工程量清单作为确认工程造价基础的工程实物量,要保证工程造价的合理有效控制,其准确性十分重要。工程量清单中项目应具有高度的概括性,条目要简明,同时又不能出现漏项和错项,以保证计价项目的正确性。

编制工程量清单应遵循客观、公正、科学、合理的原则,编制人员应具有执业资格和良好的职业道德,严格依据设计图纸和有关资料、现行的定额和有关文件,以及工程技术规程和规范进行编制。

2.工程量清单的计价类型

工程量清单按分部分项工程单价组成可划分为以下类型。

1)直接费单价

直接费单价即工程量清单的单价,由人工费、材料费和机械费组成,按现行预算定额的工、料、机消耗标准及预算价格确定直接费。其他直接费、间接费、利润、材料差价、税金等按现行的计算方法记录在其他相应价格计算表中。这是我国目前绝大部分地区采用的预算编制方法。

其编制要点如下:

(1)工程量清单应与投标须知、合同条件、合同协议条款、技术规范和图纸一起使用。

(2)工程量清单所列的工程量系招标单位暂估的,作为投标报价的共同基础。付款以实际完成的符合合同要求的工程量为依据,工程量通过承包商测量、监理工程师计量来确认。

(3)工程量清单中所填入的单价和合价,应按照现行预算定额的工、料、机消耗标准及预算价格确定,作为直接费的基础。其他直接费、间接费、利润、有关文件规定的调价、材料差价、设备差价、现场因素费用、施工技术措施费以及采用固定价格的工程所测算的风险金、税金等按现行的计算方法计取,计入其他相应的报价表中。

(4)工程量清单中不再重复或概括工程及材料的一般说明,在编制和填写工程量清单的每一项的单价和合价时应参考投标须知和合同文件的有关条款。

工程量清单报价表的内容包括报价汇总表、工程量清单报价汇总及取费表、工程量清单报价表、材料清单及材料差价报价表、设备清单及报价表、现场因素施工技术措施及赶工措施费用报价表等。

2)综合单价

综合单价对应图纸内工程量清单即分部分项工程实物量计价表,综合了直接费、管理费及利润。工程计价实行统一的工程项目划分、统一的工程量计算规则、统一的计算单位和耗量标准。

总报价是综合费用、工程实物量计价与税金三项内容的总和。

工程实物量计价指施工图纸内分部分项工程量和相应各子目的工程成本、费用及利润的总和。单位实物工程量的总和价格属于固定价,结算时不予调整。如有下列情况,可以调整:①招标文件提供的实物量与招标图纸实际工程量不符,其工程量差应给予调整,单价以工程投标中标后确认的单价为准;②因设计修改而引起的实物量变化,应予以调整,其单价以修改时的综合价格为准。

综合费用项目是指为完成施工设计图纸的工程项目,在施工前、施工期间及施工后必须或可能发生的费用。它包括施工组织措施费、履约担保手续费、工程担保费、保险费等,此部分费用的编制应依据工程的实际情况和自己的竞争实力报价。一经报价即应为固定价,结算时除因经批准的重大变更及其引起施工方法的重大改变,或招标文件与承包合同另有说明外,不因分部分项的项目、工程量的变化及其他原因而调整。

3) 全费用单价

全费用单价由直接费、竞争性费用组成。工程量清单项目分为一般项目、暂定金额和计日工三种。一般项目是指工程量清单中除暂定金额和计日工以外的全部项目;暂定金额是指包括在合同中,供工程任何部分的施工或提供货物、材料、设备或服务,或提供不可预料事件所需费用的一项金额。全费用单价合同是典型、完善的单价合同,工程量清单按能形成一个独立的构件为子目来分部分项编制,同时对该子目的工作内容和范围必须加以说明界定。

工程量清单计价模式下,招标工程如设标底,标底应根据招标文件中的工程量清单和有关要求、施工现场情况、合理的施工方案、工程单价组成内容、社会平均生产力水平,按市场价格进行编制。如不设标底,则招标人应编制招标控制价。招标控制价超过批准的概算时,招标人应报原概算审批部门审核。投标人的投标报价高于招标控制价的,其投标应予拒绝。招标控制价应在招标文件中公布,不应上调或下浮,同时将招标控制价的明细表报工程所在地工程造价管理机构备查。

由于各地区、各行业工程造价的管理体制具体规定不同,对于招标标底的确定方法、计算方法各不相同,还产生了以企业自主定额作为计算依据的标底形式。不同的标底计算方法有不同的应用条件,要结合项目的具体情况来实施。

不论用哪种方式编制,标底必须适应目标工期的要求,必须适应招标方的质量要求,必须适应建筑资源的供应可能与价格变动的可能,充分考虑各种风险因素;必须充分考虑项目所在地域的自然环境与现场条件,将地下隐蔽工程和"三通一平"等招标工程范围内的费用正确计入标底价格。

任务三　水利水电工程施工投标

一、施工投标程序

工程投标是建设工程招标投标活动中投标人的一项重要活动,也是施工单位获得工程任务的主要途径,施工投标的一般程序如图3-2所示。

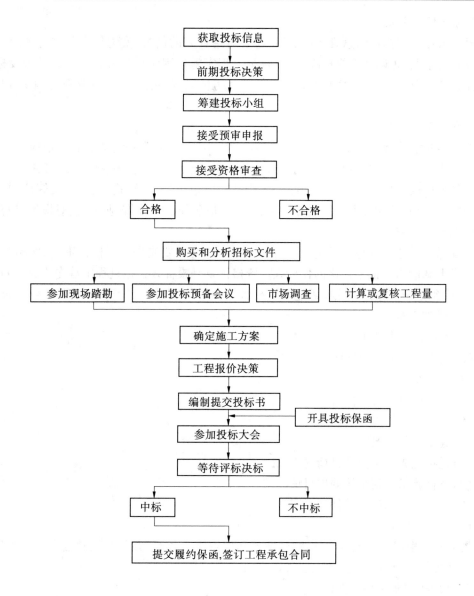

图3-2　施工投标的一般程序

（一）投标准备工作

投标准备工作主要包括获取招标信息、前期投标决策和筹建投标小组三项内容。

1.获取招标信息

为使投标工作取得预期的效果，投标人必须做好获得投标信息的准备工作。投标人可从"中国招标投标公共服务平台"或者项目所在地省级电子招标投标公共服务平台等发布媒介上获取招标信息。投标人必须认真分析验证所获信息的真实可靠性，并证实其招标项目确实已立项批准和资金已经落实等。投标人还应提前了解和跟踪一些大型或复杂项目的新建、扩建和改建项目的计划，提前做好信息、资料的积累整理工作，并注意收集同行业其他投标人对工程建设项目的意向。

2.前期投标决策

投标人在证实招标信息真实可靠后,还要对招标人的信誉、实力等方面进行了解,根据了解到的情况,正确做出投标决策,以减少工程实施过程中承包方的风险。是否投标,还应注意竞争对手的实力、优势及投标环境的优劣情况,对此,要具体分析判断,采取相应对策。

3.筹建投标小组

在确定参加投标活动后,为了确保在投标竞争中获得胜利,投标人在投标前应建立专门的投标小组,负责投标事宜。投标小组中的人员应包括施工管理、技术、经济、财务、法律法规等方面的人员。投标小组中的人员业务上应精干、富有经验,且受过良好培训,有娴熟的投标技巧,并能合理运用投标策略;素质上应工作认真,对企业忠诚,对报价保密。

(二)参加资格预审

为确保能挑选出理想的承包商,在正式招标之前,需要先进行资格预审,以便淘汰一些在技术上和能力上都不合格的投标人。资格预审是投标人投标过程中首先要通过的第一关,资格预审一般按招标人所编制的资格预审文件内容进行审查。一般要求被审查的投标人提供如下资料:

(1)资格预审申请函。

(2)法人代表人身份证明。

(3)授权委托书。

(4)联合体协议书。

(5)申请人一般情况表。

(6)近年财务状况表。

(7)近年完成的类似项目情况表。

(8)正在施工和新承接的项目情况表。

(9)近年发生的诉讼及仲裁情况。

(10)其他资料。

投标人应根据资格预审文件,积极准备和提供有关材料,并随时注意信息跟踪工作,发现不足部分,应及时补送,争取通过资格预审。

(三)购买和研究招标文件

(1)投标人在通过资格预审后,就可以在规定的时间内向招标人购买招标文件。购买招标文件时,投标人应按招标文件的要求提供投标保证金、图纸押金等。

(2)购买到招标文件之后,投标人应认真阅读招标文件中的所有条款。注意招标过程中各项活动的时间安排,明确招标文件中对投标报价、工期、质量等的要求。同时对招标文件中的合同条款、无效标书的条件等主要内容应认真进行分析,理解招标文件隐含的涵义。通过详细的研究招标文件,如果可以发现其中表达不清、相互矛盾之处以及明显错误,在踏勘现场时进行调查。对仍存在的疑问,可以在标前会议上或投标前规定的时间内以书面形式向招标人提出质疑。

(四)收集资料、准备投标

招标文件购买后,投标人就应进行具体的投标准备工作。投标准备工作包括参加现场踏勘,计算和复核招标文件中提供的工程量,参加投标预备会,询问了解市场情况等内容。

1.参加现场踏勘

投标人在领到招标文件后,除对招标文件进行认真研读分析之外,还应按照招标文件规定的时间,对拟施工的现场进行踏勘,尤其是我国逐渐实行工程量清单报价模式后,投标人所投报的单价一般被认为是在经过现场踏勘的基础上编制而成的。报价单报出后,投标者就无权因为现场踏勘不周,情况了解不细或因素考虑不全而提出修改标价或提出索赔等要求。现场踏勘应由招标人组织,投标人自费自愿参加。现场踏勘时应从以下五个方面详细了解工程的有关情况,为投标工作提供第一手资料:

(1)工程的性质及该工程与其他工程之间的关系。

(2)投标人投标的那一部分工程与其他承包商之间的关系。

(3)工地地理、地貌、地质、气候、交通、电力、水源、有无障碍物等情况。

(4)工地附近有无住宿条件、料场开采条件、其他加工条件、设备维修条件等。

(5)工程所在地有关健康、安全、环保、治安等情况。

2.参加投标预备会

投标预备会又称答疑会或标前会议,一般在现场踏勘之后的 1~2 天内举行。其目的是解答投标人对招标文件及现场踏勘中所提出的问题,并对图纸进行交底和解释。投标人在对招标文件进行认真分析和对现场进行踏勘之后,应尽可能多地将投标过程中可能遇到的问题向招标人提出疑问,争取得到招标人的解答,为下一步投标工作的顺利进行打下基础。

3.计算或复核工程量

现阶段我国进行工程施工投标时,工程量有两种情况:一种情况是,招标文件编制时,招标人给出具体的工程量清单,供投标人报价时使用。这种情况下,投标人在进行投标时,应根据图纸等资料对给定工程量的准确性进行复核,为投标报价提供依据。在工程量复核过程中,如果发现某些工程量有较大的出入或遗漏,应向招标人提出,要求招标人更正或补充。如果招标人不作更正或补充,投标人投标时应注意调整单价,以减少实际实施过程中的由于工程量调整带来的风险。另一种情况是,招标人不给出具体的工程量清单,只给相应工程的施工图。这时,投标报价应根据给定的施工图,结合工程量计算规则自行计算工程量。自行计算工程量时,应严格按照工程量计算规则的规定进行,不能漏项,不能少算或多算。

4.市场调查

投标文件编制时,投标报价是一个很重要的环节。为了能够准确确定投标报价,投标时应认真调查了解工程所在地的人工工资标准、材料来源、价格、运输方式、机械设备租赁价格等和报价有关的市场信息,为准确报价提供依据。

5.确定施工方案

施工方案也是投标内容中很重要的部分,是招标人了解投标人的施工技术、管理水平、机械装备的途径。编制施工方案的主要内容有:

(1)选择和确定施工方法。

(2)对大型复杂工程则要考虑几种方案,进行综合对比。

(3)选择施工设备和施工设施。

(4)编制施工进度计划等。

6.工程报价决策

工程报价决策是投标活动中最关键的环节,直接关系到能否中标。工程报价决策是在预算的基础上,考虑施工的难易程度、竞争对手的水平、工程风险、企业目前经营状况等多方面因素决定的。

(五)投标文件编制和提交

经过前期的准备工作之后,投标人开始进行投标文件的编制工作。投标人编制投标文件时,应按照招标文件的内容、格式和顺序要求进行。投标文件编写完成后,应按招标文件中规定的时间和地点提交投标文件。

在投标文件编制之前,要明确以下内容。

1.投标文件的要求

(1)必须明确向招标人表示愿以招标文件的内容订立合同的意思。

(2)必须按招标文件提出的实质性要求和条件做出响应(包括技术要求、投标报价要求、评价标准等)。

2.投标文件的组成

投标文件是由一系列有关投标方面的书面资料组成的。一般来说,投标文件由以下几个部分组成(具体表格见本章任务四投标案例中内容):

(1)投标函及投标函附录。

(2)法定代表人身份证明。

(3)授权委托书。

(4)联合体协议书。

(5)投标保证金。

(6)已标价的工程量清单与报价表。这部分资料随合同类型而异。单价合同中,一般将各项单价开列在工程量表上。有时业主要求报单价分析表,则需按招标文件规定在主要的或全部单价中附上单价分析表。

(7)施工组织设计。列出各种施工方案(包括建议的新方案)及其施工进度计划表,有时还要求列出人力安排计划的直方图。

(8)项目管理机构。

(9)拟分包项目情况表。

(10)资格审查资料。

(11)其他资料。

投标人必须使用招标文件提供的投标文件表格格式,但表格可以按同样格式扩展。

3.编制投标文件的步骤

投标人在领取招标文件以后,就要进行投标文件的编制工作。编制投标文件的一般步骤是:

(1)编制投标文件的准备工作。其内容包括:熟悉招标文件、图纸、资料,对图纸、资料有不清楚、不理解的地方,可以用书面形式向招标人询问、澄清;参加招标人组织的施工现场踏勘和答疑会;调查当地材料供应和价格情况;了解交通运输条件和有关事项。

(2)实质性响应条款的编制。其内容包括对合同主要条款的响应,对提供资质证明的响应、对采用的技术规范的响应等。

(3)复核、计算工程量。

(4)编制施工组织设计,确定施工方案。

(5)计算投标报价,投标决策确定最终报价。

(6)编制投标书,装订成册。

4.投标文件的提交

投标人应在招标文件规定的投标截止日期内将投标文件提交给招标人。投标人可以在提交投标文件以后,在规定的投标截止时间之前,采用书面形式向招标人递交补充、修改或撤回其投标文件的通知。投标人的补充、修改或撤回通知,应按招标文件中“投标须知”的规定,编制、密封、加写标志,补充、修改的内容为投标文件的组成部分。在投标截止日期以后,不能更改投标文件。根据招标文件的规定,在投标截止时间与招标文件中规定的投标有效期终止日之间的这段时间内,投标人不能撤回投标文件,否则其投标保证金将不予退还。在投标截止日期以后送达的投标文件,招标人将拒收。

5.编制投标文件的注意事项

(1)投标人编制投标文件时必须使用招标文件提供的投标文件表格格式。填写表格时,凡要求填写的都必须填写。否则,即被视为放弃该项要求。重要的项目或数字(如工期、质量等级、价格等)未填写的,将被作为无效或作废的投标文件处理。

(2)编制的投标文件正本仅一份,副本则按招标文件中要求的份数提供,同时要明确标明投标文件正本和投标文件副本字样。投标文件正本和副本如有不一致之处,以正本为准。

(3)投标文件正本与副本均应使用不能擦去的墨水打印或书写。投标文件的书写要字迹清晰、整洁、美观。

(4)所有投标文件均由投标人的法定代表人签署、加盖印鉴,并加盖法人单位公章。

(5)填报的投标文件应反复校核,保证分项和汇总计算均无错误。全套投标文件均应无涂改,除非这些删改是根据招标人的要求进行的,或者是投标人造成的必须修改的错误。修改处应由投标文件签字人签字证明并加盖印鉴。

(6)当招标文件规定投标保证金为合同总价的某百分比时,开具投标保函不要太早,以防泄漏报价。但有的投标人提前开出并故意加大保函金额,以麻痹竞争对手的情况也是存在的。

(7)投标文件应严格按照招标文件的要求进行密封,避免由于密封不合格造成废标。

(8)认真对待招标文件中关于废标的条件,以免被判为无效标而前功尽弃。

(六) 出席开标会议

投标人在编制和提交完投标文件后,应按时参加开标会议。开标会议由投标人的法定代表人或其授权代理人参加。如果是法定代表人参加,一般应持有法定代表人资格证明书;如果是委托代理人参加,一般应持有授权委托书。许多地方规定,不参加开标会议的投标人,其投标文件将不予启封。

(七)接受中标通知书,提供履约担保,签订工程承包合同

经过评标,投标人被确定为中标人后,应接受招标人发出的中标通知书。中标人在收到中标通知书后,应在规定的时间和地点与招标人签订合同。我国规定招标人和中标人应当自中标通知书发出之日起30日内订立书面合同,合同内容应依据招标文件、投标文件的要求和中标的条件签订。招标文件要求中标人提交履约保证金的,中标人应按招标人的要求提供。合同正式签订之后,应按要求将合同副本分送有关主管部门备案。

二、投标报价编制

投标报价是潜在投标人投标时确定的承包工程的价格。招标人常把投标人的报价作为选择中标者的主要依据。因此,报价的准确与否不仅关系到投标单位能否中标,更关系到中标后承包单位能否赢利及赢利多少。

(一)报价编制原则

1.报价要合理

在对招标文件进行充分、完整、准确理解的基础上,编制出的报价是投标人施工措施、能力和水平的综合反映,应是合理的较低报价。当标底计算依据比较充分、准确时,适当的报价不应与标底相差太大。当报价高出标底许多时,往往不被招标人考虑;当报价低于标底较多时,则会使投标人盈利减少,风险加大,且易造成招标人对投标人的不信任。因此,合理的报价应与投标人本身具备的技术水平和工程条件相适应,接近标底,低而适度,尽可能为招标人理解和接受。

2.单价合理可靠

各项目单价的分析、计算方法应合理可行,施工方法及所采用的设备应与投标书中施工组织设计相一致,以提高单价的可信度与合理性。

3.较高的响应性和完整性

投标单位在编制报价时应按招标文件规定的工作内容、价格组成与计算填写方式编制投标报价文件,从形式到实质对招标文件给予充分响应。

投标文件应完整,否则招标人可能拒绝这种投标。

(二)工程量清单计价格式

水利计价规范提供的工程量清单计价格式为统一格式,原则上不得变更和修改。同时,除招标人在招标文件规定的时间内通过书面补充通知的方式对工程量清单进行修改补充外,投标人不得随意增加、删除或涂改招标人提供的工程量清单中的任何内容。工程量清单报价表由封面,投标总价,工程项目总价表,分类分项工程量清单计价表,措施项目清单计价表,其他项目清单计价表,零星工作项目计价表,工程单价汇总表,工程单价费(税)率汇总表,投标人生产电、风、水、砂石基础单价汇总表,投标人生产混凝土配合比材料费表,招标人供应材料价格汇总表,投标人自行采购主要材料预算价格汇总表,招标人提供施工机械台时(班)费汇总表,投标人自备施工机械台时(班)费汇总表,总价项目分类分项工程分解表,工程单价计算表等。

(三)投标报价的依据

(1)招标人提供的招标文件、设计图纸、工程量清单及有关的技术说明书等。

(2)施工组织设计。

(3)施工规范。

(4)现行国家、部门、地方或企业定额。

(5)国家、部门或地方颁发的与现行定额相配套的各种费用标准。

(6)工程材料、设备的价格及运费。

(7)当地生活物资价格水平。

(8)其他与报价计算有关的各项政策、规定及调整系数等。

(四)投标报价的编制步骤及计算规定

1.投标报价的编制步骤

工程量清单计价是一种国际惯例计算报价模式,每一项单价中已综合了各种费用,即综合单价。执行《水利工程工程量清单计价规范》(GB 50501—2007)的工程项目,在计算投标报价时,投标人填入工程量清单中的单价应包括直接费(人工费、材料费、机械使用费,以及季节、夜间、高原、风沙等原因增加的直接费)、施工管理费、企业利润和税金,并考虑风险因素等的全部费用。

其编制步骤为:①将综合单价分别填入相对应的分类分项工程量清单计价表中;②将已审定的分类分项工程量乘以综合单价,累计后即得该拟建工程分类分项工程造价;③分别按已确定的措施项目清单计价表、其他项目清单计价表和零星工作计价表中的项目内容,计算拟建工程的措施项目费用、其他项目费用和零星工作费用;④汇总后就得该拟建工程总造价,即投标总报价。

2.工程量清单计价计算规定

(1)工程量清单计价应包括按招标文件规定完成工程量清单所列项目的全部费用,包括分类分项工程费、措施项目费和其他项目费。

(2)分类分项工程量清单计价应采用工程单价计价(完成工程量清单中一个质量合格的规定计量单位项目所需的直接费、施工管理费、企业利润和税金,并考虑风险因素)。

对有效工程量以外的超挖、超填工程量,施工附加量,加工、运输损耗量等所消耗的人工、材料和机械费用,均应摊入相应有效工程量的工程单价之内。

(3)措施项目清单的金额,应根据招标文件的要求以及工程的施工方案或施工组织设计,以每一项措施项目为单位,按项计价。其他项目清单由招标人按估算金额确定。零星工作项目清单的单价由投标人确定。

(4)按照招标文件的规定,根据招标项目涵盖的内容,投标人一般应编制以下基础单价,作为编制分类分项工程单价的依据。①人工费单价;②主要材料预算价格;③电、风、水单价;④砂石料单价;⑤块石、料石单价;⑥混凝土配合比材料费;⑦施工机械台时(班)费。

(5)投标报价应根据招标文件中的工程量清单和有关要求,施工现场情况,以及拟订的施工方案,依据企业定额,按市场价格进行编制。

三、投标策略与技巧

投标策略与技巧的研究目的是使投标者的报价既让业主可以接受,中标后又能获得更多的利润。投标策略作为投标取胜的方式、手段和艺术,贯穿于投标竞争的始终,常用的投标策略主要有以下几种。

(一)投标总价原则

报价高低的确定可参考表 3-1。

表 3-1　报价高低确定原则

序号	报价高	报价低
1	施工条件较差的(如地处闹市、场地狭窄)的工程	施工条件好,干扰少的工程
2	专业要求较高的技术密集型工程,而投标人在这方面又有专长,声望也较高	工作简单、工程量大的工程,如土方工程,一般房建工程等
3	总价低的小工程以及自己不愿做,又不方便不投标的工程	附近有工程而本项目可以利用该项目的设备、劳务或短期内突击完成的工程
4	投标对手少的工程	竞争激烈,投标对手多的工程
5	特殊工程,如港口码头,地下开挖工程等工期要求急的工程	非急需工程
6	支付条件不理想的工程等	支付条件好,如现金支付
7	公司经营任务多,并不急于寻找新项目,只对支付好、预期利润高的项目有兴趣投标	本公司急于打入某一地区,或在某地区面临工程结束,机械设备等无工地转移等情况

(二)不平衡报价法

不平衡报价法是一个工程项目总报价基本确定后,通过调整内部各个项目的报价,以期既不提高总报价、不影响中标,又能在结算时得到更理想的经济效益。总的来讲,要保证两个原则:即"早收钱"和"多收钱"。一般可以考虑在以下几方面采用不平衡报价。

(1)"早收钱"就是作为有经验的承包商,工程一开工,除预付款外,完成每一个单项工程都要争取提前拿钱。这个技巧就是在报价时把工程量清单里先完成的工作内容的单价调高(如开办费、临时设施、土石方工程、基础和结构部分等),后完成的工作内容的单价调低(如道路面层、交通指示牌、屋顶装修、清理施工现场和零散附属工程等)。尽管后边的单价可能会赔钱,但由于先期早已收回了成本,资金周转的问题已经得到妥善解决,财务应变能力得到提高,还有适量利息收入,因此只要能够保证整个项目最终赢利即可。这个收支曲线在海外被称为"头重脚轻"配置法,其核心就是力争内部管理的资金负占用。

(2)"多收钱"可以这样理解:招标方提供的工程量清单与最终实际施工的工程量之

间都会存在差异,有的时候因为招标人计算的失误会有不小的差距,而清单综合单价计价表中的单价一项是空白的。如果投标人判断出工程量清单提供的工程明显错误或不合理,这就是可能盈利的机会。例如,某个清单项目的工程量为 10 000 m,单价确定为 1 000元/m,而经过投标人计算后,有绝对的把握认为工程量应该为 12 000 m,那么就可以适当提高此清单项目的单价,如调整到 1 200 元/m。原来报价是按 1 200×10 000 元写入合同金额中,那么最后结算的时候按实际发生的工程量计算,为 1 200 ×12 000 元,就可比原来的报价赚取更多的利润。

(3)预计今后工程量会通过变更增加的项目,工程量单价适当提高,这样在最终结算时可多赚钱;将工程量可能通过变更减少的项目单价降低,工程结算时损失不大。

上述三种情况要统筹考虑,即对于工程量有错误的早期工程,如果实际工程量可能小于工程量表中的数量,则不能盲目抬高单价,要具体分析后再定。

(4)设计图纸不明确,估计修改后工程量要增加的,可以提高单价;而工程内容解说不清楚的,则可适当降低一些单价,待澄清后可再要求提价。

(5)暂定项目,又叫任意项目或选择项目,对这类项目要具体分析。因为这类项目要在开工后再由业主研究决定是否实施以及由哪家承包商实施。如果工程不分标,不会由另一家承包商施工,则其中肯定要做的单价可高些,不一定做的则应低些。如果工程分标,该暂定项目也可能由其他承包商施工时,则不宜报高价,以免抬高总报价。

采用不平衡报价一定要建立在对工程量清单中工程量仔细核对分析的基础上,报单价的项目,单价的不平衡要注意尺度,不应该成倍或几倍的偏离正常的价格,否则会被判为废标,甚至列入以后禁止投标的黑名单中,就得不偿失了。一般情况下,多出 15% ~30% 的幅度,业主都是可以接受的,投标人可以解释为临时设施的搭建、设备订货等预先支出的费用。

(三)计日工单价法

计日工单价报价时可稍高,因为计日工不属于承包总价的范围,发生时可根据现场签证的实际工日、材料或机械台班实报实销。但如果招标文件中已经假定了计日工的“名义工程量”,并计入总价,则需要具体分析是否提高总报价。

(四)多方案报价法

多方案报价法是利用工程说明书或合同条款不够明确之处,以争取达到修改工程说明和合同为目的的一种报价方法。当工程说明书或合同条款有些不够明确之处时,往往使投标人承担较大风险。为了减少风险,就必须扩大工程单价,增加“不可预见费”,但这样做又会因报价过高而增加被淘汰的可能性。多方案报价法就是为对付这种两难局面而出现的。其具体做法是:在标书上报两种价目单价,一是按原工程说明书合同条款报一个价;二是加以注解,如“工程说明书或合同条款可作某些改变时”,则可降低多少的费用,使报价成为最低,以吸引业主修改说明书和合同条款。

(五)增加建议方案

有时招标文件中规定,可以提出建议方案,即可以修改原设计方案,提出投标人的方案。投标人这时应组织一批有经验的设计、施工工程师,对原招标文件的设计和施工方案仔细研究,提出更合理的方案,以吸引业主,促成自己的方案中标。这种新的建议方案可以降低总造价或提前竣工或使工程运用更合理。但要注意的是,对原招标方案一定要标价,以供业主比较。增加建议方案时,不要将方案写得太具体,保留方案的技术关键,防止业主将此方案交给其他承包商,同时要强调的是,建议方案一定要比较成熟,或过去有这方面的实践经验。因为投标时间不长,如果仅为中标而匆忙提出一些没有把握的建议方案,可能会引起很多后患。

(六)突然降价法

报价是一件保密性很强的工作,但是对手往往会通过各种渠道、手段来刺探情况,因此在报价时可以采取迷惑对方的手法,即先按一般情况报价或表现出自己对该工程兴趣不大,到快投标截止时,再突然降价。如某水电站引水系统工程在投标日截止前突然降低8.4%,取得最低标,为以后中标打下了基础。采用这种方法时,一定要在准备投标报价的过程中考虑好降价的幅度,在临近投标截止日期前,根据情报信息及分析判断,再做最后决策。

在实际操作中,投标人可以报价修正函的形式密封递交给招标人。报价修正函有三种类型:①只需递交报价修正函;②需递交报价修正函和标价的工程量清单;③需递交报价修正函、标价的工程量清单和单价分析表。

第三种方式非常烦琐,因为单价分析表内容很多,投标人如果不预留出充足的时间,则无法提供完整的降价函。

(七)先亏后盈法

有的承包商为了打进某一地区,依靠国家、某财团和自身的雄厚资本实力,会采取一种不惜代价,只求中标的低价报价方案。应用这种手段的承包商必须有较好的资信条件,并且提出的施工方案也先进可行,同时要加强对公司情况的宣传,否则即使标价低,业主也不一定会选中。如果其他承包商遇到这种情况,尽量不要和这类承包商硬拼。

(八)联营法

联营法比较常用,即两三家公司,其主营业务类似或相近,单独投标会出现经验、业绩不足或互相竞争压低报价的现象,经两家或更多家商议后,组成联营体共同投标,可以做到优势互补、规避劣势、利益共享、风险共担,又可避免互相竞争压低报价。

投标策略和报价技巧的使用关系到承包商能否中标,中标以后能否按技术规范要求按期完工和取得一定的经济效益。所以承包商必须对招标文件充分地研究,完整、准确地理解、掌握正确的投标策略,以便合理使用不平衡报价争取企业利益的最大化。

投标报价专业人员除应掌握以上一些投标报价的决策方法与技巧外,还要注重提高自身素质。因为企业的决策主要依据报价人员提供的基础数据及有关建议,故在目前激烈的市场竞争中,每一个水利水电施工单位均应拥有一支优秀的投标报价队伍,企业应为报价人员创造更多的学习机会,使其更系统全面学习相关知识,投标报价人员不仅懂施工技术,还应懂经营,向综合性、复合型方向发展,这也是社会发展的需要。

职业能力训练三

一、单项选择题

1.某工程建设项目招标人在招标文件中规定了只有获得过本省工程质量奖项的潜在投标人才有资格参加该项目的投标。根据《招标投标法》,这个规定违反了(　　　)原则。

A.公开　　　　　　B.公平　　　　　　C.公正　　　　　　D.诚实信用

2.《招标投标法》中规定,投标人不得以低于成本的报价竞标。这里的"成本"指的是(　　　)。

A.根据估算指标算出的成本

B.根据概算定额算出的成本

C.根据预算定额算出的成本

D.根据投标人各自的企业内部定额算出的成本

3.下列选项中关于开标的说法正确的是(　　　)。

A.开标应当在招标文件确定的提交投标文件截止时间的同一时间公开进行

B.开标地点由招标人在开标前通知

C.开标地点应当根据行政主管部门指定的地点确定

D.开标由建设行政主管部门主持,邀请所有投标人参加

4.根据《招标投标法》,在一般招标项目中,下面评标委员会成员中符合法律规定的是(　　　)。

A.某甲,由投标人从省人民政府有关部门提供的专家名册的专家中确定

B.某乙,现任某公司法定代表人,该公司常年为某投标人提供建筑材料

C.某丙,从事招标工程项目领域工作满10年并具有高级职称

D.某丁,在开标后,中标结果确定前将自己担任评标委员会成员的事告诉了某投标人

5.根据《招标投标法》的有关规定,招标人和中标人应当自中标通知书发出之日起(　　　)日内,按照招标文件和中标人的投标文件订立书面合同。

A.10　　　　　　　B.15　　　　　　　C.30　　　　　　　D.60

6.依法必须进行招标的项目,其评标委员会由招标人的代表和有关技术、经济等方面的专家组成,成员人数为____人以上单数,其中技术经济等方面的专家不得少于成员总数的____。(　　　)

A.3,2/3　　　　　B.5,1/3　　　　　C.5,2/3　　　　　D.7,1/3

7.下面行为中,符合《招标投标法》的是(　　　)。

A.评标委员会未经其他标准的评审,将报价最低的投标人确定为排名第一的中标候选人

B.中标通知书发出后,中标人发觉自己投标报价计算有误,拒绝与招标人签订合同

C.招标人在确定中标人第10天,向有关行政监督部门提交了招标投标情况的书面

报告

D.招标人仅仅向中标人发出中标通知书,而没有将中标结果通知所有未中标的投标人

二、多项选择题

1.符合下列( )情形之一的,经批准可以进行邀请招标。

A.国际金融组织提供贷款的

B.受自然地域环境限制的

C.涉及国家安全、国家秘密,适宜招标但不适宜公开招标的

D.项目技术复杂或有特殊要求只有几家潜在投标人可供选择的

E.紧急抢险救灾项目,适宜招标但不适宜公开招标的

2.符合( )情形之一的标书,应作为废标处理。

A.逾期送达的

B.按招标文件要求提交投标保证金的

C.无单位盖章并无法定代表人签字或盖章的

D.投标人名称与资格预审时不一致的

E.联合体投标附有联合体各方共同投标协议的

3.建设工程施工招标的必备条件有( )。

A.招标所需的设计图纸和技术资料具备

B.招标范围和招标方式已确定

C.招标人已经依法成立

D.资金来源已经落实

E.已选好监理单位

4.我国《招标投标法》规定,建设工程招标方式有( )。

A.公开招标　　　B.议标　　　C.国际招标　　　D.行业内招标　　　E.邀请招标

三、案例题

某国家大型水利工程,由于工艺先进,技术难度大,对施工单位的施工设备和同类工程施工经验要求高,而且对工期的要求也比较紧迫。基于本工程的实际情况,业主决定仅邀请3家国有一级施工企业参加投标。

招标工作内容确定为:成立招标工作小组;发出投标邀请书,编制招标文件,编制标底,发放招标文件,招标答疑,组织现场踏勘,接收投标文件,开标,确定中标单位,评标,签定承发包合同,发出中标通知书。

问题:

(1)如果将上述招标工作内容的顺序作为招标工作先后顺序是否妥当?如果不妥,请确定合理的顺序。

(2)工程建设项目施工招标文件一般包括哪些内容?

(3)投标程序是什么?

(4)投标文件由哪些内容构成?

四、综合实训

1.目的

体验工程投标程序,熟悉工程投标文件的制作与要求。

2.能力标准及要求

(1)熟悉工程投标程序。

(2)掌握工程投标文件的主要内容,掌握投标报价组成及计算。

(3)了解投标文件的要求。

(4)在教师指导下以组为单位作为投标小组,充分发挥学生的主动性和创造性,按规定时间完成投标文件的编制与提交。

(5)采用国家统一规定的标准及规格,采用标准的专业术语。

3.实训准备

(1)工程有关批准文件。

(2)工程施工图。

(3)工程概算或施工图预算。

(4)模拟施工现场。

(5)模拟工程投标现场。

4.步骤

(1)划分小组,成立投标单位。

(2)颁发工程招标文件、工程施工图。研究和领会招标文件,读懂工程施工图。

(3)进行投标工作的准备工作。

(4)进行工程现场踏勘与答疑会。

(5)进行投标文件的编制。

(6)进行投标文件的密封与提交。

项目四　工程项目进度管理

【学习目标】

通过本项目学习,具有确定进度计划的目标,编制横道图计划和网络计划的能力,会网络参数的计算。能够制订实施进度计划措施、将实际进度与计划进度进行对比、分析计划执行状况并采取措施调整计划、检查措施落实状况的能力。

【学习任务】

(1)概述。

(2)施工进度计划的编制。

(3)网络计划技术。

(4)工程项目进度控制。

【任务分析】

对于已经中标的建设工程项目,要通过有效的管理措施,把施工进度、施工质量、施工成本统一起来进行动态管理,优化资源配置,降低消耗,缩短工期,从而获得效益。因此,进行施工进度管理时,必须熟悉进度控制的内容和方法。

【任务实施】

任务一　概　述

一、工程项目进度控制的含义和目的

工程项目进度控制是指对工程建设各阶段的工作内容、工作程序、持续时间和衔接关系,根据进度总目标和资源的优化配置原则编制计划,将该计划付诸实施,在实施的过程中经常检查实际进度是否按计划要求进行,对出现的偏差分析原因,采取补救措施或调整、修改原计划,直到工程竣工验收交付使用。工程进度控制的最终目的是确保工程项目进度目标的实现,水利水电建设项目工程进度控制的总目标是建设工期。

水利水电建设项目的进度受许多因素的影响,项目管理者需事先对影响进度的各种因素进行调查,预测它们对进度可能产生的影响,编制可行的进度计划,指导建设项目按计划实施。然而在计划执行过程中,必然会出现新的情况,难以按照原定的进度计划执行。这就要求项目管理者在计划的执行过程中掌握动态控制原理,不断进行检查,将实际情况与计划安排进行对比,找出偏离计划的原因,特别是找出主要原因,然后采取相应的措施。措施的确定有两个前提:一是通过采取措施,维持原计划,使之正常实施;二是采取措施后不能维持原计划,要对进度进行调整或修正,再按新的计划实施。这样不断地计划、执行、检查、分析、调整计划的动态循环过程,就是进度控制。为了实现进度目标,进度控制的过程也就是随着项目的进展,进度计划不断调整的过程。

二、工程进度计划的类型

按照不同的分类标准,进度计划有不同的类型,如图4-1所示。

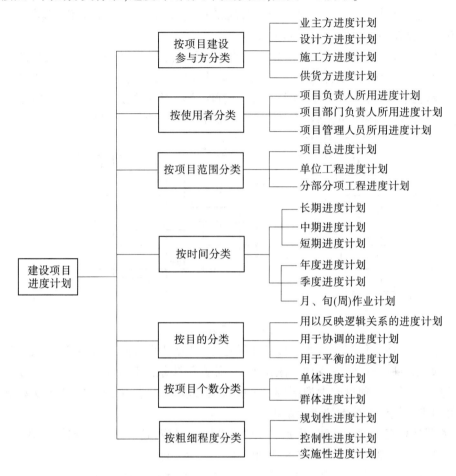

图4-1 工程进度计划的类型

三、工程项目进度控制的任务

业主方进度控制的任务是控制整个项目实施阶段的进度,包括控制设计准备阶段的工作进度、设计工作进度、施工进度、物资采购工作进度,以及项目动用前准备阶段的工作进度。

设计方进度控制的任务是依据设计任务委托合同对设计工作进度的要求控制设计工作进度,这是设计方履行合同的义务。

施工方进度控制的任务是依据施工任务委托合同对施工进度的要求控制施工进度,这是施工方履行合同的义务。

供货方进度控制的任务是依据供货合同对供货的要求控制供货进度,这是供货方履行合同的义务。

四、工程进度计划的表达形式

工程进度计划的表达形式常见的有横道图法、网络图法和时标网络图法。

横道图是一种最简单、运用最广泛的传统的进度计划方法,尽管有许多新的计划技术,横道图在建设领域中的应用仍非常普遍。

通常横道图的表头为工作及其简要说明,项目进展表示在时间表格上,如图 4-2 所示。按照所表示工作的详细程度,时间单位可以为小时、天、周、月等。这些时间单位经常用日历表示,此时可表示非工作时间,如停工时间、公众假日、假期等。根据此横道图使用者的要求,工作可按照时间先后、责任、项目对象、同类资源等进行排序。

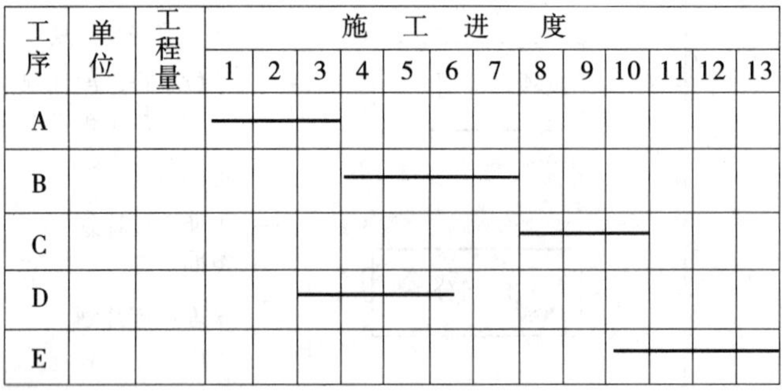

工序	单位	工程量	施 工 进 度												
			1	2	3	4	5	6	7	8	9	10	11	12	13
A			———												
B						——————									
C										————					
D					——————										
E													—————		

图 4-2　横道图

横道图也可将工作简要说明直接放在横道上。横道图可将最重要的逻辑关系标注在内,但是,如果将所有逻辑关系均标注在图上,则横道图简洁性的最大优点将丧失。

横道图用于小型项目或大型项目的子项目上,或用于计算资源需要量和概要预示进度,也可用于其他计划技术的表示结果。

横道图计划表中的进度线(横道)与时间坐标相对应,这种表达方式较直观,易看懂计划编制的意图。但是,横道图进度计划法也存在一些问题。如:

(1)工序(工作)之间的逻辑关系可以设法表达,但不易表达清楚。

(2)适用于手工编制计划。

(3)不能通过严谨的进度计划时间参数计算,不能确定计划的关键工作、关键路线与时差。

(4)计划调整只能用手工方式进行,其工作量较大。

(5)难以适应大的进度计划系统。

网络图法详见任务三。

任务二　施工进度计划编制

施工进度计划反映完成工程项目的各施工过程的组成、施工顺序、逻辑关系及完成所需要的时间,同时反映各施工过程的劳动组织及配备的施工机械台班数。施工进度计划编制后,即可编制各种资源的需要量计划。

一、施工进度计划的类型

根据其范围不同,施工进度计划有以下几种类型。

(一)施工总进度计划

施工总进度计划指从开始实施直到竣工为止,各个主要阶段(如施工准备、施工各阶段、设计供图、材料与设备供货等)的进度安排。

大型水利水电建设项目因单位工程多、施工承包人多、建设周期长等特点,必须用总进度计划控制,协调建设总进度。

(二)单位工程施工进度计划

单位工程施工进度计划是以各种定额为标准,根据各主要工序的施工顺序、工时及计划投入的人工、材料、设备等情况,编制出各分部分项工程的进度安排。应在时间与空间上,充分反映出施工方案、施工平面图设计及资源计划编制等所起的重要作用。单位工程施工进度计划应具有控制性、作业性,是施工总进度计划的组成部分。

施工总进度计划与单位工程施工进度计划,均应在实施前报经业主或监理单位审批。

(三)作业进度计划

作业进度计划是施工进度计划的具体化,直接指导基层施工队(组)进行施工活动,可将一个分部、分项工程或某施工阶段作为控制对象,安排具体的作业活动。

二、施工总进度计划的编制

(一)施工总进度计划编制的依据

(1)施工合同。

(2)施工进度目标。为了追求保险的进度目标,企业领导可能有自己的施工进度目标,一般比合同目标更短。

(3)工期定额。

(4)有关技术经验资料。

(5)施工部署与主要工程施工方案。

(二)施工总进度计划编制的步骤

(1)收集编制依据。

(2)确定进度编制目标。

(3)计算工程量。

根据批准的工程项目一览表,按单位工程分别计算其主要实物工程量,工程量只需粗略地计算即可。

工程量的计算可按初步设计(或扩大初步设计)图纸和有关额定手册或资料进行。

(4)确定各单位工程的施工工期。

各单位工程的施工期限应根据合同工期确定,同时要考虑建筑类型、结构特征、施工方法、施工管理水平、施工机械化程度及施工现场条件等因素。

(5)确定各单位工程的开、竣工时间和逻辑关系。

确定各单位工程的开、竣工时间和逻辑关系主要应考虑以下几点:同一时期平行施工的项目不宜过多,以避免人力、物力过于分散。尽量做到均衡施工,以使劳动力、施工机械和主要材料的供应在整个工期范围内达到均衡。尽量提前建设可供工程施工使用的永久性工程,以节省临时工程费用。急需和关键的工程先施工,以保证工程项目如期交工。对于某些技术复杂、施工周期较长、施工困难较多的工程,亦应安排提前施工,以利于整个工程项目按期交付使用。施工顺序必须与主要生产系统投入生产的先后次序相吻合。还要安排好配套工程的施工时间,以保证建设工程能迅速投入生产或交付使用。应注意季节对施工顺序的影响,使施工季节不导致工期拖延,不影响工程质量。安排一部分附属工程或零星项目作为后备项目,用以调整主要项目的施工进度。注意主要工种和主要施工机械能否连续施工。

(6)初拟施工总进度计划。

按照各单位工程的逻辑关系和工期初拟施工总进度计划,施工总进度计划既可以用横道图表示,也可以用网络图表示。

(7)修正施工总进度计划。

初步施工总进度计划编制完成后,要对其进行检查。主要是检查总工期是否符合要求,资源使用是否均衡且其供应是否能得到保证,从而确定正式施工进度计划。

(8)编写说明书。

三、单位工程施工进度计划的编制

(一)单位工程施工进度计划的编制依据

(1)项目管理目标责任。

(2)施工总进度计划。

(3)施工方案。

(4)主要材料和设备的供应能力。

(5)施工人员的技术素质及劳动效率。

(6)施工现场条件、气候条件和环境条件。

(7)已建成的同类工程实际进度及经济指标。

(二)单位工程施工进度计划的编制步骤

(1)熟悉图纸和有关资料,调查施工条件。

(2)工作项目划分。

工作项目是包括一定工作内容的施工过程,它是施工进度计划的基本组成单元。工作项目内容的多少,划分的粗细程度,应该根据计划的需要来决定。对于大型建设工程,经常需要编制控制性施工进度计划,此时工作项目可以划分得粗一些,一般只明确到分部工程即可。如果编制实施性施工进度计划,工作项目就应划分得细一些。在一般情况下,单位工程施工进度计划中的工作项目应明确到分项工程或更具体,以满足指导施工作业、控制施工进度的要求。

由于单位工程中的工作项目较多,应在熟悉施工图纸的基础上,根据建筑结构特点及已确定的施工方案,按施工顺序逐项列出,以防止漏项或重项。凡与工程对象施工直接有关的内容均应列入计划,而不属于直接施工的辅助性项目和服务性项目则不必列入。

此外,有些分项工程在施工顺序上和时间安排上是相互穿插进行的,或者是由同一专业施工队完成的,为了简化进度计划的内容,应尽量将这些项目合并,以突出重点。

(3)编排合理的施工顺序。

确定施工顺序是为了按照施工的技术规律和合理的组织关系,解决各工作项目之间在时间上的先后和搭接问题,以达到保证质量、安全施工、充分利用空间、争取时间、实现合理安排工期的目的。

(4)计算各施工过程的工程量。

工程量的计算应根据施工图和工程量计算规则,针对所划分的每一个工作项目进行。计算工程量时应注意以下问题:工程量的计算单位应与现行定额手册中所规定的计量单位相一致,以便计算劳动力、材料和机械数量时直接套用定额,而不必进行换算。要结合具体的施工方法和安全技术要求计算工程量。应结合施工组织的要求,按已划分的施工段分层分段进行计算。

(5)确定劳动力和机械需要量。

当某工作项目是由若干个分项工程合并而成时,应分别根据各分项工程的时间定额(或产量定额)及工程量计算出综合时间定额(或综合产量定额)。

(6)确定工程分项工作持续时间。

根据工作项目所需要的劳动量或机械台班数,以及该工作项目每天安排的工人数或配备的机械台数,即可计算出各工作项目的持续时间。

(7)编制施工进度计划图(表)。

(8)编制劳动力和物资等资源计划。

✖ 任务三　网络计划技术

一、工程网络计划的编制方法

国际上,工程网络计划有许多名称,如 CPM、PERT、CPA、MPM 等。

我国《工程网络计划技术规程》(JGJ/T 121—2015)推荐的常用的工程网络计划类型包括:

(1)双代号网络计划。

(2)单代号网络计划。

(3)双代号时标网络计划。

(4)单代号搭接网络计划。

(一)双代号网络计划

双代号网络图是以箭线及其两端节点的编号表示工作的网络图,如图 4-3 所示。

1.箭线(工作)

工作是泛指一项需要消耗人力、物力和时间的具体活动过程,也称工序、活动、作业。双

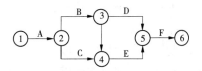

图 4-3　双代号网络图

代号网络图中,每一条箭线表示一项工作。箭线的箭尾节点 i 表示该工作的开始,箭线的箭头节点 j 表示该工作的完成。工作名称可标注在箭线的上方,完成该项工作所需要的持续时间可标注在箭线的下方,如图 4-4 所示。由于一项工作需用一条箭线和其箭尾与箭头处两个圆圈中的号码来表示,故称为双代号网络计划。

在双代号网络图中,任意一条实箭线都要占用时间,多数要消耗资源。在建设工程中,一条箭线表示项目中的一个施工过程,它可以是一道工序、一个分项工程、一个分部工程或一个单位工程,其粗细程度和工作范围的划分根据计划任务的需要确定。

在双代号网络图中,为了正确地表达图中工作之间的逻辑关系,往往需要应用虚箭线。虚箭线是实际工作中并不存在的一项虚设工作,故它们既不占用时间,也不消耗资源,一般起着工作之间的联系、区分和断路三个作用:

(1)联系作用是指应用虚箭线正确表达工作之间相互依存的关系。

(2)区分作用是指双代号网络图中每一项工作都必须用一条箭线和两个代号表示,若两项工作的代号相同时,应用虚工作加以区分,如图 4-5 所示。

(3)断路作用是用虚箭线断掉多余联系,即在网络图中把无联系的工作连接上时,应加上虚工作将其断开。

图 4-4　双代号网络图工作的表示方法　　图 4-5　虚箭线的区分作用

在无时间坐标的网络图中,箭线的长度原则上可以任意画,其占用的时间以下方标注的时间参数为准。箭线可以为直线、折线或斜线,但其行进方向均应从左向右。在有时间坐标的网络图中,箭线的长度必须根据完成该工作所需持续时间的长短按比例绘制。

在双代号网络图中,通常将工作用 i—j 作表示。紧排在本工作之前的工作称为紧前工作。紧排在本工作之后的工作称为紧后工作。与之平行进行的工作称为平行工作。

2.节点(又称结点、事件)

节点是网络图中箭线之间的连接点。在时间上节点表示指向某节点的工作全部完成后该节点后面的工作才能开始的瞬间,它反映前后工作的交接点。网络图中有三个类型的节点。

1)起点节点

起点节点即网络图的第一个节点,它只有外向箭线(由节点向外指的箭线),一般表示一项任务或一个项目的开始。

2)终点节点

终点节点即网络图的最后一个节点,它只有内向箭线(指向节点的箭线),一般表示一项任务或一个项目的完成。

3)中间节点

中间节点即网络图中既有内向箭线,又有外向箭线的节点。

双代号网络图中,节点应用圆圈表示,并在圆圈内标注编号。一项工作应当只有唯一的一条箭线和相应的一对节点,且要求箭尾节点的编号小于其箭头节点的编号,即 $i<j$。网络图节点的编号顺序应从小到大,可不连续,但不允许重复。

3.线路

网络图中从起始节点开始,沿箭头方向顺序通过一系列箭线与节点,最后达到终点节点的通路称为线路。在一个网络图中可能有很多条线路,线路中各项工作持续时间之和就是该线路的长度,即线路所需要的时间。一般网络图有多条线路,可依次用该线路上的节点代号来记述。

在各条线路中,有一条或几条线路的总时间最长,称为关键路线,一般用双线或粗线标注。其他线路长度均小于关键线路,称为非关键线路。

4.逻辑关系

网络图中工作之间相互制约或相互依赖的关系称为逻辑关系,它包括工艺关系和组织关系,在网络中均应表现为工作之间的先后顺序。

1)工艺关系

生产性工作之间由工艺过程决定的,非生产性工作之间由工作程序决定的先后顺序称为工艺关系。

2)组织关系

工作之间由于组织安排需要或资源(人力、材料、机械设备和资金等)调配需要而确定的先后顺序关系称为组织关系。

网络图必须正确地表达整个工程或任务的工艺流程和各工作开展的先后顺序,以及它们之间相互依赖和相互制约的逻辑关系。因此,绘制网络图时必须遵循一定的基本规则和要求。

(二)绘图规则

(1)双代号网络图必须正确表达已确定的逻辑关系。网络图中常见的各种工作逻辑关系的表示方法如表 4-1 所示。

(2)双代号网络图中,不允许出现循环回路。所谓循环回路是指从网络图中的某一个节点出发,顺着箭线方向又回到了原来出发点的线路。

(3)双代号网络图中,在节点之间不能出现带双向箭头或无箭头的连线。

(4)双代号网络图中,不能出现没有箭头节点或没有箭尾节点的箭线。

(5)当双代号网络图的某些节点有多条外向箭线或多条内向箭线时,为使图形简洁,可使用母线法绘制(但应满足一项工作用一条箭线和相应的一对节点表示),如图 4-6 所示。

(6)绘制网络图时,箭线不宜交叉。当交叉不可避免时,可用过桥法或指向法,如图 4-7 所示。

(7)双代号网络图中应只有一个起点节点和一个终点节点(多目标网络计划除外),而其他所有节点均应是中间节点。

(8)双代号网络图应条理清楚,布局合理。例如,网络图中的工作箭线不宜画成任意方向或曲线形状,尽可能用水平线或斜线;关键线路、关键工作尽可能安排在图面中心位置,其他工作分散在两边;避免倒回箭头等。

表 4-1　网络图中常见的各种工作逻辑关系的表示方法

序号	工作之间的逻辑关系	网络图中的表示方法
1	A 完成后进行 B 和 C	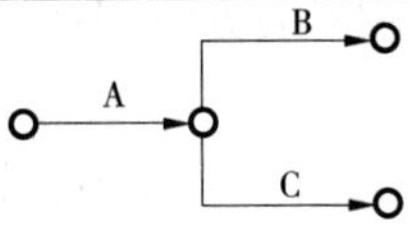
2	A、B 均完成后进行 C	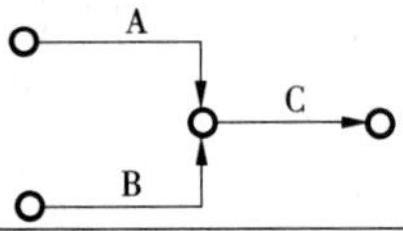
3	A、B 均完成后同时进行 C 和 D	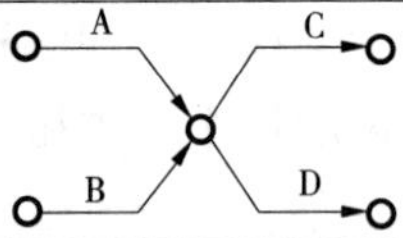
4	A 完成后进行 C A、B 均完成后进行 D	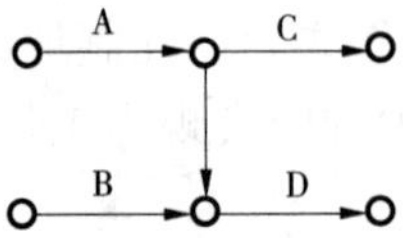
5	A、B 均完成后进行 D A、B、C 均完成后进行 E D、E 均完成后进行 F	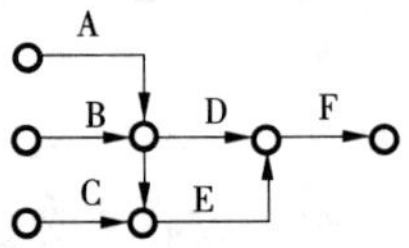
6	A、B 均完成后进行 C B、D 均完成后进行 E	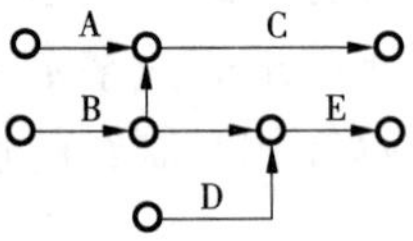
7	A、B、C 均完成后进行 D B、C 均完成后进行 E	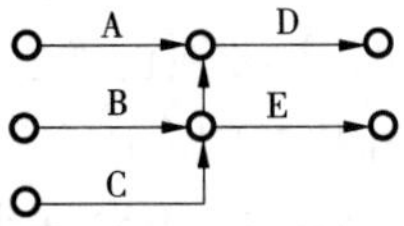
8	A 完成后进行 C A、B 均完成后进行 D B 完成后进行 E	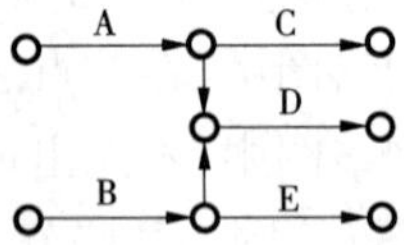
9	A、B 两项工作分成三个施工段,分段流水施工;A_1 完成后进行 A_2、B_1,A_2 完成后进行 A_3、B_2,A_2、B_1 均完成后进行 B_2,A_3、B_2 均完成后进行 B_3	有两种表示方法 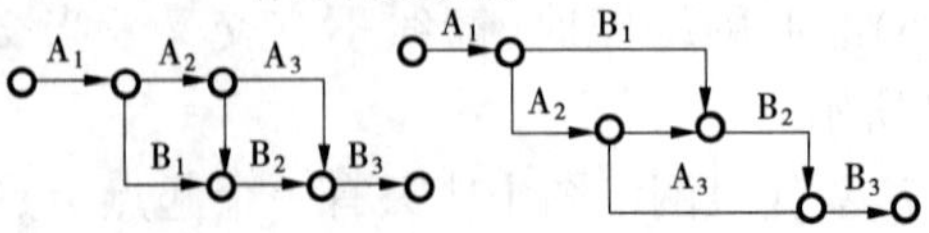

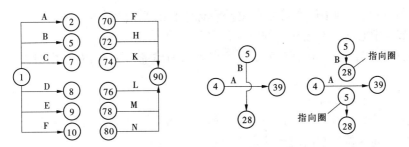

图 4-6 母线法绘图　　　　图 4-7 箭线交叉的表示方法

(三) 双代号时标网络计划

双代号时标网络计划是以时间坐标为尺度编制的网络计划,如图 4-8 所示。时标网络计划中应以实箭线表示工作,以虚箭线表示虚工作,以波形线表示工作的自由时差。

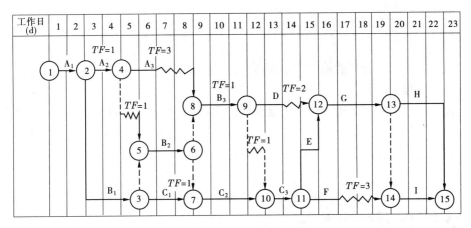

图 4-8 双代号时标网络计划

1.双代号时标网络计划的特点

双代号时标网络计划是以水平时间坐标为尺度编制的双代号网络计划,其主要特点如下:

(1)时标网络计划兼有网络计划与横道计划的优点,它能够清楚地表明计划的时间进程,使用方便。

(2)时标网络计划能在图上直接显示出各项工作的开始与完成时间、工作的自由时差及关键线路。

(3)在时标网络计划中可以统计每一个单位时间对资源的需要量,以便进行资源优化和调整。

(4)由于箭线受到时间坐标的限制,当情况发生变化时,对网络计划的修改比较麻烦,往往要重新绘图。但在使用计算机以后,这一问题已较容易解决。

2.双代号时标网络计划的一般规定

(1)双代号时标网络计划必须以水平时间坐标为尺度表示工作时间。时标的时间单位应根据需要在编制网络计划之前确定,可为时、天、周、月或季。

（2）时标网络计划中所有符号在时间坐标上的水平投影位置,都必须与其时间参数相对应。节点中心必须对准相应的时标位置。

（3）时标网络计划中虚工作必须以垂直方向的虚箭线表示,有自由时差时加波形线表示。

3.时标网络计划的编制

时标网络计划宜按各个工作的最早开始时间编制。在编制时标网络计划之前,应先按已确定的时间单位绘制出时标计划表(见表4-2)。

表 4-2　时标计划表

日　历 （时间单位）	1	2	3	4	5	6	7	8	9	10	11	12	13	14	15
网络计划 （时间单位）	1	2	3	4	5	6	7	8	9	10	11	12	13	14	15

双代号时标网络计划的编制方法有两种。

1）间接法绘制

间接法绘制即先算后画。根据先绘制好的无时标网络计划,计算各工作的最早时间参数。再根据最早时间参数在时标计划表上确定节点位置。连线完成,某些工作箭线长度不足以到达该工作的完成节点时,用波形线补足。

2）直接法绘制

根据网络计划中工作之间的逻辑关系及各工作的持续时间,直接在时标计划表上绘制时标网络计划。绘制步骤如下:

（1）将起点节点定位在时标计划表的起始刻度线上。

（2）按工作持续时间在时标计划表上绘制起点节点的外向箭线。

（3）其他工作的开始节点必须在其所有紧前工作都绘出以后,定位在这些紧前工作最早完成时间最大值的时间刻度上,某些工作的箭线长度不足以到达该节点时,用波形线补足,箭头画在波形线与节点连接处。

（4）用上述方法从左至右依次确定其他节点位置,直至网络计划终点节点定位,绘图完成。

（四）单代号网络计划

1.基本概念

以节点及其编号表示工作,以箭线表示工作之间的逻辑关系的网络图称为单代号网络图。即每一个节点表示一项工作,节点所表示的工作名称、持续时间和工作代号等标注在节点内,如图4-9所示。

2.单代号网络图的基本符号

1）节点

单代号网络图中的每一个节点表示一项工作,节点宜用圆圈或矩形表示。节点所表示的工作名称、持续时间和工作代号等应标注在节点内,如图4-10所示。

单代号网络图中的节点必须编号,编号标注在节点内,其号码可间断,但严禁重复。箭线的箭尾节点编号应小于箭头节点的编号。一项工作必须有唯一的一个节点及相应的一个编号。

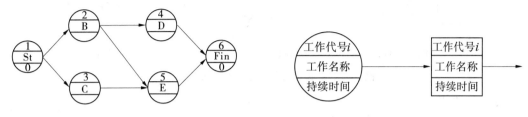

图 4-9　单代号网络计划　　　　图 4-10　单代号网络图工作的表示方法

2)箭线

单代号网络图中的箭线表示紧邻工作之间的逻辑关系,既不占用时间,也不消耗资源。箭线应画成水平直线、折线或斜线。箭线水平投影的方向应自左向右,表示工作的行进方向。工作之间的逻辑关系包括工艺关系和组织关系,在网络图中均表现为工作之间的先后顺序。

3)线路

单代号网络图中,各条线路应用该线路上的节点编号从小到大依次表述。

3.单代号网络图的绘图规则

(1)单代号网络图必须正确表达已确定的逻辑关系。

(2)单代号网络图中,不允许出现循环回路。

(3)单代号网络图中,不能出现双向箭头或无箭头的连线。

(4)单代号网络图中,不能出现没有箭尾节点的箭线和没有箭头节点的箭线。

(5)绘制网络图时,箭线不宜交叉,当交叉不可避免时,可采用过桥法或指向法绘制。

(6)单代号网络图中只应有一个起点节点和一个终点节点。当网络图中有多项起点节点或多项终点节点时,应在网络图的两端分别设置一项虚工作,作为该网络图的起点节点(St)和终点节点(Fin)。

单代号网络图的绘图规则大部分与双代号网络图的绘图规则相同,故不再进行解释。

(五)单代号搭接网络计划

1.基本概念

在普通双代号和单代号网络计划中,各项工作按依次顺序进行,即任何一项工作都必须在它的紧前工作全部完成后才能开始。

图 4-11(a)以横道图表示相邻的 A、B 两工作,A 工作进行 4 天后 B 工作即可开始,而不必要等 A 工作全部完成。这种情况若接依次顺序用网络图表示就必须把 A 工作分为两部分,即 A₁ 和 A₂ 工作,以双代号网络图表示如图 4-11(b)所示,以单代号网络图表示则如图 4-11(c)所示。

但在实际工作中,为了缩短工期,许多工作可采用平行搭接的方式进行。为了简单直接地表达这种搭接关系,使编制网络计划得以简化,于是出现了搭接网络计划方法。单代号搭接网络图如图 4-12 所示。其中起点节点 St 和终点节点 Fin 为虚拟节点。

(a)横道图表示   (b)双代号表示   (c)单代号表示

图 4-11 A、B 两工作搭接关系的表示方法

2.基本符号

单代号搭接网络图中每一个节点表示一项工作,宜用圆圈或矩形表示。节点所表示的工作名称、持续时间和工作代号等应标注在节点内。节点最基本的表示方法应符合图 4-13 的规定。

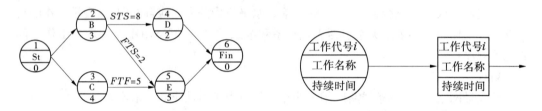

图 4-12 单代号搭接网络计划   **图 4-13 单代号搭接网络图工作的表示方法**

二、双代号网络计划有关时间参数的计算

双代号网络计划时间参数计算的目的在于通过计算各项工作的时间参数,确定网络计划的关键工作、关键线路和计算工期,为网络计划的优化、调整和执行提供明确的时间参数。双代号网络计划时间参数的计算方法很多,一般常用的有按工作计算法和按节点计算法进行计算。以下只讨论按工作计算法在图上进行计算的方法。

(一)时间参数的概念及其符号

1.工作持续时间(D_{i-j})

工作持续时间是一项工作从开始到完成的时间。

2.工期(T)

工期泛指完成任务所需要的时间,一般有以下三种:

(1)计算工期。根据网络计划时间参数计算出来的工期,用 T_c 表示。

(2)要求工期。任务委托人所要求的工期,用 T_r 表示。

(3)计划工期。根据要求工期和计算工期所确定的作为实施目标的工期,用 T_p 表示。

网络计划的计划工期 T_p 应按下列情况分别确定:

当已规定了要求工期 T_t 时

$$T_p \leqslant T_r \tag{4-1}$$

当未规定要求工期时,可令计划工期等于计算工期,即

$$T_p = T_t \qquad\qquad (4\text{-}2)$$

3.网络计划中工作的六个时间参数

(1)最早开始时间 ES_{i-j}，是指在各紧前工作全部完成后，工作 i—j 有可能开始的最早时刻。

(2)最早完成时间 EF_{i-j}，是指在各紧前工作全部完成后，工作 i—j 有可能完成的最早时刻。

(3)最迟开始时间 LS_{i-j}，是指在不影响整个任务按期完成的前提下，工作 i—j 必须开始的最迟时刻。

(4)最迟完成时间 LF_{i-j}，是指在不影响整个任务按期完成的前提下，工作 i—j 必须完成的最迟时刻。

(5)总时差 TF_{i-j}，是指在不影响总工期的前提下，工作 i—j 可以利用的机动时间。

(6)自由时差 FF_{i-j}，是指在不影响其紧后工作最早开始的前提下，工作 i—j 可以利用的机动时间。

按工作计算法计算网络计划中各时间参数，其计算结果应标注在箭线之上，如图 4-14 所示。

(二)双代号网络计划时间参数计算

按工作计算法在网络图上计算六个工作时间参数，必须在清楚计算顺序和计算步骤的基础上，列出必要的公式，以加深对时间参数计算的理解。时间参数的计算步骤如下。

图 4-14　按工作计算法的标注内容

1.最早开始时间和最早完成时间的计算

工作最早时间参数受到紧前工作的约束，故其计算顺序应从起点节点开始，顺着箭线方向依次逐项计算。

以网络计划的起点节点为开始节点的工作最早开始时间为零。如网络计划起点节点的编号为 1，则

$$ES_{i-j} = 0\,(i = 1) \qquad\qquad (4\text{-}3)$$

最早完成时间等于最早开始时间加上其持续时间：

$$EF_{i-j} = ES_{i-j} + D_{i-j} \qquad\qquad (4\text{-}4)$$

最早开始时间等于各紧前工作的最早完成时间 EF_{h-i} 的最大值：

$$ES_{i-j} = \max\{EF_{h-i}\} \qquad\qquad (4\text{-}5)$$

或

$$ES_{i-j} = \max\{ES_{h-i} + D_{h-i}\} \qquad\qquad (4\text{-}6)$$

2.确定计算工期 T_c

计算工期等于以网络计划的终点节点为箭头节点的各个工作的最早完成时间的最大值。当网络计划终点节点的编号为 n 时，计算工期：

$$T_c = \max\{EF_{i-n}\} \qquad\qquad (4\text{-}7)$$

当无要求工期的限制时，取计划工期等于计算工期，即取 $T_p = T_c$。

3.最迟开始时间和最迟完成时间的计算

工作最迟时间参数受到紧后工作的约束，故其计算顺序应从终点节点起，逆着箭线方

向依次逐项计算。

以网络计划的终点节点$(j=n)$为箭头节点的工作的最迟完成时间等于计划工期,即:

$$LF_{i-n} = T_p \tag{4-8}$$

最迟开始时间等于最迟完成时间减去其持续时间:

$$LS_{i-j} = LF_{i-j} - D_{i-j} \tag{4-9}$$

最迟完成时间等于各紧后工作的最迟开始时间 LS_{j-k} 的最小值:

$$LF_{i-j} = \min\{LS_{j-k}\} \tag{4-10}$$

或
$$LF_{i-j} = \min\{LF_{j-k} - D_{j-k}\} \tag{4-11}$$

4.计算工作总时差

总时差等于其最迟开始时间减去最早开始时间,或等于最迟完成时间减去最早完成时间,即:

$$TF_{i-j} = LS_{i-j} - ES_{i-j} \tag{4-12}$$

$$TF_{i-j} = LF_{i-j} - EF_{i-j} \tag{4-13}$$

5.计算工作自由时差

当工作 $i—j$ 有紧后工作 $j—k$ 时,其自由时差应为:

$$FF_{i-j} = ES_{j-k} - EF_{i-j} \tag{4-14}$$

或
$$FF_{i-j} = ES_{j-k} - ES_{i-j} - D_{i-j} \tag{4-15}$$

以网络计划的终点节点$(j=n)$为箭头节点的工作,其自由时差 FF_{i-n} 应按网络计划的计划工期 T_p 确定,即:

$$FF_{i-n} = T_p - EF_{i-n} \tag{4-16}$$

三、关键工作和关键路线的确定

(一)关键工作

关键工作指的是网络计划中总时差最小的工作。当计划工期等于计算工期时,总时差为零的工作就是关键工作。

当计算工期不能满足计划工期时,可设法通过压缩关键工作的持续时间,以满足计划工期要求。在选择缩短持续时间的关键工作时,宜考虑下述因素:

(1)缩短持续时间而不影响质量和安全的工作。

(2)有充足备用资源的工作。

(3)缩短持续时间所需增加的费用相对较少的工作等。

(二)关键路线

在双代号网络计划和单代号网络计划中,关键路线是总的工作持续时间最长的线路。该线路在网络图上应用粗线、双线或彩色线标注。

一个网络计划可能有一条或几条关键路线,在网络计划执行过程中,关键路线有可能转移。

(三)时差的运用

总时差指的是在不影响总工期的前提下,本工作可以利用的机动时间。

自由时差指的是在不影响其紧后工作最早开始时间的前提下,本工作可以利用的机动时间。

【例 4-1】　根据图 4-15,计算各时间参数。图中箭线下的数字是工作的持续时间,以天为单位。

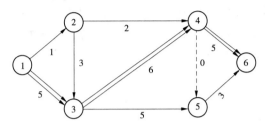

图 4-15　网络计划的计算

解法一:

1.各项工作最早开始时间和最早完成时间的计算

$ES_{1-2}=0$　　　　　　　　　　　　　　　$EF_{1-2}=ES_{1-2}+D_{1-2}=0+1=1$

$ES_{1-3}=0$　　　　　　　　　　　　　　　$EF_{1-3}=ES_{1-3}+D_{1-3}=0+5=5$

$ES_{2-3}=EF_{1-2}=1$　　　　　　　　　　$EF_{2-3}=ES_{2-3}+D_{2-3}=1+3=4$

$ES_{2-4}=EF_{1-2}=1$　　　　　　　　　　$EF_{2-4}=ES_{2-4}+D_{2-4}=1+2=3$

$ES_{3-4}=\max(EF_{1-3},EF_{2-3})=\max(5,4)=5$　　$EF_{3-4}=ES_{3-4}+D_{3-4}=5+6=11$

$ES_{3-5}=ES_{3-4}=5$　　　　　　　　　　$EF_{3-5}=ES_{3-5}+D_{3-5}=5+5=10$

$ES_{4-5}=\max(EF_{2-4},EF_{3-4}=\max(3,11)=11$　　$EF_{4-5}=ES_{4-5}+D_{4-5}=11+0=11$

$ES_{4-6}=ES_{4-5}=11$　　　　　　　　　　$EF_{4-6}=ES_{4-6}+D_{4-6}=11+5=16$

$ES_{5-6}=\max(EF_{3-5},EF_{4-5})=\max(10,11)=11$　　$EF_{5-6}=ES_{5-6}+D_{5-6}=11+3=14$

2.各项工作最迟开始时间和最迟完成时间的计算

$LF_{5-6}=EF_{4-6}=16$　　　　　　　　　　$LS_{5-6}=LF_{5-6}-D_{5-6}=16-3=13$

$LF_{4-6}=EF_{4-6}=16$　　　　　　　　　　$LS_{4-6}=LF_{4-6}-D_{4-6}=16-5=11$

$LF_{4-5}=LS_{5-6}=13$　　　　　　　　　　$LS_{4-5}=LF_{4-5}-D_{4-5}=13-0=13$

$LF_{3-5}=LS_{5-6}=13$　　　　　　　　　　$LS_{3-5}=LF_{3-5}-D_{3-5}=13-5=8$

$LF_{3-4}=\min(LS_{4-6},LS_{4-5})=\min(11,13)=11$　　$LS_{3-4}=LF_{3-4}-D_{3-4}=11-6=5$

$LF_{2-4}=\min(LS_{4-6},LS_{4-5})=\min(11,13)=11$　　$LS_{2-4}=LF_{2-4}-D_{2-4}=11-2=9$

$LF_{2-3}=\min(LS_{3-5},LS_{3-4})=\min(8,5)=5$　　$LS_{2-3}=LF_{2-3}-D_{2-3}=5-3=2$

$LF_{1-3}=\min(LS_{3-5},LS_{3-4})=\min(8,5)=5$　　$LS_{1-3}=LF_{1-3}-D_{1-3}=5-5=0$

$LF_{1-2}=\min(LS_{2-3},LS_{2-4})=\min(2,9)=2$　　$LS_{1-2}=LF_{1-2}-D_{1-2}=2-1=1$

3.各项工作总时差的计算

$TF_{1-2}=LF_{1-2}-EF_{1-2}=2-1=1$　　　　$TF_{1-3}=LF_{1-3}-EF_{1-3}=5-5=0$

$TF_{2-3}=LF_{2-3}-EF_{2-3}=5-4=1$　　　　$TF_{2-4}=LF_{2-4}-EF_{2-4}=11-3=8$

$TF_{3-4}=LF_{3-4}-EF_{3-4}=11-11=0$　　　$TF_{3-5}=LF_{3-5}-EF_{3-5}=13-10=3$

$TF_{4-5}=LF_{4-5}-EF_{4-5}=13-11=2$　　　$TF_{4-6}=LF_{4-6}-EF_{4-6}=16-16=0$

$TF_{5-6}=LF_{5-6}-EF_{5-6}=16-14=2$

4.各项工作自由时差的计算

$FF_{1-2} = ES_{2-3} - EF_{1-2} = 1-1 = 0$　　　　$FF_{1-3} = ES_{3-4} - EF_{1-3} = 5-5 = 0$

$FF_{2-3} = ES_{3-4} - EF_{2-3} = 5-4 = 1$　　　　$FF_{2-4} = ES_{4-5} - EF_{2-4} = 11-3 = 8$

$FF_{3-4} = ES_{4-5} - EF_{3-4} = 11-11 = 0$　　　$FF_{3-5} = ES_{5-6} - EF_{3-5} = 11-10 = 1$

$FF_{4-5} = ES_{5-6} - EF_{4-5} = 11-11 = 0$　　　$FF_{4-6} = T_p - EF_{4-6} = 16-16 = 0$

$FF_{5-6} = T_p - EF_{5-6} = 16-14 = 2$

解法二：

1.计算节点最早时间：

$ET_1 = 0$

$ET_2 = \max[ET_1 + D_{1-2}] = \max[0+1] = 1$

$ET_3 = \max[ET_1 + D_{1-3}, ET_2 + D_{2-3}] = \max[0+5, 1+3] = 5$

$ET_4 = \max[ET_2 + D_{2-4}, ET_3 + D_{3-4}] = \max[1+2, 5+6] = 11$

$ET_5 = \max[ET_3 + D_{3-5}, ET_4 + D_{4-5}] = \max[5+5, 11+0] = 11$

$ET_6 = \max[ET_4 + D_{4-6}, ET_5 + D_{5-6}] = \max[11+5, 11+3] = 16$

ET_6 是网络图4-15终点节点最早可能开始时间的最大值，也是关键线路的持续时间。

2.计算各个节点最迟时间

$ET_6 = LT_6 = T_c = T_p = 16$

$LT_5 = \min[LT_6 + D_{5-6}] = 16-3 = 13$

$LT_4 = \min[LT_5 - D_{4-5}, LT_6 - D_{4-6}] = \min[13-0, 16-5] = 11$

$LT_3 = \min[LT_4 - D_{3-4}, LT_5 - D_{3-5}] = \min[11-6, 13-5] = 5$

$LT_2 = \min[LT_3 - D_{2-3}, LT_4 - D_{2-4}] = \min[5-3, 11-2] = 2$

$LT_1 = \min[LT_2 - D_{1-2}, LT_3 - D_{1-3}] = \min[2-1, 5-5] = 0$

3.计算各项工作最早开始时间和最早完成时间

$ES_{1-2} = ET_1 = 0$　　　　　　$EF_{1-2} = ET_1 + D_{1-2} = 0+1 = 1$

$ES_{1-3} = ET_1 = 0$　　　　　　$EF_{1-3} = ET_1 + D_{1-3} = 0+5 = 5$

$ES_{2-3} = ET_2 = 1$　　　　　　$EF_{2-3} = ET_2 + D_{2-3} = 1+3 = 4$

$ES_{2-4} = ET_2 = 1$　　　　　　$EF_{2-4} = ET_2 + D_{2-4} = 1+2 = 3$

$ES_{3-4} = ET_3 = 5$　　　　　　$EF_{3-4} = ET_3 + D_{3-4} = 5+6 = 11$

$ES_{3-5} = ET_3 = 5$　　　　　　$EF_{3-5} = ET_3 + D_{3-5} = 5+5 = 10$

$ES_{4-5} = ET_4 = 11$　　　　　$EF_{4-5} = ET_4 + D_{4-5} = 11+0 = 11$

$ES_{4-6} = ET_4 = 11$　　　　　$EF_{4-6} = ET_4 + D_{4-6} = 11+5 = 16$

$ES_{5-6} = ET_5 = 11$　　　　　$EF_{5-6} = ET_5 + D_{5-6} = 11+3 = 14$

4.计算各项工作最迟开始时间和最迟完成时间

$LF_{5-6} = LT_6 = 16$　　　　　　$LS_{5-6} = LT_6 - D_{5-6} = 16-3 = 13$

$LF_{4-6} = LT_6 = 16$　　　　　　$LS_{4-6} = LT_6 - D_{4-6} = 16-5 = 11$

$LF_{4-5} = LT_5 = 13$　　　　　　$LS_{4-5} = LT_5 - D_{4-5} = 13-0 = 13$

$LF_{3-5} = LT_5 = 13$　　　　　　$LS_{3-5} = LT_5 - D_{3-5} = 13-5 = 8$

$LF_{3-4} = LT_4 = 11$　　　　　　$LS_{3-4} = LT_4 - D_{3-4} = 11-6 = 5$

$LF_{2-4} = LT_4 = 11$　　　　　　　　　　　$LS_{2-4} = LT_4 - D_{2-4} = 11-2 = 9$

$LF_{2-3} = LT_3 = 5$　　　　　　　　　　　　$LS_{2-3} = LT_3 - D_{2-3} = 5-3 = 2$

$LF_{1-3} = LT_3 = 5$　　　　　　　　　　　　$LS_{1-3} = LT_3 - D_{1-3} = 5-5 = 0$

$LF_{1-2} = LT_2 = 2$　　　　　　　　　　　　$LS_{1-2} = LT_2 - D_{1-2} = 2-1 = 1$

5.计算各项工作的总时差

$TF_{1-2} = LT_2 - ET_1 - D_{1-2} = 2-0-1 = 1$　　　$TF_{1-3} = LT_3 - ET_1 - D_{1-3} = 5-0-5 = 0$

$TF_{2-3} = LT_3 - ET_2 - D_{2-3} = 5-1-3 = 1$　　　$TF_{2-4} = LT_4 - ET_2 - D_{2-4} = 11-1-2 = 8$

$TF_{3-4} = LT_4 - ET_3 - D_{3-4} = 11-5-6 = 0$　　$TF_{3-5} = LT_5 - ET_3 - D_{3-5} = 13-5-5 = 3$

$TF_{4-5} = LT_5 - ET_4 - D_{4-5} = 13-11-0 = 2$　　$TF_{4-6} = LT_6 - ET_4 - D_{4-6} = 16-11-5 = 0$

$TF_{5-6} = LT_6 - ET_5 - D_{5-6} = 16-11-3 = 2$

6.计算各项工作的自由时差

$FF_{1-2} = ET_2 - ET_1 - D_{1-2} = 1-0-1 = 0$　　　$FF_{1-3} = ET_3 - ET_1 - D_{1-3} = 5-0-5 = 0$

$FF_{2-3} = ET_3 - ET_2 - D_{2-3} = 5-1-3 = 1$　　　$FF_{2-4} = ET_4 - ET_2 - D_{2-4} = 11-1-2 = 8$

$FF_{3-4} = ET_4 - ET_3 - D_{3-4} = 11-5-6 = 0$　　$FF_{3-5} = ET_5 - ET_3 - D_{3-5} = 11-5-5 = 1$

$FF_{4-5} = ET_5 - ET_4 - D_{4-5} = 11-11-0 = 0$　　$FF_{4-6} = ET_6 - ET_4 - D_{4-6} = 16-11-5 = 0$

$FF_{5-6} = ET_6 - ET_5 - D_{5-6} = 16-11-3 = 2$

7.关键工作和关键线路的确定

在网络计划中总时差最小的工作称为关键工作。本例中由于网络计划的计算工期等于其计划工期,故总时差为零的工作即为关键工作。

$TF_{1-3} = LT_3 - ET_1 - D_{1-3} = 5-0-5 = 0$　　　因此,1—3 工作是关键工作;

$TF_{3-4} = LT_4 - ET_3 - D_{3-4} = 11-5-6 = 0$　　因此,3—4 工作是关键工作;

$TF_{4-6} = LT_6 - ET_4 - D_{4-6} = 16-11-5 = 0$　　因此,4—6 工作是关键工作。

将上述各项关键工作依次连起来,就是整个网络图的关键线路,如图 4-15 中双箭线所示。

任务四　工程项目进度控制

在计划执行过程中,由于组织、管理、经济、技术、资源、环境和自然条件等因素的影响,往往会造成实际进度与计划进度产生偏差,如果偏差不能及时纠正,必将影响进度目标的实现。因此,在计划执行过程中采取相应措施来进行管理,对保证计划目标的顺利实现具有重要意义。

进度计划执行中的管理工作主要有以下几个方面:

(1)检查并掌握实际进展情况。

(2)分析产生进度偏差的主要原因。

(3)确定相应的纠偏措施或调整方法。

一、进度控制原理

进度控制原理为:确定基准(计划)→跟踪→比较→分析偏差→纠正偏差,如图 4-16

所示。

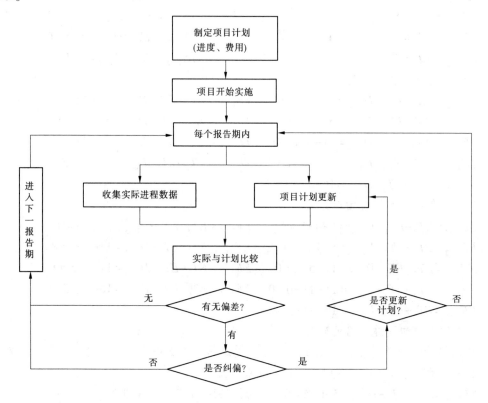

图 4-16　进度计划控制原理

确定报告期——检查周期,日、周、双周或月。

收集数据或信息:①项目实际进程的数据;

②有关项目范围、进度计划和预算变更的信息。

注意:①如果偏离较大,必然会牺牲项目范围、费用、进度或质量。

②纠偏往往要调整进度、费用,甚至范围等多个计划。

③采取纠偏措施,必须测算出新的进度计划和费用计划,以判定能否接受。

二、进度计划的检查方法

(一)计划执行中的跟踪检查

在计划的执行过程中,必须建立相应的检查制度,定时定期地对计划的实际执行情况进行跟踪检查,收集反映实际进度的有关数据。

(二)收集数据的加工处理

收集反映实际进度的原始数据量大面广,必须对其进行整理、统计和分析,形成与计划进度具有可比性的数据,以便在网络图上进行记录。根据记录的结果可以分析判断进度的实际状况,及时发现进度偏差,为网络图的调整提供信息。

(三)实际进度检查记录的方式

当采用时标网络计划时,可采用实际进度前锋线记录计划实际执行状况,进行实际进度与计划进度的比较。

　　实际进度前锋线是在原时标网络计划上,自上而下从计划检查时刻的时标点出发,用点画线依次将各项工作实际进度达到的前锋点连接而成的折线。通过实际进度前锋线与原进度计划中各工作箭线交点的位置可以判断实际进度与计划进度的偏差。

三、进度计划的调整

(一) 网络计划调整的内容

　　(1) 调整关键线路的长度。

　　(2) 调整非关键工作时差。

　　(3) 增、减工作项目。

　　(4) 调整逻辑关系。

　　(5) 重新估计某些工作的持续时间。

　　(6) 对资源的投入作相应调整。

(二) 网络计划调整的方法

1. 调整关键线路的方法

　　(1) 当关键线路的实际进度比计划进度拖后时,应在尚未完成的关键工作中,选择资源强度小或费用低的工作缩短其持续时间,并重新计算未完成部分的时间参数。将其作为一个新计划实施。

　　(2) 当关键线路的实际进度比计划进度提前时,若不拟提前工期,应选用资源占用量大或者直接费用高的后续关键工作,适当延长其持续时间,以降低其资源强度或费用;当确定要提前完成计划时,应将计划尚未完成的部分作为一个新计划,重新确定关键工作的持续时间,按新计划实施。

2. 非关键工作时差的调整方法

　　非关键工作时差的调整应在其时差的范围内进行,以便更充分地利用资源、降低成本或满足施工的需要。每一次调整后都必须重新计算时间参数,观察该调整对计划全局的影响。可采用以下几种调整方法:

　　(1) 将工作在其最早开始时间与最迟完成时间范围内移动。

　　(2) 延长工作的持续时间。

　　(3) 缩短工作的持续时间。

3. 增、减工作项目时的调整方法

　　增、减工作项目时应符合下列规定:

　　(1) 不打乱原网络计划总的逻辑关系,只对局部逻辑关系进行调整。

　　(2) 在增减工作后应重新计算时间参数,分析对原网络计划的影响。当对工期有影响时,应采取调整措施,以保证计划工期不变。

4. 调整逻辑关系

　　逻辑关系的调整只有当实际情况要求改变施工方法或组织方法时才可进行。调整时应避免影响原定计划工期和其他工作的顺利进行。

5.调整工作的持续时间

当发现某些工作的原持续时间估计有误或实现条件不充分时,应重新估算其持续时间,并重新计算时间参数,尽量使原计划工期不受影响。

6.调整资源的投入

当资源供应发生异常时,应采用资源优化方法对计划进行调整,或采取应急措施,使其对工期的影响最小。

网络计划的调整可以定期进行,亦可根据计划检查的结果在必要时进行。

四、工程项目进度控制的措施

(一)进度控制的组织措施

组织是目标能否实现的决定性因素,为实现项目的进度目标,应充分重视健全项目管理的组织体系。在项目组织结构中,应有专门的工作部门和符合进度控制岗位资格的专人负责进度控制工作。

进度控制的主要工作环节包括进度目标的分析和论证、编制进度计划、定期跟踪进度计划的执行情况、采取纠偏措施以及调整进度计划。这些工作任务和相应的管理职能应在项目管理组织设计的任务分工表和管理职能分工表中标示并落实。

进度控制工作包含了大量的组织和协调工作,而会议是组织和协调的重要手段,应进行有关进度控制会议的组织设计,以明确:

(1)会议的类型。

(2)各类会议的主持人及参加单位和人员。

(3)各类会议的召开时间。

(4)各类会议文件的整理、分发和确认等。

(二)工程项目进度控制的管理措施

建设工程项目进度控制的管理措施涉及管理的思想、管理的方法、管理的手段、承发包模式、合同管理和风险管理等。在理顺组织的前提下,科学和严谨的管理显得十分重要。

建设工程项目进度控制在管理观念方面存在的主要问题是:

(1)缺乏进度计划系统的观念——分别编制各种独立而互不联系的计划,形成不了计划系统。

(2)缺乏动态控制的观念——只重视计划的编制,而不重视及时地进行计划的动态调整。

(3)缺乏进度计划多方案比较和选优的观念——合理的进度计划应体现资源的合理使用、工作面的合理安排、有利于提高建设质量、有利于文明施工和有利于合理地缩短建设周期。

用工程网络计划的方法编制进度计划必须很严谨地分析和考虑工作之间的逻辑关系,通过工程网络的计算可发现关键工作和关键路线,也可知道非关键工作可使用的时差。用工程网络计划的方法有利于实现进度控制的科学化。

承发包模式的选择直接关系到工程实施的组织和协调。为了实现进度目标,应选择合理的合同结构,以避免过多的合同交界面而影响工程的进展。工程物资的采购模式对进度也有直接的影响,对此应做比较分析。

为实现进度目标,不但应进行进度控制,还应注意分析影响工程进度的风险,并在分析的基础上采取风险管理措施,以减少进度失控的风险。常见的影响工程进度的风险有:①组织风险;②管理风险;③合同风险;④资源(人力、物力和财力)风险;⑤技术风险等。

重视信息技术(包括相应的软件、局域网、互联网以及数据处理设备)在进度控制中的应用。虽然信息技术对进度控制而言只是一种管理手段,但它的应用有利于提高进度信息处理的效率、有利于提高进度信息的透明度、有利于促进进度信息的交流和项目各参与方的协同工作。

(三)工程项目进度控制的经济措施

建设工程项目进度控制的经济措施涉及资金需求计划、资金供应的条件和经济激励措施等。为确保进度目标的实现,应编制与进度计划相适应的资源需求计划(资源进度计划),包括资金需求计划和其他资源(人力和物力资源)需求计划,以反映工程实施的各时段所需要的资源。通过资源需求的分析,可发现所编制的进度计划实现的可能性,若资源条件不具备,则应调整进度计划。资金需求计划也是工程融资的重要依据。

资金供应条件包括可能的资金总供应量、资金来源(自有资金和外来资金)以及资金供应的时间。在工程预算中应考虑加快工程进度所需要的资金,其中包括为实现进度目标将要采取的经济激励措施所需要的费用。

(四)工程项目进度控制的技术措施

建设工程项目进度控制的技术措施涉及对实现进度目标有利的设计技术和施工技术的选用。不同的设计理念、设计技术路线、设计方案会对工程进度产生不同的影响。在设计工作的前期,特别是在设计方案评审和选用时,应对设计技术与工程进度的关系做分析比较。在工程进度受阻时,应分析是否存在设计技术的影响因索,为实现进度目标有无设计变更的可能性。

施工方案对工程进度有直接的影响。在决策时,不仅应分析技术的先进性和经济合理性,还应考虑其对进度的影响。在工程进度受阻时,应分析是否存在施工技术的影响因素,为实现进度目标有无改变施工技术、施工方法和施工机械的可能性。

❖ 职业能力训练四

一、单项选择题

1.横道图计划的特点之一是(　　　)。

A.适用于大的进度计划系统　　　　B.能方便地确定关键工作

C.工作之间的逻辑关系不易表达清楚　D.计划调整只能采用计算机进行

2.关于横道图特点的说法,正确的是(　　　)。

A.横道图无法表达工作间的逻辑关系

B.可以确定横道图计划的关键工作和关键路线

C.只能用手工方式对横道图计划进行调整

D.横道图计划适用于大的进度计划系统

3.某单代号网络计划如图4-17所示,工作D的自由时差为( )。

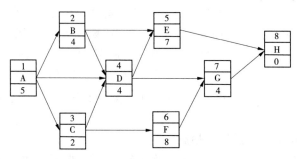

图4-17 单项选择题3图

A.0   B.1   C.2   D.3

4.编制控制性施工进度计划的主要目的是( )。

A.分解承包合同规定的进度目标,确定控制节点的进度目标

B.指导施工班组的作业安排

C.确定承包合同的工期目标

D.参与投标竞争,提高投标竞争力

5.控制性施工进度计划的内容不包括( )。

A.对承包合同的进度目标进行分析论证   B.确定施工的总体部署

C.划分各作业班组进度控制的责任   D.确定控制节点的进度目标

6.施工方编制施工进度计划的依据之一是( )。

A.施工劳动力需求计划   B.施工物资需要计划

C.施工任务委托合同   D.项目监理规划

7.下列关于网络计划的说法,正确的是( )。

A.一个网络计划只有一条关键线路   B.一个网络计划可能有多条关键线路

C.由关键工作组成的线路称为非关键线路   D.网络计划中允许存在循环回路

8.在网络计划中,关键工作是指( )。

A.总时差最小的工作   B.自由时差最小的工作

C.时标网络计划中无波形线的工作   D.持续时间最长的工作

9.在工程网络计划中,关键工作是指网络计划中( )。

A.总时差为零的工作   B.总时差最小的工作

C.自由时差为零的工作   D.自由时差最小的工作

10.计算双代号网络计划的时间参数时,工作的最早开始时间应为其所有紧前工作( )。

A.最早完成时间的最小值   B.最早完成时间的最大值

C.最迟完成时间的最小值   D.最迟完成时间的最大值

二、多项选择题

1.施工方应视施工项目的特点和施工进度控制的需要,编制( )等进度计划。

A.施工总进度纲要

B.不同深度的施工进度计划

C.不同功能的施工进度计划

D.不同计划周期的施工进度计划

E.不同项目参与方的施工进度计划

2.在各种计划方法中,( )的工作进度线与时间坐标相对应。

A.形象进度计划　　　　B.横道图计划　　　　C.双代号网络计划

D.单代号搭接网络计划　　E.双代号时标网络计划

3.与横道图进度计划相比,单代号网络进度计划的特点有( )。

A.形象直观,能直接反映出工程总工期

B.通过计算可以明确各项工作的机动时间

C.不能明确反映工程费用与工期之间的关系

D.通过计算可以明确进度的重点控制对象

E.明确地反映出各项工作之间的相互关系

4.关于工程网络计划的叙述,下列说法正确的有( )。

A.在双代号时标网络计划中,除有实箭线外,还可有虚箭线和波形线

B.在单代号、双代号网络计划中,一般存在实箭线和虚箭线两种箭线

C.在单代号、双代号网络计划中,均可有虚工作

D.在双代号网络计划中,关键线路上一般没有虚箭线

E.单代号网络计划中,当工作有紧后工作时,工作的自由时差等于该工作与其紧后工作之间的时间间隔的最小值

三、案例分析

1.根据表4-3逻辑关系,绘制双代号网络图,并计算各工作的时间参数。

表4-3　各工作逻辑关系

工作	A	B	C	D	E	F	G	H	I
紧前工作	—	A	A	B	B、C	C	D、E	E、F	H、G
时间	3	3	3	8	5	4	4	2	2

2.某单项工程,按如图4-18所示进度计划网络图组织施工。

原计划工期是170天,在第75天进行进度检查时发现:工作A已全部完成,工作B刚刚开工。由于工作B是关键工作,所以它拖后15天,将导致总工期延长15天完成。

本工程各工作相关参数见表4-4。

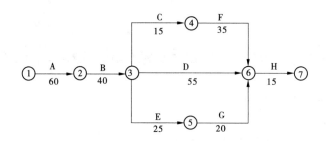

图 4-18　案例分析题 2 图

表 4-4　各工作相关参数

序号	工作	最大可压缩时间(d)	赶工费用(元/d)
1	A	10	200
2	B	5	200
3	C	3	100
4	D	10	300
5	E	5	200
6	F	10	150
7	G	10	120
8	H	5	420

问题:

(1)为使本单项工程仍按原工期完成,则必须赶工,调整原计划,问应如何调整原计划,既经济又保证整修工作能在计划的 170 天内完成? 请列出详细调整过程。

(2)试计算经调整后所需投入的赶工费用。

(3)重新绘制调整后的进度计划网络图,并列出关键线路。

项目五　工程项目成本管理

【学习目标】

能了解施工成本管理的目的和任务,理解施工成本计划、施工成本控制及施工成本分析的任务,熟悉施工成本计划、施工成本控制及施工成本分析的编制依据,掌握施工成本计划、施工成本控制及施工成本分析的编制方法,了解相关规范的规定,熟悉合同价格调整的情况,掌握工程款支付方式。

【学习任务】

(1)施工成本管理。

(2)施工成本计划。

(3)施工成本控制。

(4)施工成本分析。

(5)工程款支付和合同价格调整。

【任务分析】

建设工程项目施工成本管理应从工程投标报价开始,直至项目竣工结算完成,贯穿于项目实施的全过程。成本作为项目管理的一个关键性目标,包括责任成本目标和计划成本目标,它们的性质和作用不同。前者反映组织对施工成本目标的要求,后者是前者的具体化,把施工成本在组织管理层和项目经理部的运行有机地连接起来。

【任务实施】

任务一　施工成本管理

一、施工成本的概念

施工成本是指在建设工程项目的施工过程中所发生的全部生产费用的总和,包括所消耗的原材料、辅助材料、构配件等的费用,周转材料的摊销费或租赁费等,施工机械的使用费或租赁费等,支付给生产工人的工资、奖金、工资性质的津贴等,以及进行施工组织与管理所发生的全部费用支出。

根据建筑产品的特点和成本管理的要求,施工项目成本可按不同的标准的应用范围进行划分。

(1)按成本计价的定额标准划分,施工项目成本可分为预算成本、计划成本和实际成本。

(2)按计算项目成本对象划分,施工项目成本可分为建设工程成本、单项工程成本、单位工程成本、分部工程成本和分项工程成本。

(3)按工程完成程度的不同划分,施工项目成本可分为本期施工成本、已完施工成本、未完工程成本和竣工施工工程成本。

（4）按生产费用与工程量关系来划分,施工项目成本可分为固定成本和变动成本。

（5）按成本的经济性质划分,施工项目成本分为直接成本和间接成本。

二、施工成本管理及其任务

施工成本管理就是要在保证工期和质量满足要求的情况下,采取相应管理措施,包括组织措施、经济措施、技术措施、合同措施,把成本控制在计划范围内,并进一步寻求最大程度的成本节约。

施工成本管理是一个系统工程,它应该是企业全员、全过程的管理。企业应组织建立健全项目全面成本管理责任体系,明确业务分工和职责关系,把管理目标分解到各项技术工作和管理工作中。根据成本运行规律,项目全面成本管理责任体系应包括以下两个层次。

（一）组织管理层

组织管理层的成本管理不仅包括生产成本,还包括经营管理费用,是负责项目全面成本管理的决策,贯穿于项目投标、实施和结算过程,体现效益中心的管理职能。

（二）项目经理部

项目经理部负责项目成本的管理,着眼于执行组织确定的施工成本管理目标,发挥现场生产成本控制中心的管理职能。项目经理部的施工成本管理的主要任务和环节应包括以下几方面。

1. 施工成本预测

施工成本预测是通过成本信息和工程项目的具体情况,运用一定的专门方法,对未来的成本水平及其可能的发展趋势作出科学的估计。它是企业在工程项目实施以前对成本所进行的核算。

2. 施工成本计划

施工成本计划是项目经理部对项目成本进行计划管理的工具。它是以货币形式编制工程项目在计划期内的生产费用、成本水平、成本降低率,以及为降低成本所采取的主要措施和规划的书面方案,它是建立工程项目成本管理责任制、开展成本控制和核算的基础。

3. 施工成本控制

施工成本控制主要指项目经理部对工程项目成本的实施控制,包括制度控制、定额或指标控制、合同控制等。

4. 施工成本核算

施工成本核算是指项目实施过程中所发生的各种费用和形成工程项目成本与计划目标成本,在保持统计口径一致的前提下进行对比,找出差异。

5. 施工成本分析

施工成本分析是在工程成本跟踪核算的基础上,动态分析各成本项目的节超原因。它贯穿于工程项目成本管理的全过程,也就是说,工程项目成本分析主要利用项目的成本核算资料(成本信息)、目标成本(计划成本)、承包成本以及类似的工程项目的实际成本等进行比较,了解成本的变动情况,同时要分析主要技术经济指标对成本的影响,系统地研究成本变动的因素,检查成本计划的合理性,并通过成本分析,揭示成本变动的规律,寻找降低施工项目成本的途径。

6.施工成本考核

施工成本考核是工程项目完成后,对工程项目成本形成中的各责任者,按工程项目成本目标责任制的有关规定,将成本的实际指标与计划、定额、预算进行对比和考核,评定施工成本计划的完成情况和各责任者的业绩,并据此给予相应的奖励和处罚。

施工成本管理的每一个环节都是相互联系和相互作用的。成本预测是成本决策的前提,成本计划是成本决策所确定目标的具体化。成本计划控制则是对成本计划的实施进行控制和监督,保证决策的成本目标的实现,而成本核算又是对成本计划是否实现的最后检验,它所提供的成本信息又对下一个施工项目成本预测和决策提供基础资料。成本考核是实现成本目标责任制的保证和实现决策目标的重要手段,其流程如图5-1所示。

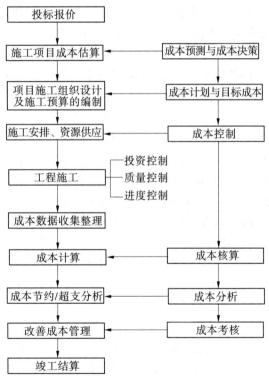

图5-1　施工项目成本管理流程

需要指出的是,在施工项目成本管理中必须树立工程项目的全面成本观念,用系统的观点,从整体目标优化的基点出发,把企业全体人员,以及各层次、各部门严密组织起来,围绕工程项目的生产和成本形成的整个过程,建立起成本管理保证体系,根据成本目标,通过管理信息系统,进行工程项目成本管理的各项工作,以实现成本目标的优化和企业整体经营效益的提高。特别是在实行项目经理责任制以后,各施工项目管理部必须在施工过程中对所发生的各种成本项目,通过有组织、有系统地进行预测、计划、控制、核算、分析等工作,促使施工项目系统内各种要素按照一定的目标运行,使施工项目的实际成本能够控制在预定的计划成本范围内。

三、施工成本管理的措施

为了取得施工成本管理的理想成效,应当从多方面采取措施实施管理,通常可以将这些措施归纳为组织措施、技术措施、经济措施、合同措施。

(一)组织措施

组织措施是从施工成本管理的组织方面采取的措施。施工成本控制是全员的活动,如实行项目经理责任制,落实施工成本管理的组织机构和人员,明确各级施工成本管理人员的任务和职能分工、权力和责任。施工成本管理不只是专业成本管理人员的工作,各级项目管理人员都负有成本控制责任。

组织措施还包括编制施工成本控制工作计划、确定合理详细的工作流程。要做好施工采购规划,通过生产要素的优化配置、合理使用、动态管理,有效控制实际成本;加强施工定额管理和施工任务单管理,控制活劳动和物化劳动的消耗;加强施工调度,避免因施工计划不周和盲目调度造成窝工损失、机械利用率降低、物料积压等而使施工成本增加。成本控制工作只有建立在科学管理的基础之上,具备合理的管理体制、完善的规章制度、稳定的作业秩序、完整准确的信息传递,才能取得成效。组织措施是其他各类措施的前提和保障,而且一般不需要增加额外的费用,如果运用得当,可以收到良好的效果。

(二)技术措施

施工过程中降低成本的技术措施包括:进行技术经济分析,确定最佳的施工方案;结合施工方法,进行材料使用的比选,在满足功能要求的前提下,通过代用、改变配合比、使用外加剂等方法降低材料消耗的费用;确定最合适的施工机械、设备使用方案;结合项目的施工组织设计及自然地理条件,降低材料的库存成本和运输成本;应用先进的施工技术,运用新材料,使用新开发机械设备等。在实践中,也要避免仅从技术角度选定方案而忽视对其经济效果的分析论证。

技术措施不仅对解决施工成本管理过程中的技术问题是不可缺少的,而且对纠正施工成本管理目标偏差也有相当重要的作用。因此,运用技术纠偏措施的关键,一是要能提出多个不同的技术方案,二是要对不同的技术方案进行技术经济分析。

(三)经济措施

经济措施是最易为人们所接受和采用的措施。管理人员应编制资金使用计划,确定、分解施工成本管理目标。对施工成本管理目标进行风险分析,并制定防范性对策。对各种支出,应认真做好资金的使用计划,并在施工中严格控制各项开支。及时准确地记录、收集、整理、核算实际发生的成本。对各种变更,及时做好增减账,及时落实业主签证,及时结算工程款。通过偏差分析和未完工工程预测,可发现一些潜在的可能引起未完工程施工成本增加的问题,对这些问题应以主动控制为出发点,及时采取预防措施。由此可见,经济措施的运用绝不仅仅是财务人员的事情。

(四)合同措施

采用合同措施控制施工成本,应贯穿整个合同周期,包括从合同谈判开始到合同终结的全过程。首先,选用合适的合同结构,对各种合同结构模式进行分析、比较,在合同谈判时,要争取选用适合于工程规模、性质和特点的合同结构模式。其次,在合同的条款中应仔细考虑一切影响成本和效益的因素,特别是潜在的风险因素。通过对引起成本变动的风险因素的识别和分析,采取必要的风险对策,如通过合理的方式,增加承担风险的个体数量,降低损失发生的比例,并最终使这些策略反映在合同的具体条款中。在合同执行期间,合同管理的措施既要密切注视对方合同执行的情况,以寻求合同索赔的机会,也要密切关注自己履行合同的情况,以防被对方索赔。

任务二　施工成本计划

一、施工成本计划的类型

对于一个施工项目而言,其成本计划是一个不断深化的过程。在这一过程的不同阶段形成深度和作用不同的成本计划,按其作用可分为三类。

(一)竞争性成本计划

竞争性成本计划即工程项目投标及签订合同阶段的估算成本计划。这类成本计划是以招标文件中的合同条件、投标人须知、技术规程、设计图纸或工程量清单等为依据,以有关价格条件说明为基础,结合调研和现场考察获得的情况,根据本企业的工料消耗标准、技术和管理水平、价格资料和费用指标,对本企业完成招标工程所需要支出的全部费用的估算。在投标报价过程中,虽也着力考虑降低成本的途径和措施,但总体上较为粗略。

(二)指导性成本计划

指导性成本计划即选派项目经理阶段的预算成本计划,是项目经理的责任成本目标。它是以合同标书为依据,按照企业的预算定额标准制订的设计预算成本计划,一般情况下只是确定责任总成本指标。

(三)实施性计划成本

实施性计划成本即项目施工准备阶段的施工预算成本计划,它是以项目实施方案为依据,落实项目经理责任目标为出发点,采用企业的施工定额,通过施工预算的编制而形成的实施性施工成本计划。

二、施工成本计划的编制方法

施工成本计划的编制以成本预测为基础,关键是确定目标成本。计划的制订,需结合施工组织设计的编制过程,通过不断优化施工技术方案和合理配置生产要素,进行工、料、机消耗的分析,制定一系列节约成本和挖潜措施,确定施工成本计划。一般情况下,施工成本计划总额应控制在目标成本的范围内,并使成本计划建立在切实可行的基础上。

施工总成本目标确定之后,还需通过编制详细的实施性施工成本计划把目标成本层层分解,落实到施工过程的每个环节,有效地进行成本控制。施工成本计划的编制方式有以下三种。

(一)按施工成本组成编制施工成本计划的方法

施工成本可以按成本构成分解为人工费、材料费、施工机械使用费、措施项目费和企业管理费等(见图5-2),编制按施工成本组成分解的施工成本计划。

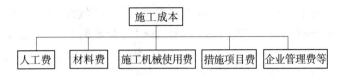

图 5-2　按施工成本组成分解

（二）按施工项目组成编制施工成本计划的方法

大中型工程项目通常是由若干单项工程构成的,而每个单项工程包括多个单位工程,每个单位工程又由若干个分部分项工程所构成。因此,首先要把项目总施工成本分解到单项工程和单位工程中,再进一步分解到分部工程和分项工程中,如图 5-3 所示。

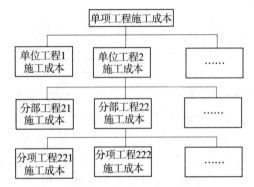

图 5-3　按项目组成分解

在完成施工项目成本目标分解之后,接下来就要具体地分配成本,编制分项工程的成本支出计划,从而得到详细的成本计划表,如表 5-1 所示。

表 5-1　分项工程成本计划表

分项工程编码	工程内容	计量单位	工程数量	计划成本	本分项总计
(1)	(2)	(3)	(4)		(n)

在编制成本支出计划时,要在项目总的方面考虑总的预备费,也要在主要的分项工程中安排适当的不可预见费,避免在具体编制成本计划时,可能发现个别单位工程或工程量表中某项内容的工程量计算有较大出入,使原来的成本预算失实,应在项目实施过程中对其尽可能地采取一些措施。

（三）按施工进度编制施工成本计划的方法

编制按施工进度的施工成本计划,通常可利用控制项目进度的网络图进一步扩充而得,即在建立网络图时,一方面确定完成各项工作所需花费的时间,另一方面同时确定完成这一工作的合适的施工成本支出计划。在实践中,将工程项目分解为既能方便地表示时间,又能方便地表示施工成本支出计划的工作是不容易的,通常如果项目分解程度对时间控制合适的话,则对施工成本支出计划可能分解过细,以至于不可能对每项工作确定其施工成本支出计划;反之亦然。因此,在编制网络计划时,应在充分考虑进度控制对项目划分要求的同时,还要考虑确定施工成本支出计划对项目划分的要求,做到二者兼顾。

通过对施工成本目标按时间进行分解,在网络计划基础上,可获得项目进度计划的横道图,并在此基础上编制成本计划。其表示方式有两种:一种是在时标网络图上按月编制的成本计划,见图5-4;另一种是利用时间—成本累积曲线(S形曲线)表示,见图5-5。

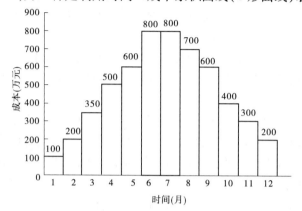

图5-4　时标网络图上按月编制的成本计划

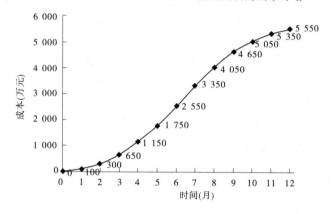

图5-5　时间—成本累计曲线

时间—成本累积曲线的绘制步骤如下:

(1)确定工程项目进度计划,编制进度计划的横道图。

(2)根据每单位时间内完成的实物工程量或投入的人力、物力和财力,计算单位时间(月或旬)的成本,在时标网络图上按时间编制成本支出计划,如图5-4所示。

(3)计算规定时间t计划累计支出的成本额,其计算方法为:各单位时间计划完成的成本累加求和,可按式(5-1)计算:

$$Q_t = \sum_{n=1}^{t} q_n \tag{5-1}$$

式中　Q_t——某时间t内计划累计支出成本额;

q_n——单位时间n内的计划支出成本额;

t——某规定计划时间。

(4)按各规定时间的Q_t值,绘制S形曲线,如图5-5所示。

每一S形曲线都对应某一特定的工程进度计划,因为在进度计划的非关键路线中存在许多有时差的工序或工作,因而 S 形曲线(成本计划值曲线)必然包络在由全部工作都按最早开始时间开始和全部工作都按最迟必须开始时间开始的曲线所组成的"香蕉图"内。项目经理可根据编制的成本支出计划来合理安排资金,同时项目经理也可以根据筹措的资金来调整 S 形曲线,即通过调整非关键路线上的工序项目的最早或最迟开工时间,力争将实际的成本支出控制在计划的范围内。

一般而言,所有工作都按最迟开始时间开始,对节约资金贷款利息是有利的,但同时也降低了项目按期竣工的保证率,因此项目经理必须合理地确定成本支出计划,达到既节约成本支出,又能控制项目工期的目的。

以上三种编制施工成本计划的方式并不是相互独立的。在实践中,往往是将这几种方式结合起来使用,从而可以取得扬长避短的效果。例如:将按项目分解总施工成本与按施工成本构成分解总施工成本两种方式相结合,横向按施工成本构成分解,纵向按子项目分解,或相反。这种分解方式有助于检查各分部分项工程施工成本构成是否完整,有无重复计算或漏算;同时有助于检查各项具体的施工成本支出的对象是否明确或落实,并且可以从数字上校核分解的结果有无错误。或者还可将按子项目分解项目总施工成本计划与按时间分解项目总施工成本计划结合起来,一般纵向按子项目分解,横向按时间分解。

任务三　施工成本控制

施工项目成本控制通常是指在项目成本的形成过程中,对生产经营所消耗的人力资源、物资资源和费用开支,进行指导、监督、调节和限制,及时纠正将要发生和已经发生的偏差,把各项生产费用控制在计划成本的范围之内,以保证成本目标的实现。

一、施工成本控制的依据

施工成本控制的依据包括以下内容:

(1)工程承包合同。

(2)施工成本计划。

(3)进度报告。

(4)工程变更。

除上述几种施工成本控制工作的主要依据以外,有关施工组织设计、分包合同等也都是施工成本控制的依据。

二、工程项目费用控制的内容

工程项目费用控制按照成本发生的时间分为事前控制、事中控制和事后控制三个阶段。

(一)费用的事前控制

事前控制阶段也叫施工前期阶段,主要包括下列内容:

(1)根据工程概况,进行项目成本预测,确定项目费用降低目标。

(2)根据有关资料,对施工方法、施工顺序、作业组织形式,机械设备选型、技术组织措施等进行研究分析,编制项目降低费用的技术组织措施计划。

(3)在施工组织设计和技术组织措施计划的基础上,编制费用计划,以确定项目的计划成本。

(4)将费用计划进行明细分解,下达到各具体部门。以项目计划成本作为控制项目费用目标和项目费用开支的依据。

(二)费用的事中控制

工程项目的事中控制阶段,即项目实施阶段,是对工程项目费用形成全过程的控制,也叫"过程控制",主要包括下列内容:

(1)树立成本意识和厉行节约的观念,在工作中力争做到人力、物力的节约。

(2)做好每一个分部分项工程完成后的验收,以及实际消耗人工、材料和机械台班的数量核对,将施工完成进度和费用使用的结算资料与施工组织和费用计划进行核对,计算分部分项工程的成本差异,分析差异产生的原因,并采取纠偏措施。

(3)建立质量费用会计制度,在月度费用核算的基础上,实行责任费用核算,也就是利用原有会计核算的资料,重新按责任部门或责任者归集费用,每月结算一次,并与责任费用进行对比,由责任者分析成本差异和产生的原因,自行采取措施纠偏。

(4)认真执行降低费用的技术组织措施,实现降低费用的目标。发挥工程项目施工准备对费用控制的作用。

(5)施工工程中,按计划费用和费用开支范围控制各项消耗开支。注意信息的流通和反馈,进行费用控制。

(6)合理安排进度,避免抢工或拖延工期。根据费用管理图、表进行降低费用的动态控制。

(三)费用的事后控制

费用的事后控制阶段也叫竣工验收阶段,是在某项工程任务完成时(或某个报告期末),对成本计划的执行情况进行的检查、分析及调整、控制。

费用的事后分析控制,一般按以下程序进行:

(1)通过费用核算环节,掌握工程实际费用情况。

(2)及时办理工程结算,通常,工程结算价 = 原施工图预算 ± 增减账。将工程实际费用与预算费用进行比较,计算费用差异,确定费用节约(或浪费)数额。

(3)分析工程费用节超的原因,确定经济责任的归属。针对存在的问题,采取有效措施,改进费用控制工作。

(4)对费用责任部门和单位进行业绩的评价和考核。整理本项目的相关资料,为以后的工作做好资料的积累工作。

(5)工程项目保修期间,根据实际情况提出保修计划,以此作为控制保修费用的依据。

三、施工成本控制的步骤

在确定了施工成本计划之后,必须定期进行施工成本计划值与实际值的比较,当实际值偏离计划值时,分析产生偏差的原因,采取适当的纠偏措施,以确保施工成本控制目标的实现。其步骤如下。

(一)比较

按照某种确定的方式将施工成本计划值与实际值逐项进行比较,以发现施工成本是否已超支。

(二)分析

在比较的基础上,对比较的结果进行分析,以确定偏差的严重性及偏差产生的原因。这一步是施工成本控制工作的核心,其主要目的在于找出产生偏差的原因,从而采取有针对性的措施,减少或避免相同问题的再次发生或减少由此造成的损失。

(三)预测

按照完成情况估计完成项目所需的总费用。

(四)纠偏

当工程项目的实际施工成本出现偏差时,应当根据工程的具体情况、偏差分析和预测的结果,采取适当的措施,以期达到使施工成本偏差尽可能小的目的。纠偏是施工成本控制中最具实质性的一步。只有通过纠偏,才能最终达到有效控制施工成本的目的。

(五)检查

检查是指对工程的进展进行跟踪和检查,及时了解工程进展状况以及纠偏措施的执行情况和效果,为今后的工作积累经验。

四、施工成本控制的方法

(一)施工成本的过程控制方法

施工阶段是控制建设工程项目成本发生的主要阶段,它通过确定成本目标并按计划成本进行施工、资源配置,对施工现场发生的各种成本费用进行有效控制,其具体的控制方法如下。

1.人工费的控制

人工费的控制实行"量价分离"的方法,将作业用工及零星用工按定额工日的一定比例综合确定用工数量与单价,通过劳务合同进行控制。

2.材料费的控制

材料费控制同样按照"量价分离"原则,控制材料用量和材料价格。

1)材料用量的控制

在保证符合设计要求和质量标准的前提下,合理使用材料,通过定额管理、计量管理等手段有效控制材料物资的消耗。

2)材料价格的控制

材料价格主要由材料采购部门控制。由于材料价格是由买价、运杂费、运输中的合理损耗等组成的,因此控制材料价格主要是通过掌握市场信息,应用招标和询价等方式控制材料、设备的采购价格。

3.施工机械使用费的控制

合理选择施工机械设备,合理使用施工机械设备对成本控制具有十分重要的意义。施工机械使用费主要由台班数量和台班单价两方面决定,为有效控制施工机械使用费支出,主要从控制台班数量和控制台班单价两方面进行控制。

4.施工分包费用的控制

分包工程价格的高低,必然对项目经理部的施工项目成本产生一定的影响。因此,施工项目成本控制的重要工作之一是对分包价格的控制。项目经理部应在确定施工方案的初期就要确定需要分包的工程范围。决定分包范围的因素主要是施工项目的专业性和项目规模。对分包费用的控制,主要是要做好分包工程的询价、订立平等互利的分包合同、建立稳定的分包关系网络、加强施工验收和分包结算等工作。

(二)赢得值(挣值)法

赢得值法(earned value management,简称 EVM)作为一项先进的项目管理技术,最初是美国国防部于 1967 年首次确立的。到目前为止,国际上先进的工程公司已普遍采用赢得值法进行工程项目的费用、进度综合分析控制。用赢得值法进行费用、进度综合分析控制,基本参数有三项,即已完工作实际费用、已完工作预算费用、计划工作预算费用。

1.赢得值法的三个基本参数

1)已完工作实际费用

已完工作实际费用,简称 ACWP(actual cost for work performed),即到某一时刻为止,已完成的工作(或部分工作)所实际花费的总金额。

$$已完工作实际费用(ACWP)=已完成工作量×实际单价 \qquad (5-2)$$

2)已完工作预算费用

已完工作预算费用为 BCWP(budgeted cost for work performed),是指在某一时间已经完成的工作(或部分工作),以批准认可的预算为标准所需要的资金总额,由于业主正是根据这个值为承包人完成的工作量支付相应的费用,也就是承包人获得(挣得)的金额,故称赢得值或挣值。

$$已完工作预算费用(BCWP)=已完成工作量×预算(计划)单价 \qquad (5-3)$$

3)计划工作预算费用

计划工作预算费用,简称 BCWS(budgeted cost for work scheduled),即根据进度计划,在某一时刻应当完成的工作(或部分工作),以预算为标准所需要的资金总额,一般来说,除非合同有变更,BCWS 在工程实施过程中应保持不变。

$$计划工作预算费用(BCWS)=计划工作量×预算(计划)单价 \qquad (5-4)$$

2.赢得值法的四个评价指标

在这三个基本参数的基础上,可以确定赢得值法的四个评价指标,它们也都是时间的函数。

1)费用偏差 CV(cost variance)

$$费用偏差(CV)=已完工作预算费用(BCWP)-已完工作实际费用(ACWP) \qquad (5-5)$$

当费用偏差(CV)为负值时,即表示项目运行超出预算费用;当费用偏差(CV)为正值时,表示项目运行节支,实际费用没有超出预算费用。

2)费用绩效指数(CPI)

$$费用绩效指数(CPI)=已完工作预算费用(BCWP)/已完工作实际费用(ACWP)$$

$$(5-6)$$

当费用绩效指数(CPI) < 1 时,表示超支,即实际费用高于预算费用。

当费用绩效指数(CPI) > 1 时,表示节支,即实际费用低于预算费用。

3)进度偏差 SV(schedule variance)

进度偏差(SV) = 已完工作预算费用(BCWP) - 计划工作预算费用(BCWS)　(5-7)

当进度偏差(SV)为负值时,表示进度延误,即实际进度落后于计划进度;当进度偏差(SV)为正值时,表示进度提前,即实际进度快于计划进度。

4)进度绩效指数(SPI)

进度绩效指数(SPI) = 已完工作预算费用(BCWP)/计划工作预算费用(BCWS)

(5-8)

当进度绩效指数(SPI) < 1 时,表示进度延误,即实际进度比计划进度拖后。

当进度绩效指数(SPI) > 1 时,表示进度提前,即实际进度比计划进度快。

费用(进度)偏差反映的是绝对偏差,结果很直观,有助于费用管理人员了解项目费用出现偏差的绝对数额,并依此采取一定措施,制订或调整费用支出计划和资金筹措计划。但是,绝对偏差有其不容忽视的局限性。如同样是 10 万元的费用偏差,对于总费用1 000 万元的项目和总费用1 亿元的项目而言,其严重性显然是不同的。因此,费用(进度)偏差仅适合于对同一项目作偏差分析。费用(进度)绩效指数反映的是相对偏差,它不受项目层次的限制,也不受项目实施时间的限制,因而在同一项目和不同项目比较中均可采用。

在项目的费用、进度综合控制中引入赢得值法,可以克服过去进度、费用分开控制的缺点,即当我们发现费用超支时,很难立即知道是由于费用超出预算,还是由于进度提前。相反,当我们发现费用低于预算时,也很难立即知道是由于费用节省,还是由于进度拖延。而引入赢得值法即可定量地判断进度、费用的执行效果。

【例 5-1】　某土方工程总挖方量为 4 000 m³。预算单价为 45 元/m³。该挖方工程预算总费用为 180 000 元。计划用 10 天完成,每天 400 m³。开工后第 7 天早晨刚上班时业主项目管理人员前去测量,取得了两个数据:已完成挖方 2 000 m³,支付给承包单位的工程进度款累计已达 120 000 元。

问题:(1)计算三个基本参数 BCWP、BCWS、ACWP。

(2)分析四个评价指标 CV、SV、CPI、SPI。

解:(1)三个基本参数:

BCWP = 45 元/m³ × 2 000m³ = 90 000 元

BCWS = 180 000/10 × 6 = 108 000 元

ACWP = 120 000

(2)四个评价指标。

费用偏差:CV = BCWP - ACWP = 90 000 - 120 000 = - 30 000 元,表明承包单位已经超支。

进度偏差:SV = BCWP - BCWS = 90 000 - 108 000 = - 18 000 元,表明承包单位进度已经拖延。表示项目进度落后,较预算还有相当于价值 18 000 元的工作量没有做。18 000 元/(400 × 45) = 1 天的工作量,所以承包单位的进度已经落后 1 天。

费用绩效指数 CPI = BCWP/ACWP = 90 000/120 000 = 0.75, CPI < 1,表明超支。

进度绩效指数 SPI = BCWP/BCWS = 90 000/108 000 = 0.83, SPI < 1 时,表明进度延误。

(三)偏差分析的表达方法

偏差分析可以采用不同的表达方法,常用的有横道图法和曲线法。

1.横道图法

用横道图法进行费用偏差分析,是用不同的横道标识已完工作预算费用(BCWP)、计划工作预算费用(BCWS)和已完工作实际费用(ACWP),横道的长度与其金额成正比例。见图5-6。

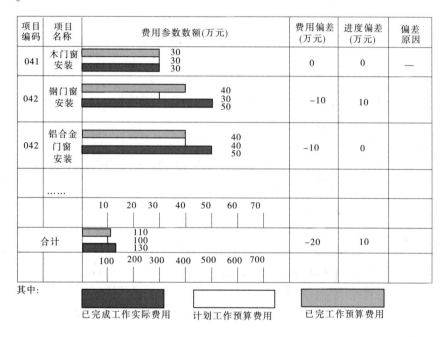

图5-6　费用偏差分析的横道图

横道图法具有形象、直观、一目了然等优点,它能够准确表达出费用的绝对偏差,而且能一眼感受到偏差的严重性。但这种方法反映的信息量少,一般在项目的较高管理层应用。

2.曲线法

在项目实施过程中,以上三个参数可以形成三条曲线,即计划工作预算费用(BCWS)、已完工作预算费用(BCWP)、已完工作实际费用(ACWP)曲线,见图5-7。

图中:CV = BCWP − ACWP,由于两项参数均以已完工作为计算基准,所以两项参数之差,反映项目进展的费用偏差。

SV = BCWP − BCWS,由于两项参数均以预算值(计划值)作为计算基准,所以两者之差,反映项目进展的进度偏差。

采用赢得值法进行费用、进度综合控制,还可以根据当前的进度、费用偏差情况,通过原因分析,对趋势进行预测,预测项目结束时的进度、费用情况。图5-7中:

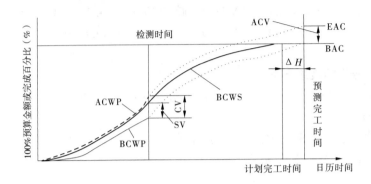

图 5-7　赢得值法评价曲线

BAC(budget at completion)——项目完工预算,指编计划时预计的项目完工费用。

EAC(estimate at completion)——预测的项目完工估算,指计划执行过程中根据当前的进度、费用偏差情况预测的项目完工总费用。

ACV(at completion variance)——预测项目完工时的费用偏差,ACV = BAC - EAC。

3. 偏差原因分析与纠偏措施

1)偏差原因分析

在实际执行过程中,最理想的状态是已完工作实际费用(ACWP)、计划工作预算费用(BCWS)、已完工作预算费用(BCWP)三条曲线靠得很近、平稳上升,表示项目按预定计划目标进行。如果三条曲线离散度不断增加,则预示可能发生关系到项目成败的重大问题。

偏差分析的一个重要目的就是要找出引起偏差的原因,从而有可能采取有针对性的措施,减少或避免相同问题的再次发生。在进行偏差原因分析时,首先应当将已经导致和可能导致偏差的各种原因逐一列举出来。导致不同工程项目产生费用偏差的原因具有一定共性,因而可以通过对已建项目的费用偏差原因进行归纳、总结,为该项目采用预防措施提供依据。

一般来说,产生费用偏差的原因有以下几种,见图5-8。

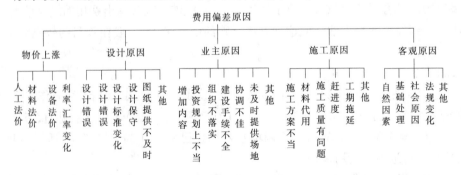

图 5-8　费用偏差原因

2)纠偏措施

通常要压缩已经超支的费用,而不损害其他目标是十分困难的,一般只有当给出的措

施比原计划已选定的措施更为有利,或使工程范围减小,或生产效率提高,成本才能降低,例如:

(1)寻找新的、更好更省的、效率更高的设计方案。

(2)购买部分产品,而不是采用完全由自己生产的产品。

(3)重新选择供应商,但会产生供应风险,选择需要时间。

(4)改变实施过程。

(5)变更工程范围。

(6)索赔,例如向业主、承(分)包商、供应商索赔以弥补费用超支。

任务四　施工成本分析

一、施工成本分析的内容

从成本分析为生产经营服务的角度出发,项目施工成本分析的内容应与成本核算对象的划分相一致。如果一个项目施工包括若干个单位工程,并以单位工程作为成本核算对象,则就应对单位工程进行成本分析,与此同时,还要在单位工程成本分析的基础上,进行项目施工的成本分析,项目施工成本分析的内容应包括以下三个方面。

(一)随着项目施工的进展而进行的成本

(1)分部分项工程成本分析。

(2)月(季)度成本分析。

(3)阶段成本分析。

(4)年度成本分析。

(5)竣工成本分析。

(二)按成本项目进行的成本分析

(1)人工费分析。

(2)材料费分析。

(3)施工机械使用费分析。

(4)措施费分析。

(5)间接成本分析。

(三)针对特定问题进行的成本分析

(1)成本盈亏异常分析。

(2)工期—成本分析。

(3)资金—成本分析。

(4)质量/安全成本分析。

(5)技术组织措施节约成本分析。

(6)其他有利因素和不利因素对成本影响的分析。

二、施工成本分析的基本方法

施工成本分析的基本方法包括比较法、因素分析法、差额计算法、比率法等。

(一)比较法

比较法又称指标对比分析法,就是通过技术经济指标的对比,检查目标的完成情况,分析产生差异的原因,进而挖掘内部潜力的方法。这种方法具有通俗易懂、简单易行、便于掌握的特点,因而得到了广泛的应用,但在应用时必须注意各技术经济指标的可比性。比较法的应用通常有下列形式。

1.将实际指标与目标指标对比

将实际指标与目标指标对比,以此检查目标完成情况,分析影响目标完成的积极因素和消极因素,以便及时采取措施,保证成本目标的实现。在进行实际指标与目标指标对比时,还应注意目标本身有无问题。如果目标本身出现问题,则应调整目标,重新正确评价实际工作的成绩。

2.本期实际指标与上期实际指标对比

通过本期实际指标与上期实际指标对比,可以看出各项技术经济指标的变动情况,反映施工管理水平的提高程度。

3.与本行业平均水平、先进水平对比

通过这种对比,可以反映本项目的技术管理和经济管理与行业的平均水平和先进水平的差距,进而采取措施提高本项目水平。

(二)因素分析法

因素分析法又称连环置换法。这种方法可用来分析各种因素对成本的影响程度。在进行分析时,首先要假定众多因素中的一个因素发生了变化,而其他因素则不变,然后逐个替换,分别比较其计算结果,以确定各个因素的变化对成本的影响程度。因素分析法的计算步骤如下:

(1)确定分析对象,并计算出实际数与目标数的差异。

(2)确定该指标是由哪几个因素组成的,并按其相互关系进行排序(排序规则是:先实物量,后价值量;先绝对值,后相对值)。

(3)以目标数为基础,将各因素的目标数相乘,作为分析替代的基数。

(4)将各个因素的实际数按照上面的排列顺序进行替换计算,并将替换后的实际数保留下来。

(5)将每次替换计算所得的结果与前一次的计算结果相比较,两者的差异即为该因素对成本的影响程度。

(6)各个因素的影响程度之和,应与分析对象的总差异相等。

【例5-2】　商品混凝土目标成本为443 040元,实际成本为473 697元,比目标成本增加30 657元,资料如表5-2所示。分析成本增加的原因。

表5-2　商品混凝土目标成本与实际成本对比

项目	单位	目标	实际	差额
产量	m³	600	630	+30
单价	元	710	730	+20
损耗率	%	4	3	−1
成本	元	443 040	473 697	+30 657

解：(1)分析对象是商品混凝土的成本,实际成本与目标成本的差额为 30 657 元,该指标是由产量、单价、损耗率三个因素组成的,其排序见表 5-2。

(2)以目标数 443 040 元(600 × 710 × 1.04 = 443 040)为分析替代的基础。

第一次替代产量因素,以 630 替代 600：

630 × 710 × 1.04 = 465 192(元)

第二次替代单价因素,以 730 替代 710,并保留上次替代后的值：

630 × 730 × 1.04 = 478 296(元)

第三次替代损耗率因素,以 1.03 替代 1.04,并保留上两次替代后的值：

630 × 730 × 1.03 = 473 697(元)。

(3)计算差额：

第一次替代与目标数的差额 = 465 192 - 443 040 = 22 152(元)；

第二次替代与第一次替代的差额 = 478 296 - 465 192 = 13 104(元)；

第三次替代与第二次替代的差额 = 473 697 - 478 296 = -4 599(元)。

(4)产量增加使成本增加了 22 152 元,单价提高使成本增加了 13 104 元,而损耗率下降使成本减少了 4 599 元。

(5)各因素的影响程度之和 = 22 152 + 13 104 - 4 599 = 30 657(元),与实际成本与目标成本的总差额相等。

为了使用方便,企业也可以通过运用因素分析表来求出各因素变动对实际成本的影响程度,其具体形式见表 5-3。

表 5-3　商品混凝土成本变动因素分析表

项目	连环替代计算	差异	因素分析
产量	600 × 710 × 1.04		
单价	630 × 710 × 1.04	22 152	由于产量增加 30 m^3,成本增加 22 152 元
损耗率	630 × 730 × 1.04	13 104	由于单价提高 20 元,成本增加 13 104 元
成本	630 × 730 × 1.03	-4 599	由于损耗率下降 1%,成本减少 4 599 元
合计	22 152 + 13 104 - 4 599 = 30 657	30 657	

(三)差额计算法

差额计算法是因素分析法的一种简化形式,它利用各个因素的目标值与实际值的差额来计算其对成本的影响程度。

(四)比率法

比率法是指用两个以上的指标的比例进行分析的方法。它的基本特点是：先把对比分析的数值变成相对数,再观察其相互之间的关系。常用的比率法有以下几种。

1.相关比率法

由于项目经济活动的各个方面是相互联系,相互依存,又相互影响的,因而可以将两个性质不同而又相关的指标加以对比,求出比率,并以此来考察经营成果的好坏。例如,产值和工资是两个不同的概念,但它们的关系又是投入与产出的关系。在一般情况下,都希望以最少的工资支出完成最大的产值。因此,用产值工资率指标来考核人工费的支出水平就很能说明问题。

2.构成比率法

构成比率法又称比重分析法或结构对比分析法。通过构成比率,可以考察成本总量的构成情况及各成本项目占成本总量的比重,同时也可看出量、本、利的比例关系(即预算成本、实际成本和降低成本的比例关系),从而为寻求降低成本的途径指明方向。

3.动态比率法

动态比率法就是将同类指标不同时期的数值进行对比,求出比率,以分析该项指标的发展方向和发展速度。动态比率的计算通常采用基期指数和环比指数两种方法。

任务五　工程款支付与合同价格调整

一、工程款支付

根据《水利水电工程标准施工招标文件》(2009)的规定,工程款的支付方法和时间大致划分为七阶段,即预付款、工程进度付款、质量保证金、竣工结算、最终结清、竣工财务决算和竣工审计。

(一)预付款

预付款用于承包人为合同工程施工购置材料、工程设备、施工设备、修建临时设施以及组织施工队伍进场等,分为工程预付款和工程材料预付款。预付款必须专用于合同工程。预付款的额度和预付办法在专用合同条款中约定。

承包人应在收到第一次工程预付款的同时向发包人提交工程预付款担保,担保金额应与第一次工程预付款金额相同,工程预付款担保在第一次工程预付款被发包人扣回前一直有效。工程材料预付款的担保在专用合同条款中约定。预付款担保的担保金额可根据预付款扣回的金额相应递减。

预付款在进度付款中扣回,扣回与还清办法在专用合同条款中约定。在颁发合同工程完工证书前,由于不可抗力或其他原因解除合同时,预付款尚未扣清的,尚未扣清的预付款余额应作为承包人的到期应付款。

(二)工程进度付款

承包人应在每个付款周期末,按监理人批准的格式和专用合同条款约定的份数,向监理人提交进度付款申请单,并附相应的支持性证明文件。除专用合同条款另有约定外,进度付款申请单应包括下列内容:

(1)截至本次付款周期末已实施工程的价款。

(2)应增加和扣减的变更金额。

(3)应增加和扣减的索赔金额。

(4)应支付的预付款和扣减的返还预付款。

(5)应扣减的质量保证金。

（6）根据合同应增加和扣减的其他金额。

监理人在收到承包人进度付款申请单以及相应的支持性证明文件后的 14 天内完成核查，提出发包人到期应支付给承包人的金额以及相应的支持性材料，经发包人审查同意后，由监理人向承包人出具经发包人签认的进度付款证书。监理人有权扣发承包人未能按照合同要求履行任何工作或义务的相应金额。监理人出具进度付款证书，不应视为监理人已同意、批准或接受了承包人完成的该部分工作。

发包人应在监理人收到进度付款申请单后的 28 天内，将进度应付款支付给承包人。发包人不按期支付的，按专用合同条款的约定支付逾期付款违约金。进度付款涉及政府投资资金的，按照国库集中支付等国家相关规定和专用合同条款的约定办理。

（三）质量保证金

监理人应从第一个工程进度付款周期开始，在发包人的进度付款中，按专用合同条款约定扣留质量保证金 5% ~8%，直至扣留的工程质量保证金总额达到专用合同条款约定的金额或比例。一般情况下，质量保证金的总额为签约合同价的 2.5% ~5%。质量保证金的计算额度不包括预付款的支付与扣回金额。

合同工程完工证书颁发后 14 天内，发包人将质量保证金总额的一半支付给承包人。在约定的缺陷责任期（工程质量保修期）满时，发包人将在 30 个工作日内会同承包人按照合同约定的内容核实承包人是否完成保修责任。如无异议，发包人应当在核实后将剩余的质量保证金支付给承包人。在约定的缺陷责任期满时，承包人没有完成缺陷责任的，发包人有权扣留与未履行责任剩余工作所需金额相应的质量保证金余额，并有权要求延长缺陷责任期，直至完成剩余工作。

另外，根据《国务院办公厅关于清理规范工程建设领域保证金的通知》（国办发〔2016〕49 号文），对保留的投标保证金、履约保证金、工程质量保证金、农民工工资保证金，推行银行保函制度，建筑业企业可以银行保函方式缴纳。对保留的保证金，要严格执行相关规定，确保按时返还。未按规定或合同约定返还保证金的，保证金收取方应向建筑业企业支付逾期返还违约金。工程质量保证金的预留比例上限不得高于工程价款结算总额的 5%。在工程项目竣工前，已经缴纳履约保证金的，建设单位不得同时预留工程质量保证金。

此外，根据《住房和城乡建设部 财政部关于印发建设工程质量保证金管理办法的通知》（建质〔2017〕138 号文），发包人应按照合同约定方式预留保证金，保证金总预留比例不得高于工程价款结算总额的 3%。合同约定由承包人以银行保函替代预留保证金的，保函金额不得高于工程价款结算总额的 3%。

（四）竣工结算（完工结算）

承包人应在工程接收证书颁发后 28 天内，按专用合同条款约定的份数向监理人提交完工付款申请单，并提供相关证明材料。完工付款申请单应包括下列内容：完工结算合同总价、发包人已支付承包人的工程价款、应扣留的质量保证金、应支付的完工付款金额。

监理人对完工付款申请单有异议的，有权要求承包人进行修正和提供补充资料。经监理人和承包人协商后，由承包人向监理人提交修正后的完工付款申请单。

监理人在收到承包人提交的竣工付款申请单后的 14 天内完成核查，提出发包人到期应支付给承包人的价款送发包人审核并抄送承包人。发包人应在收到后 14 天内审核完毕,由监理人向承包人出具经发包人签认的完工付款证书。监理人未在约定时间内核查,又未提出具体意见的,视为承包人提交的完工付款申请单已经监理人核查同意。发包人未在约定时间内审核又未提出具体意见的,监理人提出发包人到期应支付给承包人的价款视为已经发包人同意。

(五)最终结清

工程质量保修责任终止证书签发后,承包人应按监理人批准的格式提交最终结清申请单。提交最终结清申请单的份数在专用合同条款中约定。发包人对最终结清申请单内容有异议的,有权要求承包人进行修正和提供补充资料,由承包人向监理人提交修正后的最终结清申请单。

监理人收到承包人提交的最终结清申请单后的 14 天内,提出发包人应支付给承包人的价款送发包人审核并抄送承包人。发包人应在收到后 14 天内审核完毕,由监理人向承包人出具经发包人签认的最终结清证书。监理人未在约定时间内核查,又未提出具体意见的,视为承包人提交的最终结清申请已经监理人核查同意;发包人未在约定时间内审核又未提出具体意见的,监理人提出应支付给承包人的价款视为已经发包人同意。

(六)竣工财务决算

发包人负责编制本工程项目竣工财务决算,承包人应按专用合同条款的约定提供竣工财务决算编制所需的相关材料。

(七)竣工审计

发包人负责完成本工程竣工审计手续,承包人应完成相关配合工作。

二、合同价格调整

根据《水利水电工程标准施工招标文件》(2009)的规定,规定了物价波动和法律变化等情况发生时,发、承包双方应当按照合同约定调整合同价款。

(一)物价波动引起的价格调整

由于物价波动引起合同价格需要调整的,其价格调整方式在专用合同条款中约定。

1. 采用价格指数调整价格差额

因人工、材料和设备等价格波动影响合同价格时,根据投标函附录中的价格指数和权重表约定的数据,按以下公式计算差额并调整合同价格。

$$\Delta P = P_0 \left[A + \left(B_1 \times \frac{F_{t1}}{F_{01}} + B_2 \times \frac{F_{t2}}{F_{02}} + B_3 \times \frac{F_{t3}}{F_{03}} + \cdots + B_n \times \frac{F_{tn}}{F_{0n}} \right) - 1 \right] \qquad (5\text{-}9)$$

式中　ΔP——需调整的价格差额;

P_0——付款证书中承包人应得到的已完成工程量的金额,此项金额应不包括价格调整、不计质量保证金的扣留和支付、预付款的支付和扣回;

A——定值权重(即不调部分的权重);

$B_1, B_2, B_3, \cdots, B_n$——各可调因子的变值权重(即可调部分的权重),为各可调因子在投标函投标总报价中所占的比例;

$F_{t1}, F_{t2}, F_{t3}, \cdots, F_{tn}$——各可调因子的现行价格指数;

$F_{o1}, F_{o2}, F_{o3}, \cdots, F_{on}$——各可调因子的基本价格指数,指基准日期的各可调因子的价格指数。

以上价格调整公式中的各可调因子、定值和变值权重,以及基本价格指数及其来源在投标函附录价格指数和权重表中约定。价格指数应首先采用有关部门提供的价格指数,缺乏上述价格指数时,可采用有关部门提供的价格代替。

2.采用造价信息调整价格差额

施工期内,因人工、材料、设备和机械台班价格波动影响合同价格时,人工、机械使用费按照国家或省(自治区、直辖市)建设行政管理部门、行业建设管理部门或其授权的工程造价管理机构发布的人工成本信息、机械台班单价或机械使用费系数进行调整;需要进行价格调整的材料,其单价和采购数应由监理人复核,监理人确认需调整的材料单价及数量,作为调整工程合同价格差额的依据。

工程造价信息的来源以及价格调整的项目和系数在专用合同条款中约定。

(二)法律变化引起的价格调整

在基准日后,因法律变化导致承包人在合同履行中所需要的工程费用发生除由物价波动引起的价格调整约定以外的增减时,监理人应根据法律,国家或省、自治区、直辖市有关部门的规定,商定或确定需调整的合同价款。

职业能力训练五

一、单项选择题

1.建设工程项目施工成本管理涉及的时间范围是(　　)。
　　A.从设计准备开始至项目竣工验收时止
　　B.从设计阶段开始至项目动用时止
　　C.从工程投标报价开始至项目竣工结算完成
　　D.从项目开工时开始至项目竣工结算完成

2.根据成本运行规律,建设工程项目成本管理责任体系包括组织管理层和项目经理部,项目管理层应(　　)。
　　A.体现以效益为中心的管理职能　　　B.努力达到社会、企业综合效益最大化
　　C.确定施工成本管理目标值　　　　　D.对生产成本进行管理

3.工程项目施工成本管理过程中,完成成本预测以后,应进行下列工作:①成本计划;②成本核算;③成本控制;④成本考核;⑤成本分析。其顺序为(　　)。
　　A.①③②⑤④　　　　　　　　　　　B.①②③④⑤
　　C.①③④②⑤　　　　　　　　　　　D.①④②③⑤

4.贯穿于施工项目从投标阶段直至项目竣工验收阶段全过程,并且是企业全面成本管理的重要环节的是(　　)。
　　A.成本预测　　　B.成本控制　　　　C.成本核算　　　　D.成本考核

5.在施工成本管理的措施中,(　　)是其他各类措施的前提和保障。

　　A.组织措施　　　　B.技术措施　　　　　　C.经济措施　　　　　　D.合同措施

6.施工预算和施工图预算编制依据的区别,主要在于(　　　)。

　　A.定额不同　　　　　　　　　　　　B.图纸不同

　　C.图纸不同、定额相同　　　　　　　D.图纸不同、定额不同

7.施工成本计划是施工项目成本控制的一个重要环节,一般情况下,施工成本计划总额应控制在(　　　)范围内。

　　A.固定成本　　　　B.目标成本　　　　C.预算成本　　　　D.实际成本

8.对大中型工程项目,按项目组成编制施工成本计划时,其总成本分解的顺序是(　　　)。

　　A.单项工程成本—单位(子单位)工程成本—分部(子分部)工程成本—分项工程成本

　　B.单位(子单位)工程成本—单项工程成本—分部(子分部)工程成本—分项工程成本

　　C.分项工程成本—分部(子分部)工程成本—单位(子单位)工程成本—单项工程成本

　　D.分部(子分部)工程成本—分项工程成本—单项工程成本—单位(子单位)工程成本

9.按工程进度编制施工成本计划,可以在进度计划的(　　　)上按时间编制成本支出计划。

　　A.搭接网络图　　B.单代号网络图　　C.双代号网络图　　D.时标网络图

10.施工成本控制的基本步骤为(　　　)。

　　A.比较—纠偏—分析—预测—检查　　　B.比较—分析—预测—纠偏—检查

　　C.比较—预测—分析—检查—纠偏　　　D.比较—检查—预测—纠偏—分析

11.施工成本控制步骤中,最具实质性的一步是(　　　)。

　　A.比较　　　　　　B.纠偏　　　　　　C.预测　　　　　　D.实施

12.某土方工程合同约定的某月计划工程量为 3 200 m^3,计划单价为 15 元/m^3。到月底检查时,确认的承包商实际完成工程量为 2 800 m^3,实际单价为 20 元/m^3,则该工程的计划工作预算费用(BCWS)为(　　　)元。

　　A.42 000　　　　　B.48 000　　　　　C.56 000　　　　　D.64 000

13.反映的信息量少,但用它进行分析具有形象直观的特点的成本偏差分析方法是(　　　)。

　　A.横道图法　　　B.曲线法　　　　　C.表格法　　　　　D.折线法

14.施工成本分析是在(　　　)的基础上,对成本的形成过程和影响因素进行分析。

　　A.施工成本计划　　B.施工成本预测　　　C.施工成本核算　　　D.施工成本考核

15.通过技术经济指标的对比,检查目标的完成情况,分析产生差异的原因,进行挖掘内部潜力的方法是(　　　)。

　　A.比较法　　　　　B.因素分析法　　　　C.差额计算法　　　　D.比率法

二、多项选择题

1.根据成本运行规律,成本管理责任体系应包括(　　　)。

　　A.组织经理层　　B.组织管理层　　　C.组织指挥层　　　D.项目经理部

　　E.项目指挥层

2. 属于施工成本管理主要环节的是(　　)。

A. 施工成本控制　B. 施工成本分析　　　C. 施工成本核算　　　D. 施工成本纠偏

E. 施工成本计划

3. 工程项目成本管理的基础工作包括(　　)。

A. 建立成本管理责任体系　　　　　　　B. 建立企业内部施工定额

C. 及时进行成本核算　　　　　　　　　D. 编制项目成本计划

E. 科学设计成本核算账册

4. 施工成本管理应从多方面采取措施,具体包括(　　)。

A. 组织措施　　　　B. 技术措施　　　　C. 经济措施　　　　D. 合同措施

E. 管理措施

5. 实施性施工成本计划是以施工预算为主要依据进行编制的,而施工预算相对于施工图预算,其区别主要体现在(　　)。

A. 以预算定额为主要依据　　　　　　　B. 施工企业内部管理用的文件

C. 适用于建设单位　　　　　　　　　　D. 编制施工计划的依据

E. 工程价款结算的依据

6. 建设工程项目施工成本计划的编制依据有(　　)。

A. 建设投资估算书　　　　　　　　　　B. 投标报价文件

C. 施工组织设计或施工方案　　　　　　D. 施工成本预测资料

E. 施工招标公告

7. 关于施工成本计划编制的说法,正确的有(　　)。

A. 在编制施工成本支出计划时,无需考虑不可预见费

B. 施工成本可分解为人工费、材料费、机械费、间接费和税金

C. 编制施工成本计划可利用控制项目进度的网络进度计划

D. 编制施工成本计划的关键是确立目标成本

E. 按进度编制的施工成本计划可以用"时间—成本累积曲线"来表示

8. 建设工程项目施工成本控制的主要依据包括(　　)。

A. 工程承包合同　B. 施工成本计划　　　C. 工程进度报告　　　D. 工程变更

E. 工程质量水平

9. 采用过程控制的方法控制施工成本时,控制的要点有(　　)。

A. 人工费、材料费按"量价分离"原则进行控制

B. 材料价格由项目经理负责控制

C. 零星材料采用定额控制方法进行控制

D. 提高劳动生产率,降低工程耗用人工工日,是控制人工费的主要手段

E. 对分包费用的控制,重点是做好分包工程询价、验收和结算等工作

10. 施工成本分析的基本方法包括(　　)。

A. 比较法　　　　B. 表格法　　　　　　C. 横道图法　　　　　D. 连环置换法

E. 比率法

三、案例分析题

某项目工期24个月,截止第18个月末,项目各活动完成情况见表5-4。

表5-4 项目活动完成情况

活动名称	费用基线(万元)	实际完成工作量(%)	实际发生费用(万元)
A	180	100	182
B	300	110	345
C	600	92	543
D	550	70	426
E	400	102	420
F	200	130	270

注:费用基线——截止第18个月末,各项活动应完成的预算费用。

试分析该项目的费用偏差和进度偏差。

项目六　工程项目质量管理

【学习目标】

　　能够组织进行质量策划,制订项目质量计划;会运用动态控制原理进行质量控制;掌握质量控制应遵循的程序,质量检验和监测控制工作;学会事故处理的方法。

【学习任务】

　　(1)质量管理概述。
　　(2)工程项目质量控制体系。
　　(3)质量管理的内容和方法。
　　(4)质量事故处理。
　　(5)施工质量的政府监督。

【任务分析】

　　工程质量好与坏,是一个根本性的问题。工程项目建设投资大,建成及使用时期长,只有合乎质量标准,才能投入生产和交付使用,发挥投资效益。进行质量管理时,必须熟悉质量管理的内容和方法。

【任务实施】

任务一　概　述

一、质量和质量管理

(一)质量

　　根据国家标准《质量管理体系基础和术语》(GB/T 19000—2016/ISO9000:2015)的定义,质量是指客体的一组固有特性满足要求的程度。一个关注质量的组织倡导一种通过满足顾客与其他有关方的需求和期望来实现其价值的文化,这种文化将反映在其行为、态度、活动和过程中。

(二)质量管理

　　质量管理是在质量方面指挥和控制组织的协调的活动。这些活动通常包括制定质量方针和质量目标,以及通过质量策划、质量控制、质量保证和质量改进实现这些质量目标的过程。质量体系包括组织确定其目标以及为获得期望的结果确定其过程和所需资源的活动。组织必须通过建立质量管理体系实施质量管理。其中,质量方针是组织最高管理者的质量宗旨、经营理念和价值观的反映。在质量方针的指导下,制定组织的质量手册、程序性管理文件和质量记录,进而落实组织制度,合理配置各种资源,明确各级管理人员在质量活动中的责任分工与权限界定等,形成组织质量管理体系的运行机制,保证整个体系的有效运行,从而实现质量目标。

二、工程项目质量与工程项目质量管理

(一)工程项目质量

工程项目质量是指能够满足业主(用户或社会)在适用性、可靠性、经济性、外观质量与环境协调等方面的需要,符合国家现行的法律、法规、技术规范和标准、设计文件及工程项目合同中对项目的安全、使用、经济等特性的综合要求。

工程项目质量的衡量标准根据具体工程项目和业主需要的不同而不同,通常包括在前期工作阶段设定建设标准、明确工程质量要求;保证工程设计和施工的安全性、可靠性;对材料、设备、工艺、结构质量提出要求;工程投产或投入使用后达到预期质量水平,工程适用性、安全性、稳定性、效益良好。

(二)工程项目质量管理

工程项目质量管理是指导、控制组织保证提高项目质量而进行的相互协调的活动,以及对质量的工作成效进行评估和改进的一系列管理工作。目的是按既定的工期以尽可能低的成本达到质量标准。任务在于建立和健全质量管理体系,用工作质量来保证和提高工程项目实物质量。

质量管理是质量目标及质量职责的制定与实施。通过质量体系中的质量方针、质量策划、质量控制、质量保证和质量改进实现全部管理职能的所有活动。

三、质量控制

(1)根据国家标准《质量管理体系基础和术语》(GB/T 19000—2016/ISO9000:2015)的定义,质量控制是质量管理的一部分,是致力于满足质量要求的一系列相关活动。这些活动主要包括:

①设定标准。即规定要求,确定需要控制的区间、范围、区域。

②测量结果。测量满足所设定标准的程度。

③评价。即评价控制的能力和效果。

④纠偏。对不满足设定标准的偏差及时纠偏,保持控制能力的稳定性。

(2)由于建设工程项目的质量要求是由业主(或投资者、项目法人)提出的,即建设工程项目的质量总目标,是业主的建设意图通过项目策划,包括项目的定义及建设规模、系统构成、使用功能和价值、规格档次标准等的定位策划和目标决策来确定的。因此,建设工程项目质量控制,在工程勘察设计、招标采购、施工安装、竣工验收等各个阶段,项目参与各方均应围绕着致力于满足业主要求的质量总目标而努力。

(3)质量控制活动涵盖作业技术活动和管理活动。产品或服务质量的产生,归根结底是由作业过程直接形成的。因此,作业技术方法的正确选择和作业技术能力的充分发挥,是质量控制的致力点;而组织或人员具备相关的作业技术能力,只是产出合格的产品或服务质量的前提。在社会化大生产的条件下,只有通过科学的管理,对作业技术活动过程进行科学的组织和协调,才能使作业技术能力得到充分发挥,实现预期的质量目标。

(4)质量控制是质量管理的一部分而不是全部。质量控制是在明确的质量目标和具体的条件下,通过行动方案和资源配置的计划、实施、检查和监督,进行质量目标的事前预

控、事中控制和事后纠偏控制,实现预期质量目标的系统过程。

四、全面质量管理的思想

TQC(total quality control)即全面质量管理,是20世纪中期在欧美和日本广泛应用的质量管理理念和方法。我国从20世纪80年代开始引进和推广全面质量管理方法。这种方法的基本原理就是强调在企业或组织最高管理者的质量方针指引下,实行全面、全过程和全员参与(简称"三全")的质量管理。

TQC的主要特点是:以顾客满意为宗旨,领导参与质量方针和目标的制定,提倡预防为主、科学管理、用数据说话等。在当今世界标准化组织颁布的ISO9000:2015质量管理体系标准中,处处都体现了这些重要特点和思想。建设工程项目的质量管理,同样应贯彻"三全"管理的思想和方法。

(一)全面质量管理

建设工程项目的全面质量管理,是指建设工程项目参与各方所进行的工程项目质量管理的总称,其中包括工程(产品)质量和工作质量的全面管理。工作质量是产品质量的保证,工作质量直接影响产品质量的形成。业主、监理单位、勘察单位、设计单位、施工总承包单位、施工分包单位、材料设备供应商等,任何一方、任何环节的怠慢疏忽或质量责任不到位都会造成对建设工程质量的不利影响。

(二)全过程质量管理

全过程质量管理,是指根据工程质量的形成规律,从源头抓起,全过程推进。GB/T 19000—2016强调质量管理的"过程方法"管理原则,要求应用"过程方法"进行全过程质量控制。要控制的主要过程有项目策划与决策过程、勘察设计过程、施工采购过程、施工组织与准备过程、检测设备控制与计量过程、施工生产的检验试验过程、工程质量的评定过程、工程竣工验收与交付过程、工程回访维修服务过程等。

(三)全员参与质量管理

按照全面质量管理的思想,组织内部的每个部门和工作岗位都承担着相应的质量职能,组织的最高管理者确定了质量方针和目标,就应组织和动员全体员工参与到实施质量方针的系统活动中去,发挥自己的角色作用。开展全员参与质量管理的重要手段就是运用目标管理方法,将组织的质量总目标逐级进行分解,使之形成自上而下的质量目标分解体系和自下而上的质量目标保证体系,发挥组织系统内部每个工作岗位、部门或团队在实现质量总目标过程中的作用。

五、质量管理的PDCA循环

在长期的生产实践和理论研究中形成的PDCA循环,是建立质量体系和进行质量管理的基本方法。PDCA循环如图6-1所示。从某种意义上说,管理就是确定任务目标,并通过PDCA循环来实现预期目标。每一循环都围绕着实现预期的目标,进行计划、实施、检查和处置活动,随着对存在问题的解决和改进,在一次一次的滚动循环中逐步上升。不断增强质量能力,不断提高质量水平。每一个循环的四大职能活动相互联系,共同构成了质量管理的系统过程。

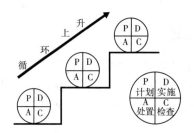

图 6-1　PDCA 循环图

（一）计划 P(plan)

计划由目标和实现目标的手段组成,所以说计划是一条"目标—手段"链。质量管理的计划职能包括确定质量目标和制定实现质量目标的行动方案两方面。实践表明,质量计划的严谨周密、经济合理和切实可行,是保证工作质量、产品质量和服务质量的前提条件。

建设工程项目的质量计划是由项目参与各方根据其在项目实施中所承担的任务、责任范围和质量目标,分别制订质量计划而形成的质量计划体系。其中,建设单位的工程项目质量计划,包括确定和论证项目总体的质量目标。提出项目质量管理的组织、制度、工作程序、方法和要求。项目其他各参与方则根据工程合同规定的质量标准和责任,在明确各自质量目标的基础上,制订实施相应范围质量管理的行动方案,包括技术方法、业务流程、资源配置、检验试验要求、质量记录方式、不合格处理、管理措施等具体内容和做法的质量管理文件,同时亦须对其实现预期目标的可行性、有效性、经济合理性进行分析论证,并按照规定的程序与权限,经过审批后执行。

（二）实施 D(do)

实施职能在于将质量的目标值通过生产要素的投入、作业技术活动和产出过程,转换为质量的实际值。为保证工程质量的产出或形成过程能够达到预期的结果。在各项质量活动实施前,要根据质量管理计划进行行动方案的部署和交底;交底的目的在于使具体的作业者和管理者明确计划的意图和要求,掌握质量标准及其实现的程序与方法。在质量活动的实施过程中,则要求严格执行计划的行动方案、规范行为,把质量管理计划的各项规定和安排落实到具体的资源配置与作业技术活动中去。

（三）检查 C(cheek)

检查指对计划实施过程进行各种检查,包括作业者的自检、互检和专职管理者专检。各类检查也都包含两大方面:一是检查是否严格执行了计划的行动方案,实际条件是否发生了变化,不执行计划的原因;二是检查计划执行的结果,即产出的质量是否达到标准的要求,对此进行确认和评价。

（四）处置 A(action)

对于质量检查所发现的质量问题或质量不合格,及时进行原因分析,采取必要的措施,予以纠正,保持工程质量形成过程的受控状态。处置分纠偏和预防改进两个方面。前者是采取有效措施,解决当前的质量偏差、问题或事故;后者是将目前质量状况信息反馈到管理部门,反思问题症结或计划时的不周,确定改进目标和措施,为今后类似质量问题的预防提供借鉴。

六、工程项目质量的形成过程和影响因素分析

建筑产品的多样性和单件性生产的组织方式决定了各个具体建设工程项目的质量特性和目标的差异,但它们的质量形成过程和影响因素却有共同的规律。

(一)建设工程项目质量的基本特性

建设工程项目从本质上说是一项拟建或在建的建筑产品,它和一般产品具有同样的质量内涵,即一组固有特性满足需要的程度。这些特性是指产品的适用性、可靠性、安全性、经济性以及环境的适宜性等。由于建筑产品一般是采用单件性筹划、设计和施工的生产组织方式,因此其具体的质量特性指标是在各建设工程项目的策划、决策和设计工程中进行定义的。建设工程项目质量的基本特性可以概括如下。

1. 反映使用功能的质量特性

建设工程项目的功能性质量,主要表现为反映建设工程使用功能需求的一系列特性指标,如房屋建筑的平面空间布局、通风采光性能;工业建设工程项目的生产能力和工艺流程;道路交通工程的路面等级、通行能力等。按照现代质量管理理念,功能性质量必须以顾客关注为焦点,满足顾客的需求或期望。

2. 反映安全可靠的质量特性

建筑产品不仅要满足使用功能和用途的要求,而且在正常的使用条件下应能达到安全可靠的标准,如建筑结构安全自身可靠,使用过程防腐蚀、防坠、防火、防盗、防辐射,以及设备系统运行与使用安全等。可靠性质量必须在满足功能性质量需求的基础上,结合技术标准、规范(特别是强制性条文)的要求进行确定与实施。

3. 反映文化艺术的质量特性

建筑产品具有深刻的社会文化背景,历来人们都把建筑产品视同艺术品。其个性的艺术效果,包括建筑造型、立面外观、文化内涵、时代表征以及装修装饰、色彩视觉等,不仅使用者关注,社会也关注;不仅现在关注,未来的人们也会关注和评价。建设工程项目艺术文化特性的质量来自于设计者的设计理念、创意和创新,以及施工者对设计意图的领会与精益施工。

4. 反映建筑环境的质量特性

作为项目管理对象(或管理单元)的建设工程项目,可能是独立的单项工程或单位工程甚至某一主要分部工程;也可能是一个由群体建筑或线型工程组成的建设项目,如新建、改建、扩建的工业厂区,大学城或校区,交通枢纽,航运港区,高速公路,油气管线等。建筑环境质量包括项目用地范围内的规划布局、交通组织、绿化景观、节能环保,还要追求其与周边环境的协调性和适宜性。

(二)建设工程质量的形成过程

建设工程项目质量的形成过程,贯穿于整个建设项目的决策过程和各个子项目的设计与施工过程,体现在建设工程项目质量的目标决策、目标细化到目标实现的系统过程。

1. 质量需求的识别过程

在建设项目决策阶段,主要工作包括建设项目发展策划、可行性研究、建设方案论证

和投资决策。这一过程的质量管理职能在于识别建设意图和需求,对建设项目的性质、规模、使用功能、系统构成和建设标准要求等进行策划、分析、论证,为整个建设工程项目的质量总目标以及项目内各个子项目的质量目标提出明确要求。

必须指出,由于建筑产品采取定制式的承发包生产,因此其质量目标的决策是建设单位(业主)或项目法人的质量管理职能,尽管建设项目的前期工作业主可以采用社会化、专业化的方式,委托咨询机构、设计单位或建设工程总承包企业进行,但这一切并不改变业主或项目法人的决策性质。业主的需求和法律法规的要求,是决定建设工程项目质量目标的主要依据。

2. 质量目标的定义过程

建设工程项目质量目标的具体定义过程,首先是在建设工程设计阶段。设计是一种高智力的创造性活动。建设工程项目的设计任务,因其产品对象的单件性,总体上符合目标设计与标准设计相结合的特征。在总体规划设计与单体方案设计阶段,相当于目标产品的开发设计。总体规划和方案设计经过可行性研究和技术经济论证后,进入工程的标准设计。在这整个过程中实现对建设工程项目质量目标的明确定义。由此可见,建设工程项目设计的任务就在于按照业主的建设意图、决策要点、相关法规和标准、规范的强制性条文要求,将建设工程项目的质量目标具体化。通过建设工程的方案设计、扩大初步设计、技术设计和施工图设计等环节,对建设工程项目各细部的质量特性指标进行明确定义,即确定质量目标值,为建设工程项目的施工安装作业活动及质量控制提供依据。另外,承包方也会为了创品牌工程或根据业主的创优要求及具体情况来确定工程项目的质量目标,策划精品工程的质量控制。

3. 质量目标的实现过程

建设工程项目质量目标实现最重要和最关键的过程是在施工阶段,包括施工准备过程和施工作业技术活动过程。其任务是按照质量策划的要求,制定企业或工程项目内控标准,实施目标管理、过程监控、阶段考核、持续改进的方法,严格按设计图纸施工;正确合理地配备施工生产要素,把特定的劳动对象转化成符合质量标准的建设工程产品。

综上所述,建设工程项目质量的形成过程贯穿于建设工程项目的决策过程和实施过程,这些过程的各个重要环节构成了工程建设的基本程序,它是工程建设客观规律的体现。无论哪个国家或地区,也无论其发达程度如何,只要讲求科学,都必须遵循这样的客观规律。尽管在信息技术高度发展的今天,流程可以再造、可以优化,但不能改变流程所反映的事物本身的内在规律。建设工程项目质量的形成过程,从某种意义上说,也就是在履行建设程序的过程中,对建设工程项目实体注入一组固有的质量特性,以满足人们的预期需求。在这个过程中,业主方的项目管理,担负着对整个建设工程项目质量总目标的策划、决策和实施监控的任务,而建设工程项目各参与方,则直接承担着相关建设工程项目的质量因素。这些因素就是建设项目可行性研究、风险识别与管理所必须考虑的环境因素。对于建设工程项目质量控制而言,直接影响建设工程项目质量的环境因素,一般是指建设工程项目所在地点的水文、地质和气象等自然环境,施工现场的通风、照明、安全卫生防护设施等劳动作业环境,以及由多单位、多专业交叉协同施工的管理关系、组织协调方式、质量控制系统等构成的管理环境。对这些环境条件的认识与把握,是保证建设工程项目质量的重要工作环节。

(三)工程项目质量影响因素分析

工程项目质量的影响因素,主要是指在建设工程项目质量目标策划、决策和实现过程的各种客观因素和主观因素。影响工程质量的因素有很多,但是归纳起来主要包括五个方面:人(man)、材料(material)、机械(machine)、方法(method)、环境(environment),简称4M1E。

1. 人的因素

人的因素对建设工程项目质量形成的影响,包括两个方面的含义:一是指直接承担建设工程项目质量职能的决策者、管理者和作业者个人的质量意识及质量活动能力;二是指承担建设工程项目策划、决策或实施的建设单位、勘察设计单位、咨询服务机构、工程承包企业等实体组织。前者是个体的人,后者是群体的人。

2. 材料

材料是指工程建设中所使用的原材料、半成品、构件和生产用的机电设备等,是工程施工的物质条件,材料质量是工程质量的基础,材料质量不符合要求,工程质量也就不可能符合标准。所以加强材料的质量控制,是提高工程质量的重要保证。

3. 机械

机械是指工程施工机械设备和检测施工质量所用的仪器设备,包括机械的类型、数量、参数等。应考虑设备的施工适用性、技术先进、操作方便、使用安全、保证施工质量的可靠性和经济上的合理性。合理选择机械的类型、数量、参数,合理使用机械设备,正确操作。

4. 施工方法(工艺)

方法或工艺是指施工方法、施工工艺及施工方案。施工方案的合理性、施工方法或工艺的先进性均对施工质量影响极大。施工过程中,由于施工方案考虑不周而拖延进度、影响质量、增加投资的情况并不少见。因此,制定和审核施工方案时,必须结合工程实际,从技术、管理、工艺、组织、操作、经济等方面进行全面分析、综合考虑,以保证方案有利于提高质量、加快进度、降低成本。

5. 环境

影响工程项目质量的环境因素很多,包括自然环境,如地质、水文、气象等;技术环境,如工程建设中所用的规程、规范和质量评价标准等;工程管理环境,如质量保证体系、质量检验、监控制度、质量签证制度等重视施工的环境因素。环境因素对工程质量的影响具有复杂而多变的特点,如气象条件就变化万千,温度、湿度、大风、暴雨、酷暑、严寒都直接影响工程质量。

任务二 工程项目质量控制体系

一、工程项目质量控制体系的建立和运行

建设工程项目的实施,涉及业主方、设计方、施工方、监理方、供应方等多方主体的活

动,各方主体各自承担不同的质量责任和义务。为了有效地进行系统、全面的质量控制,必须由项目实施的总负责单位,负责建设工程项目质量控制体系的建立和运行,实施质量目标的控制。

(一)建设工程项目质量控制体系的性质、特点和构成

1. 工程项目质量控制体系的性质

建设工程项目质量控制体系既不是业主方,也不是施工方的质量管理体系或质量保证体系,而是建设工程项目目标控制的一个工作系统,具有下列性质:

(1)建设工程项目质量控制体系是以工程项目为对象,由工程项目实施的总组织者负责建立的面向项目对象开展质量控制的工作体系。

(2)建设工程项目质量控制体系是建设工程项目管理组织的一个目标控制体系,它与项目投资控制、进度控制、职业健康安全与环境管理等目标控制体系,共同依托于同一项目管理的组织机构。

(3)建设工程项目质量控制体系根据工程项目管理的实际需要而建立,随着建设工程项目的完成和项目管理组织的解体而消失,因此是一个一次性的质量控制工作体系,不同于企业的质量管理体系。

2. 工程项目质量控制体系的特点

如前所述,建设工程项目质量控制系统是面向项目对象而建立的质量控制工作体系,它与建筑企业或其他组织机构按照 GB/T 19000 系列标准建立的质量管理体系相比较,有如下的不同点。

1)建立的目的不同

建设工程项目质量控制体系只用于特定的建设工程项目质量控制,而不是用于建筑企业或组织的质量管理,其建立的目的不同。

2)服务的范围不同

建设工程项目质量控制体系涉及建设工程项目实施过程所有的质量责任主体,而不只是某一个承包企业或组织机构,其服务的范围不同。

3)控制的目标不同

建设工程项目质量控制体系的控制目标是建设工程项目的质量目标,并非某一具体建筑企业或组织的质量管理目标,其控制的目标不同。

4)作用的时效不同

建设工程项目质量控制体系与建设工程项目管理组织系统相融合,是一次性的质量工作体系,并非永久性的质量管理体系,其作用的时效不同。

5)评价的方式不同

建设工程项目质量控制体系的有效性一般由建设工程项目管理的总组织者进行自我评价与诊断,不需进行第三方认证,其评价的方式不同。

3. 工程项目质量控制体系的结构

建设工程项目质量控制体系一般形成多层次、多单元的结构形态,这是由其实施任务的委托方式和合同结构所决定的。

1）多层次结构

多层次结构是对应于建设工程项目工程系统纵向垂直分解的单项、单位工程项目的质量控制体系。在大中型工程项目尤其是群体工程项目中，第一层次的质量控制体系应由建设单位的工程项目管理机构负责建立，在委托代建、委托项目管理或实行交钥匙式工程总承包的情况下，应由相应的代建方项目管理机构、受托项目管理机构或工程总承包企业项目管理机构负责建立。第二层次的质量控制体系通常是指分别由建设工程项目的设计总负责单位、施工总承包单位等建立的相应管理范围内的质量控制体系。第三层次及其以下，是承担工程设计、施工安装、材料设备供应等各承包单位的现场质量自控体系，或称各自的施工质量保证体系。系统纵向层次机构的合理性是建设工程项目质量目标、控制责任和措施分解落实的重要保证。

2）多单元结构

多单元结构是指在建设工程项目质量控制总体系下，第二层次的质量控制体系及其以下的质量自控或保证体系可能有多个。这是项目质量目标、责任和措施分解的必然结果。

（二）建设工程项目质量控制体系的建立

建设工程项目质量控制体系的建立过程，实际上就是建设工程项目质量总目标的确定和分解过程，也是建设工程项目各参与方之间质量管理关系和控制责任的确立过程。为了保证质量控制体系的科学性和有效性，必须明确体系建立的原则、内容、程序和主体。

1.建立的原则

实践经验表明，建设工程项目质量控制体系的建立，遵循以下原则对于质量目标的规划、分解和有效实施控制是非常重要的。

1）分层次规划原则

建设工程项目质量控制体系的分层次规划，是指建设工程项目管理的总组织者（建设单位或代建制项目管理企业）和承担项目实施任务的各参与单位，分别进行不同层次和范围的建设工程项目质量控制体系规划。

2）目标分解原则

建设工程项目质量控制系统总目标的分解，是根据控制系统内工程项目的分解结构，将工程项目的建设标准和质量总体目标分解到各个责任主体，明示于合同条件，由各责任主体制订出相应的质量计划，确定其具体的控制方式和控制措施。

3）质量责任制原则

建设工程项目质量控制体系的建立，应按照《中华人民共和国建筑法》和《建设工程质量管理条例》有关建设工程质量责任的规定，界定各方的质量责任范围和控制要求。

4）系统有效性原则

建设工程项目质量控制体系，应从实际出发。结合项目特点、合同结构和项目管理组织系统的构成情况，建立项目各参与方共同遵循的质量管理制度和控制措施，并形成有效的运行机制。

2.建立的程序

工程项目质量控制体系的建立过程一般可按以下环节依次展开工作。

1）确立系统质量控制网络

首先明确系统各层面的建设工程质量控制负责人。一般应包括承担项目实施任务的项目经理(或工程负责人)、总工程师,项目监理机构的总监理工程师、专业监理工程师等,以形成明确的项目质量控制责任者的关系网络架构。

2）制定质量控制制度

制定质量控制制度包括质量控制例会制度、协调制度、报告审批制度、质量验收制度和质量信息管理制度等。形成建设工程项目质量控制体系的管理文件或手册,作为承担建设工程项目实施任务各方主体共同遵循的管理依据。

3）分析质量控制界面

建设工程项目质量控制体系的质量责任界面包括静态界面和动态界面。一般来说,静态界面根据法律法规、合同条件、组织内部职能分工来确定。动态界面主要是指项目实施过程中设计单位之间、施工单位之间、设计与施工单位之间的衔接配合关系及其责任划分,必须通过分析研究,确定管理原则与协调方式。

4）编制质量控制计划

建设工程项目管理总组织者负责主持编制建设工程项目总质量计划,并根据质量控制体系的要求,部署各质量责任主体编制与其承担任务范围相符合的质量计划,并按规定程序完成质量计划的审批,作为其实施自身工程质量控制的依据。

3. 建立质量控制体系的责任主体

根据建设工程项目质量控制体系的性质、特点和结构,明确相应的责任主体。一般情况下,建设工程项目质量控制体系应由建设单位或工程项目总承包企业的工程项目管理机构负责建立;在分阶段依次对勘察、设计、施工、安装等任务进行分别招标发包的情况下,该体系通常应由建设单位或其委托的工程项目管理企业负责建立,并由各承包企业根据项目质量控制体系的要求,建立隶属于总的项目质量控制体系的设计项目、施工项目、采购供应项目等分质量保证体系(可称相应的质量控制子系统),以具体实施其质量责任范围内的质量管理和目标控制。

（三）建设工程项目质量控制体系的运行

建设工程项目质量控制体系的建立为建设工程项目的质量控制提供了组织制度方面的保证。建设工程项目质量控制体系的运行,实质上就是系统功能的发挥过程,也是质量活动职能和效果的控制过程。然而,质量控制体系要有效地运行,还有赖于系统内部的运行环境和运行机制的完善。

1. 运行环境

建设工程项目质量控制体系的运行环境,主要是指以下几方面为系统运行提供支持的管理关系、组织制度和资源配置的条件。

1）建设工程的合同结构

建设工程合同是联系建设工程项目各参与方的纽带,只有在建设工程项目合同结构合理、质量标准和责任条款明确,并严格进行履约管理的条件下,质量控制体系的运行才能成为各方的自觉行动。

2）质量管理的资源配置

质量管理的资源配置包括专职的工程技术人员和质量管理人员的配置，以及实施技术管理和质量管理所必需的设备、设施、器具、软件等物质资源的配置。人员和资源的合理配置是质量控制体系得以运行的基础条件。

3）质量管理的组织制度

建设工程项目质量控制体系内部的各项管理制度和程序性文件的建立，为质量控制系统各个环节的运行提供必要的行动指南、行为准则和评价基准的依据，是系统有序运行的基本保证。

2. 运行机制

建设工程项目质量控制体系的运行机制，是由一系列质量管理制度安排所形成的内在能力。运行机制是质量控制体系的生命，机制缺陷是造成系统运行无序、失效和失控的重要原因。因此，在系统内部的管理制度设计时，必须予以高度的重视，防止重要管理制度的缺失、制度本身的缺陷、制度之间的矛盾等现象出现，才能为系统的运行注入动力机制、约束机制、反馈机制和持续改进机制。

1）动力机制

动力机制是建设工程项目质量控制体系运行的核心机制，它来源于公正、公开、公平的竞争机制和利益机制的制度设计或安排。这是因为建设工程项目的实施过程是由多主体参与的价值增值链，只有保持合理的供方及分供方等各方关系，才能形成合力，是建设工程项目成功的重要保证。

2）约束机制

没有约束机制的控制体系是无法使工程质量处于受控状态的。约束机制取决于各主体内部的自我约束能力和外部的监控效力。约束能力表现为组织及个人的经营理念、质量意识、职业道德及技术能力的发挥，监控效力取决于建设工程项目实施主体外部对质量工作的推动和检查监督。两者相辅相成，构成了质量控制过程的制衡关系。

3）反馈机制

运行状态和结果的信息反馈是对质量控制系统的能力和运行效果进行评价，并为及时做出处置提供决策依据。因此，必须有相关的制度安排，保证质量信息反馈的及时和准确，坚持质量管理者深入生产第一线，掌握第一手资料，才能形成有效的质量信息反馈机制。

4）持续改进机制

在建设工程项目实施的各个阶段，不同的层面、不同的范围和不同的主体之间，应用PDCA 循环原理，即计划、实施、检查和处置不断循环的方式展开质量控制，同时注重抓好控制点的设置，加强重点控制和例外控制，并不断寻求改进机会、研究改进措施，才能保证建设工程项目质量控制系统的不断完善和持续改进，不断提高质量控制能力和控制水平。

二、施工企业质量管理体系的建立与认证

建筑施工企业质量管理体系是企业为实施质量管理而建立的管理体系，通过第三方质量认证机构的认证，为该企业的工程承包经营和质量管理奠定基础。企业质量管理体

系应按照我国《质量管理体系基础和术语》(GB/T 19000—2016/ISO9000:2015)进行建立和认证。该标准是我国按照等同原则,采用国际标准化组织颁布的 ISO9000:2015 质量管理体系族标准制定的。标准主要包括 ISO9000:2015 系列标准提出的质量管理七项原则,企业质量管理体系文件的构成,以及企业质量管理体系的建立与运行、认证与监督等相关知识。

(一)质量管理七项原则

质量管理七项原则是 ISO9000 系列标准的编制基础,是世界各国质量管理成功经验的科学总结,其中不少内容与我国全面质量管理的经验吻合。它的贯彻执行能促进企业管理水平的提高,提高顾客对其产品或服务的满意程度,帮助企业达到持续成功的目的。质量管理七项原则的具体内容如下。

1. 以顾客为关注焦点

质量管理的首要关注点是满足顾客要求并且努力超越顾客期望。组织(从事一定范围生产经营活动的企业)只有赢得和保持顾客和其他有关相关方的信任才能获得持续成功。与顾客相互作用的每个方面,都提供了为顾客创造更多价值的机会。理解顾客和其他相关方当前和未来的需求,有助于组织的持续成功。

2. 领导作用

各级领导建立统一的宗旨和方向,并创造全员积极参与实现组织的质量目标的条件。统一的宗旨和方向的建立,以及全员的积极参与,能够使组织将战略、方针、过程和资源协调一致,以实现其目标。

3. 全员参与

整个组织内各级胜任、经授权并积极参与的人员,是提高组织创造并提供价值能力的必要条件。为了有效和高效地管理组织,各级人员得到尊重并参与其中是极其重要的。通过表彰、授权和提高能力,促进在实现组织的质量目标过程中的全员积极参与。

4. 过程方法

将活动作为相互关联、功能连贯的过程组成的体系来理解和管理时。可更加有效地得到一致的、可预知的结果。质量管理体系是由相互关联的过程所组成,理解体系是如何产生结果的,能够使组织尽可能地完善其体系并优化其绩效。

5. 改进

成功的组织持续关注改进。改进对于组织保持当前的绩效水平,对其内、外部条件的变化做出反应并创造新的机会,都是非常必要的。

6. 循证决策

基于数据和信息的分析和评价的决策,更有可能产生期望的结果。决策是一个复杂的过程,并且总是包含某些不确定性。它经常涉及多种类型和来源的输入及其理解,而这些理解可能是主观的。重要的是理解因果关系和潜在的非预期后果。对事实、证据和数据的分析可导致决策更加客观、可信。

7. 关系管理

为了持续成功,组织需要管理与有关相关方(如供方)的关系。有关相关方影响组织的绩效。当组织管理与所有相关方的关系,以尽可能有效地发挥其在组织绩效方面的作用时,持续成功更有可能实现。对供方及合作伙伴网络的关系管理是尤为重要的。

(二)企业质量管理体系文件构成

质量管理标准所要求的质量管理体系文件由下列内容构成,这些文件的详略程度无统一规定,以适合于企业使用,使过程受控为准则。

1. 质量方针和质量目标

质量方针和质量目标一般都以简明的文字来表述,是企业质量管理的方向目标,应反映用户及社会对工程质量的要求及企业相应的质量水平和服务承诺,也是企业质量经营理念的反映。

2. 质量手册

质量手册是规定企业组织建立质量管理体系的文件,质量手册对企业质量体系作系统、完整和概要的描述。其内容一般包括企业的质量方针、质量目标;组织机构及质量职责;体系要素或基本控制程序,质量手册的评审、修改和控制的管理办法。

质量手册作为企业质量管理系统的纲领性文件,应具备指令性、系统性、协调性、先进性、可行性和可检查性。

3. 程序性文件

各种生产、工作和管理的程序文件是质量手册的支持性文件,是企业各职能部门为落实质量手册要求而规定的细则,企业为落实质量管理工作而建立的各项管理标准、规章制度都属程序文件范畴。各企业程序文件的内容及详略可视企业情况而定。以下六个方面的程序为通用性管理程序,各类企业都应在程序文件中制定:

(1)文件控制程序。

(2)质量记录管理程序。

(3)内部审核程序。

(4)不合格品控制程序。

(5)纠正措施控制程序。

(6)预防措施控制程序。

除以上六个程序以外,涉及产品质量形成过程各环节控制的程序文件,如生产过程、服务过程、管理过程、监督过程等管理程序文件,可视企业质量控制的需要而制定,不作统一规定。

为确保过程的有效运行和控制,在程序文件的指导下,尚可按管理需要编制相关文件,如作业指导书、具体工程的质量计划等。

4. 质量记录

质量记录是产品质量水平和质量体系中各项质量活动进行及结果的客观反映,对质量体系程序文件所规定的运行过程及控制测量检查的内容如实加以记录,用以证明产品质量达到合同要求及质量保证的满足程度。如在控制体系中出现偏差,则质量记录不仅需反映偏差情况,而且应反映出针对不足之处所采取的纠正措施及纠正效果。

质量记录应完整地反映质量活动实施、验证和评审的情况,并记载关键活动的过程参数,具有可追溯性的特点。质量记录以规定的形式和程序进行,并有实施、验证、审核等签署意见。

(三)企业质量管理体系的建立和运行

1. 企业质量管理体系的建立

(1)企业质量管理体系的建立,是在确定市场及顾客需求的前提下,按照八项质量管理原则制定企业的质量方针、质量目标、质量手册、程序文件及质量记录等体系文件,并将质量目标分解落实到相关层次、相关岗位的职能和职责中,形成企业质量管理体系的执行系统。

(2)企业质量管理体系的建立还包含组织企业不同层次的员工进行培训,使体系的工作内容和执行要求为员工所了解,为形成全员参与的企业质量管理体系的运行创造条件。

(3)企业质量管理体系的建立需识别并提供实现质量目标和持续改进所需的资源,包括人员、基础设施、环境、信息等。

2. 企业质量管理体系的运行

(1)企业质量管理体系的运行是在生产及服务的全过程,按质量管理体系文件所制定的程序、标准、工作要求及目标分解的岗位职责进行运作。

(2)在企业质量管理体系运行的过程中,按各类体系文件的要求,监视、测量和分析过程的有效性和效率,做好文件规定的质量记录,持续收集、记录并分析过程的数据和信息,全面反映产品质量和过程符合要求,并具有可追溯的效能。

(3)按文件规定的办法进行质量管理评审和考核。对过程运行的评审考核工作,应针对发现的主要问题,采取必要的改进措施,使这些过程达到所策划的结果并实现对过程的持续改进。

(4)落实质量质量体系的内部审核程序,有组织、有计划地开展内部质量审核活动,其主要目的是:

①评价质量管理程序的执行情况及适用性。

②揭露过程中存在的问题,为质量改进提供依据。

③检查质量体系运行的信息。

④向外部审核单位提供体系有效的证据。

为确保系统内部审核的效果,企业领导应发挥决策领导作用,制订审核政策和计划,组织内审人员队伍,落实内审条件,并对审核发现的问题采取纠正措施和提供人、财、物等方面的支持。

(四)企业质量管理体系的认证与监督

1. 企业质量管理体系认证的意义

质量认证制度是由公正的第三方认证机构对企业的产品及质量体系作出正确可靠的评价,从而使社会对企业的产品建立信心。第三方质量认证制度自 20 世纪 80 年代以来已得到世界各国的普遍重视,它对供方、需方、社会和国家的利益都具有以下重要意义:

(1)提高供方企业的质量信誉。

(2)促进企业完善质量体系。

(3)增强国际市场竞争能力。

(4)减少社会重复检验和检查费用。

（5）有利于保护消费者的利益。

（6）有利于法规的实施。

2. 企业质量管理体系认证的程序

1）申请和受理

具有法人资格,已按 GB/T 19000—2016 系列标准或其他国际公认的质量体系规范建立了文件化的质量管理体系,并在生产经营全过程贯彻执行的企业可提出申请。申请单位须按要求填写申请书。认证机构经审查符合要求后接受申请,如不符合要求则不接受申请,接受或不接受均应发出书面通知书。

2）审核

认证机构派出审核组对申请方质量管理体系进行检查和评定,包括文件审查、现场审核,并提出审核报告。

3）审批与注册发证

认证机构对审核组提出的审核报告进行全面审查,符合标准者批准并予以注册,发给认证证书(内容包括证书号、注册企业名称地址、认证和质量管理体系覆盖产品的范围、评价依据和质量保证模式标准及说明、发证机构、签发人和签发日期)。

3. 获准认证后的维持与监督管理

企业质量管理体系获准认证的有效期为 3 年。获准认证后,企业应通过经常性的内部审核维持质量管理体系的有效性,并接受认证机构对企业质量管理体系实施监督管理。获准认证后的质量管理体系,维持与监督管理内容如下。

1）企业通报

认证合格的企业质量管理体系在运行中出现较大变化时,需向认证机构通报。认证机构接到通报后,视情况采取必要的监督检查措施。

2）监督检查

认证机构对认证合格单位质量管理体系维持情况进行监督性现场检查,包括定期和不定期的监督检查。定期检查通常是每年一次,不定期检查视需要临时安排。

3）认证注销

注销是企业的自愿行为。在企业质量管理体系发生变化或证书有效期届满未提出重新申请等情况下,认证持证者提出注销的,认证机构予以注销,收回该体系认证证书。

4）认证暂停

认证暂停是认证机构对获证企业质量管理体系发生不符合认证要求情况时采取的警告措施。认证暂停期间,企业不得使用质量管理体系认证证书做宣传。企业在规定期间采取纠正措施满足规定条件后,认证机构撤销认证暂停,否则将撤销认证注册,收回合格证书。

5）认证撤销

当获证企业发生质量管理体系存在严重不符合规定,或在认证暂停的规定期限未予整改,或发生其他构成撤销体系认证资格情况时,认证机构做出撤销认证的决定。企业不服可提出申诉。撤销认证的企业一年后可重新提出认证申请。

6）复评

认证合格有效期满前,如企业愿继续延长,可向认证机构提出复评申请。

7）重新换证

在认证证书有效期内,出现体系认证标准变更、体系认证范围变更、体系认证证书持有者变更,可按规定重新换证。

任务三　施工质量控制的内容和方法

一、施工质量控制的基本环节及依据

(一)施工质量控制的基本环节

施工质量控制应贯彻全面、全过程质量管理的思想,运用动态控制原理,进行质量的事前控制、事中控制和事后控制。

1. 事前质量控制

事前质量控制是在正式施工前进行的事前主动质量控制,通过编制施工质量计划,明确质量目标,制订施工方案,设置质量控制点,落实质量责任,分析可能导致质量目标偏离的各种影响因素,针对这些影响因素制定有效的预防措施,防患于未然。

2. 事中质量控制

事中质量控制指在施工质量形成过程中,对影响施工质量的各种因素进行全面的动态控制。事中控制首先是对质量活动的行为约束,其次是对质量活动过程和结果的监督控制。事中控制的关键是坚持质量标准,控制的重点是工序质量、工作质量和质量控制点的控制。

3. 事后质量控制

事后质量控制又称为事后质量把关,以使不合格的工序或最终产品(包括单位工程或整个工程项目)不进入下道工序、不进入市场。事后控制包括对质量活动结果的评价、认定和对质量偏差的纠正。控制的重点是发现施工质量方面的缺陷,并通过分析提出施工质量改进的措施,保持质量处于受控状态。

以上施工质量控制的三个基本环节不是互相孤立和截然分开的,它们共同构成有机的系统过程,实质上也就是质量管理 PDCA 循环的具体化,在每一次滚动循环中不断提高,达到质量管理和质量控制的持续改进。

(二)施工质量控制依据

1. 共同性依据

共同性依据指适用于施工阶段,且与质量管理有关的通用的、具有普遍指导意义和必须遵守的基本条件。主要包括工程建设合同,已批准的设计文件、施工图纸、设计交底及图纸会审记录、设计修改和技术变更,已批准的施工组织设计等,国家和政府有关部门颁布的与质量管理有关的法律和法规性文件,如《建筑法》《招标投标法》和《建设工程质量管理条例》《水利工程质量管理规定》等。

2. 专门技术法规性依据

专门技术法规性依据指针对不同的行业、不同质量控制对象制定的专门技术法规文件。包括规范、规程、标准、规定等,如:工程项目质量检验评定标准;有关建筑材料、半成品和构配件的质量方面的专门技术法规性文件;有关材料验收、包装和标志等方面的技术标准和规定;施工工艺质量等方面的技术法规性文件;有关新工艺、新技术、新材料、新设备的质量规定和鉴定意见等。

二、施工质量控制的基本内容和方法

(一)质量文件审核

审核有关技术文件、报告或报表,是工程管理人员对工程质量进行全面控制的重要手段,其具体内容有:

(1)审核有关技术资质证明文件。

(2)审核施工方案、施工组织设计和技术措施。

(3)审核有关材料、半成品的质量检验报告。

(4)审核反映工序质量动态的统计资料或控制图表。

(5)审核设计变更、修改图纸和技术核定书。

(6)审核有关质量问题的处理报告。

(7)审核有关应用新工艺、新材料、新技术、新结构的技术鉴定书。

(8)审核有关工序交接检查,分项、分部工程质量检查报告。

(9)审核并签署现场有关技术签证、文件等。

(二)现场质量检查

1. 质量检查的依据

(1)国家颁布的施工及验收规范、技术操作规程、技术标准、质量检验评定标准。

(2)施工图及说明、设计变更通知单、会审记录、工地例会决定等。

(3)当地质量监督部门规定的细节要求。

2. 现场质量检查的内容

(1)开工前检查。主要检查是否具备开工条件,开工后能否连续正常施工,能否保证工程质量。

(2)工序交接检查。对于重要的工序或对工程质量有重大影响的工序,应严格执行"三检制度",即自检、互检、专检,在自检、互检的基础上,还要组织专职人员进行工序交接检查。

(3)隐蔽工程检查。隐蔽工程经检查合格后办理隐蔽工程验收手续,如果隐蔽工程未达到验收条件,施工单位应采取措施进行返修,合格后通知现场监理、甲方检查验收,未经检查验收的隐蔽工程一律不得自行隐蔽。

(4)停工后复工前的检查。因处理质量问题或某种原因停工后需复工时,亦应经检查认可后方能复工。

(5)分项、分部工程完工后,应经现场监理、甲方检查认可,签署验收记录后,才能进行下一工程项目施工。

(6)成品保护检查。检查成品有无保护措施,或保护措施是否可靠。

此外,现场工程管理人员必须经常深入现场,对施工操作质量进行巡视检查;必要时,还应进行跟班或追踪检查。只有这样才能及时发现问题,解决问题。

3.现场质量检查的方法

现场进行质量检查的方法有目测法、实测法和试验法三种。

(1)目测法。即凭借感官进行检查,也称观感质量检查法。其手段可归纳为看、摸、敲、照四个字。

看,就是根据质量标准进行外观目测。如混凝土拆模后是否有蜂窝、麻面、漏筋现象,施工顺序是否合理,工人操作是否正确等,均是通过目测检查、评价。

摸,就是手感检查,主要用于装饰工程的某些检查项目,如大白是否掉粉,地面有无起砂等,均可通过手摸加以鉴别。

敲,就是运用工具进行音感检查。对地面工程、装饰工程中的水磨石、面砖和大理石贴面等,均应进行敲击检查,通过声音的虚实确定有无空鼓,还可根据声音的清脆和沉闷,判定面层空鼓或底层空鼓。

照,对于难以看到或光线较暗的部位,则可采用镜子反射或灯光照射的方法进行检查。

(2)实测法。就是通过实测数据与施工规范及质量标准所规定的允许偏差对照,来判别质量是否合格。实测检查法的手段,也可归纳为靠、吊、量、套四个字。

靠,是用直尺、塞尺检查结构的平整度。

吊,是用托线板以线锤吊线检查垂直度。

量,是用测量工具和计量仪表等检查断面尺寸、轴线、标高等的偏差。

套,是以方尺套方,辅以塞尺检查。如常用的对门窗口及构配件的对角线(窜角)检查,也是套方的特殊手段。

(3)试验检查。指必须通过试验手段,才能对质量进行判断的检查方法。如对桩或地基的静载试验,确定其承载力;对混凝土、砂浆试块的抗压强度进行试验,确定其强度是否满足设计要求;对钢筋焊接头进行拉力试验,检验焊接的质量等。

任务四　施工质量事故的处理

一、工程质量问题和质量事故的分类

(一)工程质量不合格

1.质量不合格和质量缺陷

根据我国 GB/T 19000—2016 质量管理体系标准的规定,凡工程产品没有满足某个规定的要求,就称为质量不合格;而未满足某个与预期或规定用途有关的要求,称为质量缺陷。

2.质量问题和质量事故

凡是工程质量不合格的,必须进行返修、加固或报废处理,由此造成直接经济损失在规定限额以下的,称为质量问题;凡是工程质量不合格,影响使用功能或工程结构安全,造成永久质量缺陷或存在重大质量隐患,甚至直接导致工程倒塌或人身伤亡的,必须进行返修、加固或报废处理,由此造成直接经济损失在规定限额以上的,称为质量事故。

（二）工程质量事故

工程质量事故具有成因复杂、后果严重、种类繁多、往往与安全事故共生的特点,建设工程质量事故的分类有多种方法,不同专业工程类别对工程质量事故的等级划分也不尽相同。

1. 按事故造成损失的程度分级

根据工程质量事故造成的人员伤亡或者直接经济损失,工程质量事故分为4个等级:

（1）特别重大事故,是指造成30人以上死亡,或者100人以上重伤,或者1亿元以上直接经济损失的事故。

（2）重大事故,是指造成10人以上30人以下死亡,或者50人以上100人以下重伤,或者5 000万元以上1亿元以下直接经济损失的事故。

（3）较大事故,是指造成3人以上10人以下死亡,或者10人以上50人以下重伤,或者1 000万元以上5 000万元以下直接经济损失的事故。

（4）一般事故,是指造成3人以下死亡,或者10人以下重伤,或者100万元以上1 000万元以下直接经济损失的事故。

该等级划分所称的"以上"包括本数,所称的"以下"不包括本数。

2. 按事故责任分类

（1）指导责任事故。指由于工程实施指导或领导失误而造成的质量事故。例如,由于工程负责人片面追求施工进度,放松或不按质量标准进行控制和检验,降低施工质量标准等。

（2）操作责任事故。指在施工过程中,由于实施操作者不按规程和标准实施操作,而造成的质量事故。例如,浇筑混凝土时随意加水,或振捣疏漏造成混凝土质量事故等。

（3）自然灾害事故。指由于突发的严重自然灾害等不可抗力造成的质量事故。例如地震、台风、暴雨、雷电、洪水等对工程造成破坏甚至倒塌。这类事故虽然不是人为责任直接造成的,但灾害事故造成的损失程度也往往与人们是否在事前采取了有效的预防措施有关,相关责任人员也可能负有一定责任。

二、施工质量事故的预防

建立健全施工质量管理体系,加强施工质量控制,就是为了预防施工质量问题和质量事故,在保证工程质量合格的基础上,不断提高工程质量。所以,所有施工质量控制的措施和方法,都是预防施工质量问题和质量事故的手段。具体来说,施工质量事故的预防,要从寻找和分析可能导致施工质量事故发生的原因入手,抓住影响施工质量的各种因素和施工质量形成过程的各个环节,采取针对性的有效预防措施。

（一）施工质量事故发生的原因

施工质量事故发生的原因大致有如下四类:

（1）技术原因。指引发质量事故是由于在工程项目设计、施工中在技术上的失误。

例如,结构设计计算错误,对水文地质情况判断错误,以及采用了不适合的施工方法或施工工艺等。

(2)管理原因。指引发的质量事故是由于管理上的不完善或失误。例如,施工单位或监理单位的质量管理体系不完善,检验制度不严密,质量控制不严格,质量管理措施落实不力,检测仪器设备管理不善而失准,以及材料检验不严等原因引起质量事故。

(3)社会、经济原因。指经济因素及社会上存在的弊端和不正之风,造成建设中的错误行为,而导致出现质量事故。例如,某些施工企业盲目追求利润而不顾工程质量;在投标报价中随意压低标价,中标后则依靠违法的手段或修改方案追加工程款,甚至偷工减料等,这些因索往往会导致出现重大工程质量事故,必须予以重视。

(4)人为事故和自然灾害原因。指人为的设备事故、安全事故导致连带发生质量事故,以及严重的自然灾害等不可抗力造成质量事故。

(二)施工质量事故预防的具体措施

1.严格按照基本建设程序办事

首先要做好可行性论证,不可未经深入的调查分析和严格论证就盲目拍板定案;要彻底搞清工程地质水文条件方可开工;杜绝无证设计、无图施工;禁止任意修改设计和不按图纸施工;工程竣工不进行试车运转、不经验收不得交付使用。

2.认真做好工程地质勘察

地质勘察时要适当布置钻孔位置和设定钻孔深度。钻孔间距过大,不能全面反映地基实际情况;钻孔深度不够,难以查清地下软土层、滑坡、墓穴、孔洞等有害地质构造。地质勘察报告必须详细、准确,防止因根据不符合实际情况的地质资料而采用错误的基础方案,导致地基不均匀沉降、失稳,使上部结构及墙体开裂、破坏、倒塌。

3.科学地加固处理好地基

对软弱土、冲填土、杂填土、湿陷性黄土、膨胀土、岩层出露、岩溶、土洞等不均匀地基要进行科学的加固处理。要根据不同地基的工程特性,按照地基处理与上部结构相结合使其共同工作的原则,从地基处理与设计措施、结构措施、防水措施、施工措施等方面综合考虑治理。

4.进行必要的设计审查复核

要请具有合格专业资质的审图机构对施工图进行审查复核,防止因设计考虑不周、结构构造不合理、设计计算错误、沉降缝及伸缩缝设置不当等导致质量事故。

5.严格把好建筑材料及制品的质量关

要从采购订货、进场验收、质量复验、存储和使用等几个环节严格控制建筑材料及制品的质量,防止不合格或将变质、损坏的材料和制品用到工程上。

6.对施工人员进行必要的技术培训

要通过技术培训使施工人员掌握基本的建筑结构和建筑材料知识,懂得遵守施工验收规范对保证工程质量的重要性,从而在施工中自觉遵守操作规程,不蛮干,不违章操作,不偷工减料。

7.加强施工过程的管理

施工人员首先要熟悉图纸,对工程的难点和关键工序、关键部位应编制专项施工方案并严格执行;施工中必须按照图纸和施工验收规范、操作规程进行;技术组织措施要正确,施工顺序不可搞错,脚手架和楼面不可超载堆放构件和材料;要严格按照制度进行质量检查和验收。

8. 做好应对不利施工条件和各种灾害的预案

要根据当地气象资料的分析和预测,事先针对可能出现的风、雨、高温、严寒、雷电等不利施工条件制定相应的施工技术措施,还要对不可预见的人为事故和严重自然灾害做好应急预案,并有相应的人力、物力储备。

9. 加强施工安全与环境管理

许多施工安全和环境事故都会连带发生质量事故,加强施工安全与环境管理,也是预防施工质量事故的重要措施。

三、施工质量问题和质量事故的处理

（一）施工质量事故处理的依据

1. 质量事故的实况资料

质量事故的实况资料包括质量事故发生的时间、地点,质量事故状况的描述,质量事故发展变化的情况,有关质量事故的观测记录、事故现场状态的照片或录像,事故调查组调查研究所获得的第一手资料。

2. 有关合同及合同文件

有关合同及合同文件包括工程承包合同、设计委托合同、设备与器材购销合同、监理合同及分包合同等。

3. 有关的技术文件和档案

有关的技术文件和档案主要是有关的设计文件(如施工图纸和技术说明)、与施工有关的技术文件、档案和资料(如施工方案、施工计划、施工记录、施工日志、有关建筑材料的质量证明资料、现场制备材料的质量证明资料、质量事故发生后对事故状况的观测记录、试验记录或试验报告等)。

4. 相关的建设法规

相关的建设法规主要包括与工程质量及质量事故处理有关的法规,以及勘察、设计、施工、监理等单位资质管理方面的法规,从业者资格管理方面的法规,建筑市场方面的法规,建筑施工方面的法规,关于标准化管理方面的法规等。

（二）施工质量事故的处理程序

1. 事故调查

事故发生后,施工项目负责人应按法定的时间和程序,及时向企业报告事故的状况,积极组织事故调查。事故调查应力求及时、客观、全面,以便为事故的分析与处理提供正确的依据。调查结果要整理撰写成事故调查报告,其主要内容包括工程概况,事故情况,事故发生后所采取的临时防护措施,事故调查中的有关数据、资料,事故原因分析与初步判断,事故处理的建议方案与措施,事故涉及人员与主要责任者的情况等。

2. 事故的原因分析

事故的原因分析要建立在事故情况调查的基础上,避免情况不明就主观推断事故的

原因。特别是对涉及勘察、设计、施工、材料和管理等方面的质量事故,事故的原因往往错综复杂,因此必须对调查所得到的数据、资料进行仔细地分析,去伪存真,找出造成事故的主要原因。

3. 制订事故处理的方案

事故的处理要建立在原因分析的基础上,并广泛地听取专家及有关方面的意见,经科学论证,决定事故是否进行处理和怎样处理。在制订事故处理方案时,应做到安全可靠、技术可行、不留隐患、经济合理、具有可操作性、满足建筑功能和使用要求。

4. 事故处理

根据制订的质量事故处理方案,对质量事故进行认真的处理。处理的内容主要包括事故的技术处理,以解决施工质量不合格和缺陷问题;事故的责任处罚,根据事故的性质、损失大小、情节轻重对事故的责任单位和责任人做出相应的行政处分,直至追究刑事责任。

5. 事故处理的鉴定验收

质量事故的处理是否达到预期的目的,是否依然存在隐患,应当通过检查鉴定和验收作出确认。事故处理的质量检查鉴定,应严格按施工验收规范和相关的质量标准的规定进行,必要时还应通过实际量测、试验和仪器检测等方法获取必要的数据,以便准确地对事故处理的结果做出鉴定。事故处理后,必须尽快提交完整的事故处理报告,其内容包括事故调查的原始资料、测试的数据,事故原因分析、论证,事故处理的依据,事故处理的方案及技术措施,实施质量处理中有关的数据、记录、资料,检查验收记录事故处理的结论等。

(三)施工质量事故处理的基本要求

(1)质量事故的处理应达到安全可靠、不留隐患、满足生产和使用要求、施工方便、经济合理的目的。

(2)重视消除造成事故的原因,注意综合治理。

(3)正确确定处理的范围和正确选择处理的时间与方法。

(4)加强事故处理的检查验收工作,认真复查事故处理的实际情况。

(5)确保事故处理期间的安全。

(四)施工质量事故处理的基本方法

1. 修补处理

当工程的某些部分的质量虽未达到规定的规范、标准或设计的要求,存在一定的缺陷,但经过修补后可以达到要求的质量标准,又不影响使用功能或外观的要求时,可采取修补处理的方法。例如,某些混凝土结构表面出现蜂窝、麻面,经调查分析,该部位经修补处理后不会影响其使用及外观;对混凝土结构局部出现的损伤,如结构受撞击、局部未振实、冻害、火灾、酸类腐蚀、碱集料反应等,当这些损伤仅仅在结构的表面或局部,不影响其使用和外观时,可进行修补处理。再比如对混凝土结构出现的裂缝,经分析研究后如果不影响结构的安全和使用,也可采取修补处理。例如,当裂缝宽度不大于 0.2 mm 时,可采用表面密封法;当裂缝宽度大于 0.3 mm 时,采用嵌缝密闭法;当裂缝较深时,则应采取灌浆修补的方法。

2. 加固处理

加固处理主要是针对危及承载力的质量缺陷的处理。通过对缺陷的加固处理,使建筑结构恢复或提高承载力,重新满足结构安全性与可靠性的要求,使结构能继续使用或改作其他用途。例如,对混凝土结构常用的加固方法主要有增大截面加固法、外包角钢加固法、粘钢加固法、增设支点加固法、增设剪力墙加固法、预应力加固法等。

3. 返工处理

当工程质量缺陷经过修补处理后仍不能满足规定的质量标准要求,或不具备补救可能性,则必须采取返工处理。例如,防洪堤坝填筑压实后,其压实土的干密度未达到规定值,经核算将影响土体的稳定且不满足抗渗能力的要求。须挖除不合格土,重新填筑,进行返工处理;某公路桥梁工程预应力按规定张拉系数为 1.3,而实际仅为 0.8,属严重的质量缺陷,也无法修补,只能返工处理。再比如某工厂设备基础的混凝土浇筑时掺入木质素磺酸钙减水剂,因施工管理不善,掺量多于规定 7 倍,导致混凝土坍落度大于 180 mm,石子下沉,混凝土结构不均匀,浇筑后 5 天仍然不凝固硬化,28 天的混凝土实际强度不到规定强度的 32%,不得不返工重浇。

4. 限制使用

当工程质量缺陷按修补方法处理后无法保证达到规定的使用要求和安全要求,而又无法返工处理时,可做出诸如结构卸荷或减荷以及限制使用的决定。

5. 不作处理

某些工程质量问题虽然达不到规定的要求或标准,但其情况不严重,对工程或结构的使用及安全影响很小,经过分析、论证、法定检测单位鉴定和设计单位等认可后可不作专门处理。一般可不作专门处理的情况有以下几种:

(1)不影响结构安全、生产工艺和使用要求的。例如,有的建筑物出现放线定位的偏差,且严重超过规范标准规定,若要纠正会造成重大经济损失,但经过分析、论证其偏差不影响生产工艺和正常使用,在外观上也无明显影响,可不作处理。又如,某些部位的混凝土表面的裂缝,经检查分析,属于表面养护不够的干缩微裂,不影响使用和外观,也可不作处理。

(2)后道工序可以弥补的质量缺陷。例如,混凝土结构表面的轻微麻面可通过后续的抹灰、刮涂、喷涂等弥补,也可不作处理。再比如,混凝土现浇楼面的平整度偏差达到 10 mm,但由于后续垫层和面层的施工可以弥补,所以也可不作处理。

(3)法定检测单位鉴定合格的。例如,某检验批混凝土试块强度值不满足规范要求,强度不足,但经法定检测单位对混凝土实体强度进行实际检测后,其实际强度达到规范允许和设计要求值时,可不作处理。对经检测未达到要求值,但相差不多,经分析论证,只要使用前经再次检测达到设计强度,也可不作处理,但应严格控制施工荷载。

(4)出现的质量缺陷,经检测鉴定达不到设计要求,但经原设计单位核算,仍能满足结构安全和使用功能的。例如,某一结构构件截面尺寸不足,或材料强度不足,影响结构承载力,但按实际情况进行复核验算后仍能满足设计要求的承载力时,可不进行专门处理。这种做法实际上是挖掘设计潜力或降低设计的安全系数,应谨慎处理。

6. 报废处理

出现质量事故的工程,通过分析或实践,采取上述处理方法后仍不能满足规定的质量要求或标准,则必须予以报废处理。

任务五　政府对项目质量的监督职能

一、监督管理部门职责的划分

(1)国务院建设行政主管部门对全国的建设工程质量实施统一监督管理。国家铁路、交通、水利等有关部门按照国务院规定的职责分工,负责对全国有关专业建设工程质量的监督管理。

(2)县级以上地方人民政府建设行政主管部门对本行政区域内的建设工程质量实施监督管理。县级以上地方人民政府交通、水利等有关部门在各自的职责范围内,负责对本行政区域内的专业建设工程质量进行监督管理。

二、政府质量监督的性质、职能与权限

(一)政府质量监督的性质

政府质量监督的性质属于行政执法行为,是政府为了保证建设工程质量,保护人民群众生命和财产安全,维护公众利益,依据国家法律、法规和工程建设强制性标准,对责任主体和有关机构履行质量责任的行为以及工程实体质量进行的监督检查。

(二)政府质量监督的职能

政府对建设工程质量监督的职能主要包括以下几个方面:

(1)监督检查施工现场工程建设参与各方主体的质量行为,包括检查施工现场工程建设各方主体及有关人员的资质或资格;检查勘察、设计、施工、监理单位的质量管理体系和质量责任落实情况;检查有关质量文件、技术资料是否齐全并符合规定。

(2)监督检查工程实体的施工质量,特别是基础、主体结构、主要设备安装等涉及结构安全和使用功能的施工质量。

(3)监督工程质量验收。监督建设单位组织的工程竣工验收的组织形式、验收程序以及在验收过程中提供的有关资料和形成的质量评定文件是否符合有关规定,实体质量是否存在严重缺陷,工程质量验收是否符合国家标准。

(三)政府质量监督的权限

县级以上人民政府建设行政主管部门和其他有关部门履行监督检查职责时,有权采取下列措施:

(1)要求被检查的单位提供有关工程质量的文件和资料。

(2)进入被检查单位的施工现场进行检查。

(3)发现有影响工程质量的问题时,责令改正。

三、政府质量监督的委托实施

建设工程质量监督管理,可以由建设行政主管部门或者其他有关部门委托的建设工

程质量监督机构具体实施。

工程质量监督机构必须按照国家有关规定经国务院建设行政主管部门或者省、自治区、直辖市人民政府建设行政主管部门考核；从事专业建设工程质量监督的机构，必须按照国家有关规定经国务院有关部门或者省、自治区、直辖市人民政府有关部门考核。经考核合格后，方可实施质量监督。

监督机构的主要工作内容包括：

(1)对责任主体和有关机构履行质量责任的行为的监督检查。

(2)对工程实体质量的监督检查。

(3)对施工技术资料、监理资料及检测报告等有关工程质量的文件和资料的监督检查。

(4)对工程竣工验收的监督检查。

(5)对混凝土预制构件及预拌混凝土质量的监督检查。

(6)对责任主体和有关机构违法、违规行为的调查取证和核实，提出处罚建议或按委托权限实施行政处罚。

(7)提交工程质量监督报告。

(8)随时了解和掌握本地区工程质量状况。

(9)其他内容。

四、受理质量监督申报

在工程项目开工前，监督机构接受建设单位有关建设工程质量监督的申报手续，并对建设单位提供的有关文件进行审查，审查合格签发有关质量监督文件。建设单位凭工程质量监督文件，向建设行政主管部门申领施工许可证。

五、开工前的质量监督

在工程项目开工前，监督机构首先在施工现场召开由参与工程建设各方代表参加的监督会议，公布监督方案，提出监督要求，并进行第一次的监督检查工作。检查的重点是参与工程建设各方主体的质量保证体系和相关证书、手续等，具体内容主要有：

(1)检查参与工程项目建设各方的质量保证体系建立情况，包括组织机构、质量控制方案、措施及质量责任制等制度。

(2)审查参与建设各方的工程经营资质证书和相关人员的资格证书。

(3)审查按建设程序规定的开工前必须办理的各项建设行政手续是否齐全完备。

(4)审查施工组织设计、监理规划等文件以及审批手续。

(5)检查的结果记录保存。

六、施工期间的质量监督

(一)常规检查

监督机构按照监督方案对工程项目全过程施工的情况进行不定期的检查。检查的内容主要是：参与工程建设各方的质量行为及质量责任制的履行情况，工程实体质量和质量控制资料的完成情况,其中对基础和主体结构阶段的施工应每月安排监督检查。

(二)主要部位验收监督

对工程项目建设中的结构主要部位(如桩基、基础、主体结构等),除进行常规检查外,应在分部工程验收时进行监督,监督检查验收合格后,方可进行后续工程的施工。建设单位应将施工、设计、监理和建设单位各方分别签字的质量验收证明在验收后3天内报送工程质量监督机构备案。

(三)质量问题查处

对在施工过程中发生的质量问题、质量事故进行查处。根据质量监督检查的状况,对查实的问题可签发质量问题整改通知单或局部暂停施工指令单,对问题严重的单位,也可根据问题的性质签发临时收缴资质证书通知书。

七、竣工阶段的质量监督

竣工阶段的质量监督主要是按规定对工程竣工验收备案工作进行监督。

(一)做好竣工验收前的质量复查

对质量监督检查中提出质量问题的整改情况进行复查,了解其整改情况。

(二)参加竣工验收会议

对竣工工程的质量验收程序、验收组织与方法、验收过程等进行监督。

(三)编制单位工程质量监督报告

单位工程质量监督报告在竣工验收之日起5天内提交竣工验收备案部门。对不符合验收要求的责令改正。对存在问题进行处理,并向备案部门提出书面报告。

(四)建立建设工程质量监督档案

建设工程质量监督档案按单位工程建立。要求归档及时,资料记录等各类文件齐全,经监督机构负责人签字后归档,按规定年限保存。

职业能力训练六

一、单项选择题

1.工程项目的质量终检存在一定的局限性,因此施工质量控制应重视(　　　)。
　　A.竣工预验收　　　B.竣工验收　　　　　C.过程控制　　　　D.事后控制
2.施工质量控制的基本出发点是控制(　　　)的因素。
　　A.人　　　　　　B.材料　　　　　　　C.机械设备　　　　D.施工方法
3.在施工质量的因素中,保证工程质量的重要基础是加强控制(　　　)的因素。
　　A.人　　　　　　B.材料　　　　　　　C.机械设备　　　　D.施工方法
4.在寒冷地区冬期施工措施不当,工程会受到冻融而影响质量,这属于(　　　)对工程质量的影响。
　　A.现场自然环境因素　　　　　　　　B.施工质量管理环境因素

C. 施工作业环境因素　　　　　　　　　　D. 方法的因素

5. 工程项目质量管理的 PDCA 循环是(　　　)。

A. 计划、检查、实施、处理　　　　　　　B. 计划、实施、检查、处理

C. 实施、计划、检查、处理　　　　　　　D. 检查、计划、实施、处理

6. 施工企业质量管理体系文件中,阐明质量政策、质量体系等的文件是(　　　)。

A. 质量手册　　　B. 程序文件　　　　　C. 质量计划　　　　　D. 质量记录

二、多项选择题

1. 施工质量管理的特点主要表现在(　　　)等方面。

A. 控制因素多　　　　　　　　　　　　B. 控制难度大

C. 固定性　　　　　　　　　　　　　　D. 工程控制要求高

E. 终检局限大

2. 某研究发展中心工程施工中,在浇筑门厅混凝土时,发生支模架坍塌,造成12人死亡,16人受伤。经调查,该事故主要是由于现场技术管理人员生病请假,工程负责人为了不影响施工进度,未经技术交底就吩咐工人自行作业造成的,该工程质量应判定为(　　　)。

A. 管理原因引发的事故　　　　　　　　B. 技术原因引发的事故

C. 特别重大事故　　　　　　　　　　　D. 指导责任事故

E. 重大质量事故

3. 政府质量监督机构在工程开工前的质量检查包括(　　　)。

A. 检查项目参与各方的质保体系　　　　B. 审查施工组织设计文件

C. 检查工程建设各方的合同文件　　　　D. 审查监理规划文件

E. 检查相关人员的资格证书

三、案例分析题

背景资料:某水利枢纽工程,主要工程项目有大坝、泄洪闸、引水洞、发电站等,2016年1月开工,2017年5月申报文明建设工地,此时已完成全部建安工程量40%。上级有关主管部门为加强质量管理,在工地现场成立了由省水利工程质量监督中心站以及工程项目法人、设计单位和监理单位人员组成的工程质量监督项目站。

问题:

(1)工地工程质量监督项目站的组成形式是否妥当?并说明理由。

(2)根据水利水电工程有关建设管理的规定,简述工程现场项目法人、设计、施工、监理、质量监督各单位之间在建设管理上的相互关系。

(3)工地基坑开挖时曾塌方并造成工人轻伤。请根据水利水电工程安全事故分类有关规定判断属于什么等级的事故,并简述人身伤害事故等级分类以及水利工程质量事故等级分类。

项目七　工程项目合同管理

【学习目标】

能够熟悉建设工程合同的法律特征,按照要求进行工程的分包;能够处理水利工程施工过程中发生的各种问题;能够进行工程担保,积极解决合同履行过程中出现的争议,顺利地履行合同;能够进行工程变更管理,会进行合同履行中的施工索赔。

【学习任务】

(1)建设工程合同与合同管理的基本概念。

(2)工程施工中常发生的合同问题。

(3)合同担保与工程保险。

(4)合同争议及其解决途径。

(5)工程变更与施工索赔。

【任务分析】

建设工程合同必须符合国家的法律、法规,按照合同约定积极认真对待施工过程中出现的各种问题,投保法律规定的各种工程保险,认真处理合同履行过程中的争议,寻找合理的解决途径,按约定进行工程变更管理,学会施工索赔,维护自己的合法权益。

【任务实施】

任务一　建设工程合同与合同管理的基本概念

一、建设工程合同

(一)建设工程合同的概念

建设工程合同又称建设工程承包合同,是指承包人进行工程建设、发包人支付价款的合同,包括勘察、设计、施工合同。建设工程合同的标的是基本建设工程。基本建设工程具有建设周期长、质量要求高的特点。这就要求承包人必须具有相当高的建设能力,要求发包人与参与建设各方之间的权利、义务和责任明确,相互密切配合。而建设工程合同又是明确各方当事人的权利、义务和责任,以保证完成基本建设任务的法律形式。因此,建设工程合同在我国的经济建设和社会发展中有着十分重要的地位和作用。

(二)建设工程合同的法律特征

建设工程合同除具有一般合同的共同特征外,还具有其自身的法律特征。

(1)建设工程合同的主体必须是法人或其他组织。

建设工程合同在主题上有不同于承揽合同的特点。承揽合同对主题没有限制,可以是公民个人,也可以是法人或其他组织。而建设工程合同的主体是有限制的,建设工程合同的承包人必须是法人或其他组织,公民个人不得作为合同的承包人。

发包人只能是经过批准建设工程的法人,承包人也只能是具有从事勘探、设计、施工任务资格的法人。作为发包人,必须持有已经批准的基建计划、工程设计文件、技术资料,已落实资金及做好基建应有的场地、交通、水电等准备工作。作为承包人,必须持有有效的相应资质证书和营业执照。建筑工程承包合同的标的是工程项目,当事人之间权利义务关系复杂,工程进度和质量又十分重要。因此,合同主体双方在履行合同过程中必须密切配合、通力协作。

(2)合同的标的仅限于基本建设工程。

建设工程合同的标的只能是属于基本建设的工程而不能是其他的事务,这也是建设工程合同与承揽合同主要的不同所在。为完成不能构成基本建设的一般工程的建设项目而订立的合同,不属于工程建设合同,而应属于承揽合同。例如,个人为建造个人住房而与其他公民或建筑队订立的合同,就为承揽合同,而不属于工程建设合同。

(3)具有一定的计划性和程序性。

在市场经济条件下,建设工程合同已有相当一部分不再是计划合同。但是,基本建设项目的投资渠道多样化,并不能完全改变基本建设的计划性,仍然需要对基建项目实行计划控制。所以,建设工程合同仍应受国家计划的约束。对于计划外的工程项目,当事人不得签订工程建设合同;对于国家的重大项目工程建设合同,应当根据国家规定的程序和国家批准的投资计划和计划任务书签订。

由于基本建设工程建设周期长、质量要求高、涉及面广,以及各阶段的工作之间有一定的严密程序,因此建设工程合同也就具有程序性的特点。建设工作合同对建设工程计划任务书、建设地点的选择、设计文件、建设准备、计划安排、施工生产准备、竣工验收、交付生产等都有具体规定,双方当事人必须按规定的程序办事。例如,未经立项,没有计划任务书,则不能签订勘察设计合同的工作;没有完成勘察设计工作,也不能签订建筑施工合同。

(4)在签订和履行合同中接受多种形式的监督管理。

建设工程合同涉及基本建设规划,其标的物为不动产的工程,承包人所完成的工作成果不仅具有不可转移性,而且须长期存在和发挥作用,事关国计民生,因此要实行严格的监督和管理。对于承揽合同,一般不予以特殊的监督和管理,而建设工程合同则是在国家多种形式的监督管理下实施的。除通过有关审批机构按照基本建设程序的规定监督建设工程承包合同的签订外,在合同开始履行到终止的过程中,通过银行信贷和结算的方式进行监督,主管部门通过参与竣工验收进行监督,通过这些监督促进建设工程承包合同的履行。

(5)建设工程合同的形式有严格的要求,应当采用书面形式。

《中华人民共和国合同法》(简称《合同法》)第二百七十条规定,建设工程合同应当采用书面形式。这是国家对基本建设工程进行监督管理的需要,也是由建设工程合同履行的特点所决定的。不采用书面形式的建设工程合同不能有效成立。书面形式一般由双方当事人就合同经过协商一致而写成的书面协议,就主要条款协商一致后,由法定代表人或其授权的经办人签名,再加盖单位公章或合同专用章。由于建设工程合同对国家或局部地区或部门的基本建设影响重大,涉及的资金巨大,因此《合同法》规定建设工程合同应当采用书面形式。

(三)建设工程合同的分类

建设工程合同可分为两大类:建设工程勘察设计合同和施工合同。

1.建设工程勘察设计合同

建设工程勘察,是指根据建设工程的要求,查明、分析、评价建设场地的地质地理环境特征和岩土工程条件,编制建设工程勘察文件的活动。建设工程设计,是指根据建设工程的要求,对建设工程所需的技术、经济、资源、环境等条件进行综合分析、论证,编制建设工程设计文件的活动。建设工程勘察、设计应当与社会、经济发展水平相适应,做到经济效益、社会效益和环境效益相统一。从事建设工程勘察、设计活动,应当坚持先勘察、后设计、再施工的原则。

建设工程勘察设计合同是委托人与承包人为完成一定的勘察、设计任务,明确相互权利义务而签订的合同。勘察设计的委托人是建设单位或其他有关单位,承包人是持有勘察设计证书的勘察设计单位。建设工程勘察设计合同,包括初步设计合同和施工设计合同。初步勘察设计合同,是为项目立项进行初步的勘察、设计,为主管部门进行项目决策而订立的合同;施工设计合同是指在项目决策确立之后,为进行具体的施工而订立的设计合同。

2.施工合同

施工合同是发包人与承包人就完成具体工程建设项目的土建施工、设备安装、设备调试、工程保修等工作内容,明确合同双方权利义务关系的协议。施工合同是建设工程合同的一种,它与其他建设工程施工合同一样是双务有偿合同。施工合同的主体是发包人和承包人。发包人是建设单位、项目法人,承包人是具有法人资格的施工单位、承建单位,如各类建筑工程公司、建筑安装公司等。

(四)建设工程的总承包、转包与分包

1.建设工程的总承包

1)鼓励建设工程总承包

《合同法》规定,发包人可以与总承包人订立建设工程合同,也可以分别与勘察人、设计人、承包人订立勘察、设计、施工承包合同。对于发包人来讲,也就是鼓励发包人将整体工程一并发包:①鼓励将建设工程的勘察、设计、施工、设备采购一并发包给一个总承包人;②将建设工程的勘察、设计、施工、设备采购四部分分给几个具有相应资质条件的总承包人。采用以上两种发包方式发包工程,既节约投资,强化现场管理,提高工程质量,又可以在出现事故责任时,很容易找到责任人。

2)禁止建设工程肢解发包

肢解发包,就是将应当由一个承包人完工的建设工程肢解成若干个部分发包给几个承包人的行为。这种行为可导致建设工程管理上的混乱,不能保证建设工程的质量和安全,容易造成建设工期延长,增加建设成本。为此,《合同法》规定,发包人不得将应当由一个承包人完成的建设工程肢解成若干部分发包给几个承包人。禁止肢解发包不等于禁止分包,比如在工程施工中,总承包人有能力并有相应资质承担上下水、暖气、电气、电信、消防工程等,就应当由其自行组织施工;若总承包人需将上述某种工程分包,依据法律规

定与合同约定,在征得发包人同意后,亦可分包给具有相应资质的企业,但必须由总承包人统一进行管理,切实承担总承包责任。此时,发包人要加强监督检查,明确责任,保证工程质量和施工安全。

2. 建设工程的转包

所谓转包,是指建设工程的承包人将其承包的建设工程倒手转让给他人,使他人实际上成为该建设工程新的承包人的行为。《合同法》规定,承包人不得将其承包的全部建设工程转包给第三人或者将其承包的全部建设工程肢解以后以分包的名义分别转包给第三人。转包行为有较大的危害性。一些单位将其承包的工程压价倒手转包给他人,从中牟取不正当利益,形成"层层转包,层层扒皮"的现象,最后实际用于工程建设的费用大为减少,导致严重偷工减料;一些建设工程转包后落入不具有相应资质条件的包工队手中,留下严重的工程质量后患,甚至造成重大质量事故。从法律的角度讲,承包人擅自将其承包的工程转包,违反了法律的规定,破坏了合同关系的稳定性和严肃性。从合同法律关系上说,转包行为属于合同主体变更的行为,转包后,建设工程承包合同的承包人由原承包人变更为接受转包的新承包人,原承包人对合同的履行不再承担责任。承包人将承包的工程转包给他人,擅自变更合同主体的行为,违背了发包人的意志,损害了发包人的利益,是法律所不允许的。

3. 建设工程的分包

所谓分包,是指对建设工程实行总承包的承包人,将其总承包的工程项目的某一部分或几部分,再发包给其他的承包人,与其签订总承包项目下的分包合同,此时,总承包合同的承包人即成为分包合同的发包人。

《合同法》规定,总承包人或者勘察、设计、施工承包人经发包人同意,可以将自己承包的部分工作交由第三人完成。第三人就其完成的工作成果与总承包人或者勘察、设计、施工承包人向发包人承担连带责任。依据法律的规定,承包人必须经发包人同意,才可以将自己承包的部分工作交由第三人完成。而且,分包人(第三人)应就其完成的工作成果与总承包人或者勘察、设计、施工承包人向发包人承担连带责任。

《合同法》还明确规定,禁止承包人将工程分包给不具备相应资质条件的单位。禁止分包单位将其承包的工程再分包。建设工程主体结构的施工必须由总承包人自行完成。这就明确了三个方面:①承包人将工程分包必须分包给具有相应资质的分包人;②分包人不得将其分包的工程再分包;③建设工程主体结构的施工必须由承包人自己完成。

二、合同管理的基本概念

(一)合同管理的基本概念

合同管理是建设工程项目管理的主要内容之一。

在建设工程项目的实施工程中,往往会涉及许多合同,如设计合同、施工承包合同等。大型建设项目的合同数量很多,可能达成千上百,就必须进行合同管理。所谓合同管理,不仅包括对合同的签订、履行、变更和解除等过程的控制和管理,还包括对合同进行策划的过程。

1．合同管理的依据

（1）合同。

（2）工作结果。

（3）变更申请。

2．合同管理工具与技术

（1）合同变更控制系统。确定合同修改的程序，包括文书工作、跟踪系统、争议解决程序、批准程序等。

（2）绩效报告。向管理层提供关于卖方如何有效地实现合同目标的信息。

（3）支付系统。通过执行组织的应付款系统，但系统必须包括项目管理班子适当的审批和批准。

3．合同管理的成果

（1）往来函件。合同条款需要合同双方沟通某些方面的书面文件，诸如不满意绩效的警告、合同变更或澄清等。

（2）合同变更。通过适当的项目计划和项目采购程序对变更加以反馈，同时项目计划或其他有关文件也被适当地更新。

（3）付款申请。这里假定项目应用了外部支付系统。如果项目具有自己的内部系统，则就是简单的"支付"程序。

在水利水电工程承包施工过程中，合同管理对该工程能否按期保质地建成关系甚大。某项工程的施工，只有严格地按照施工合同等全部合同文件的规定，尤其是施工技术规定的要求进行，才能保证工期和质量，并使工程成本控制在合理范围内，从而合同能顺利履行，使工程建设目的圆满地实现。

在施工阶段，业主、监理工程师和承包人都在严密地注视施工承包合同的实施情况，都在从自己的角度对合同进行管理。因此，合同管理工作的内容三者不尽相同，而是各有重点，以维护自己的利益和信誉。

（二）合同管理的必备条件

合同管理是一项细致的工作，对合同双方都具有特殊的意义，在履行工程中，如果不熟练地掌握合同，利用合同条款维护自己的合法权益，承包人会失去许多获得补偿的机会，蒙受损失和损害；业主会失去坚持工程质量的机会，取得一项不合格的工程项目，付出较大的经济代价。

合同管理的重点，对业主、监理工程师和承包人方面来说，是施工质量、工程进度和工程投资（承包人为工程成本），许多具体工作都是围绕这个目的展开的。对承包人来说，是在满足业主要求的前提下，按照合同规定拿到工程款和做好施工索赔工作，维护自己的利益。这些工作，都是细致、复杂的任务，需要具有丰富经验的专业人员完成。因此，无论业主还是承包人，都需要培养合同管理人员，并为做好合同管理工作创造必备的条件。

1．建立合同管理机构，培养合同管理人员

按合同规定办事，是工程承包工作的原则，不熟悉或不善于应用合同文件，就做不好合同管理工作，不能维护自己的合法权益。因此，有远见的工程承包公司的领导人，都把培养人才，包括合同管理人员，放在自己工作的重要日程上。工程承包公司的合同管理部门的任务有：

（1）作为公司领导在合同管理方面的参谋，对公司的合同或协议书的起草、审核和签订起把关作用。

（2）处理和检查各工程项目组在合同实施过程中出现的重大问题，帮助项目组处理合同难题，及时解决合同纠纷。

（3）对重大的工程项目，从投标报价开始，应在确定报价、实施合同等方面进行指导。

（4）协助各工程项目组抓好施工索赔工作。尤其是情况复杂、索赔额大的工程项目，应协助项目组处理好编报文件和进行谈判等重大的问题。

2.每一个工程项目组应配备专职的合同管理人员，大型项目应配备合同管理组

工程项目组的工作内容如前所述。应特别注意的是，在合同实施过程中，处理好与业主代表或监理人员的关系，密切配合工作，共同管理好工程项目的建设。对合同条款的不同理解或合同纠纷，应充分协商，避免产生对立情绪。工程建设的实践证明，凡是合同双方协调合作的项目，实施均较顺利，双方均能获得满意的结果；凡是合同双方对立争执的项目，往往导致工程的拖期或停工，造成工程质量低劣，经济上两败俱伤。

业主代表或监理人员应按照工程技术咨询的职业道德原则办事，即在做出决定、判断是非或确定价格方面，坚持独立公平的原则，严格按合同文件办事。在实践中，个别的监理工程师为讨好业主，或掩盖自己工作中的缺陷，往往把责任转给承包人一方，这种不公平的做法严重挫伤承包人的积极性，影响工程项目的顺利进行，应予以避免。

3.认真研究和应用有关的法律规定

每个施工合同中都明确指出合同适用的法律、法规和法令。各工程承包公司的项目组应有目的、有系统地收集和研究有关的各种资料，提高工作的深度和广度，这一做法也有利于长远的业务发展工作。

4.总结合同管理工作经验，提高合同管理工作水平

通过每一项承包工程认真总结经验，并不断吸取国际上的新经验，提出在投标报价、签订合同、合同实施等方面的经验，加强信息管理工作，进一步提高自己的技术经济实力和施工承包信誉。

任务二　工程施工中常发生的合同问题

工程项目的施工过程中经常出现的合同问题，主要有以下6个方面。

一、不利的自然条件

在大型的水利水电工程项目施工过程中，经常遇到不利的自然条件。这表明，在工程施工现场遇到的施工条件，与工程招标文件和合同文件中所描述的施工条件有着重大的差异或变化，而这种差异或变化了的施工条件，是一个有经验的承包人都无法预见的。因此，在新的施工现场条件下，承包人有权向业主或监理单位提出书面要求，请业主或监理工程师在施工工期和施工单价方面予以适当的变更，并申明承包人将对此提出索赔要求。

(一)发生原因

根据大量的工程实践,出现不利的自然条件的原因包括:

(1)客观原因。大型水利水电工程规模大、工期长,涉及水文、地质等诸多方面条件的变化,往往要进行地下施工,开挖深度和范围可能很大,极有可能遇到特殊的不利条件。

(2)主观原因。对工程施工地区的勘探工作深度可能不够,工程地质钻探和土壤调查工作没有做够,因而在招标文件中没有正确地反映实际条件,数据误差太大。这些应该是设计咨询单位及业主的责任。从承包人方面讲,可能是现场查勘工作不够,对业主提供的现场资料缺乏充分的分析核查。

(二)不利的自然条件类型

不利的自然条件一般指地表以下部分的异常现象,多属于土壤、地质、地下水、地下障碍等方面的问题。最常见的有:建筑物基础下发现流砂层或淤泥层,隧洞开挖过程中发现新的断层破碎带,大坝基础岩石开挖时发现对坝体稳定不利的岩层走向等。通常将不利的自然条件或不同的现场条件分为两种类型,以区别其严重程度。

1. 第一类不利的现场条件

第一类不利的现场条件是指招标文件描述现场条件失误。即在招标文件中对施工现场存在的不利条件虽然已经提出,但严重失实,或其位置差异甚大,从而使承包人受到误导。该类条件包括:

(1)在开挖现场出现的岩石或砾石,其位置、高程和招标文件所述的高程差别甚大。

(2)招标文件钻孔资料注明坚硬岩石的某一位置或高程上,出现的却是松软岩石。

(3)实际的破碎带或其他地面障碍物,其数量大大超出招标文件中给出的数量。

(4)设计指定的取土场或采石场生产出来的土石料不能满足技术指标要求,而要更换料场。

(5)实际遇到的地下水在位置、水量、水质等方面与招标文件中的数据相差悬殊。

(6)地面高程与设计图纸不符,导致大量的挖填方量。

(7)需要压实的土壤含水量数值与合同资料中给出的数值差别太大,增加了碾压工作的难度或工作量等。

2. 第二类不利的现场条件

第二类不利的现场条件,是指招标文件中没有给出,而按该项工程实践,出乎意料地出现的不利现场条件。这种意外的不利条件是业主、监理工程师及承包人难以预料的。这类条件包括:

(1)基础开挖时发现了古代建筑遗迹、古物或化石。

(2)遇到高度腐蚀性的地下水或有毒气体,给承包人的施工人员及设备造成意外的伤害。

(3)隧洞开挖中遇到强大的地下水流,这是类似地质条件下隧洞开挖中罕见的情况,等等。

以上三种类型的不利施工条件,不论是招标文件中描述失实的,还是施工实践中难以预料的,都给承包人的施工带来了严重困难,从而引起施工费用增大或工期延长,从合同责任上讲,这不是承包人的过失,因而应给予相应的经济补偿或工期延长。

（三）处理措施

施工中存在的不利自然条件是客观现实。处理这一问题时，首先应注意及早发现，做到投标报价时心中有数；其次，当发现它的存在后，应客观公正地按合同原则正确处理。对于不利的自然条件，合同双方应采取以下措施予以正确处理：

（1）做好勘探设计工作。设计咨询公司对承担勘测设计的工程项目，应做好地质勘探和土壤调查工作，使钻探工作量满足设计要求，将设计文件建立在充分可靠的勘探工作的基础上。

（2）认真进行投标前的现场考察。承包人在编报报价前，应对施工现场进行认真考察，考察过程中核对招标文件中所提供的资料和数据，有疑问时，应及时澄清。

（3）及时提出索赔要求。承包人应按程序要求提出索赔，业主和监理工程师应在尊重事实的基础上，公平公正地解决不利自然条件引起的索赔要求。

二、工程变更

工程变更可能是很普遍而又大量存在的合同管理工作。大型水利水电工程项目往往发生重大的工程变更事项，如设计变更、施工进度计划或施工顺序变更，施工技术规程标准变更，实际工程量同招标文件中工程量清单所列工程量的变化增减，施工现场条件变化，施工的工种项目超出了合同指明的工作范围等。因此，合同双方善于解决工程变更问题，是合同管理中的重要内容。

（一）发生原因

（1）出现不利的自然条件，使施工现场的条件恶化，引起一系列的工程变更或工期变化。

（2）工期范围发生变化，出现了合同范围以外的工程。在合同管理中，新增工程或工程变更，是属于合同工程范围以内的工作，还是属于超出合同工作范围的工作，经常引起合同双方的争议，成为合同管理工作中经常出现的问题。因为是否属于合同的工作范围，在施工费用和工期等方面有根本的差异。工程实践中，以下面的原则为准：按照招标文件中指明的工程范围内容，主要是工程量清单、招标图纸、施工技术规程等文件中所指明的工作项目；发生的工程变更是属于"根本性的变更"，根本性变更指工程性质发生了改变或超出了工程范围。如将土石坝改为土坝，或将道路长度由 100 km 改为 220 km 等。另外，发生的工程变更数量和款额超出了一定范围，如超出合同价 15% 时就要对有效合同价进行调整。

（3）业主或监理工程师发出了"工程变更指令"。进行工程变更，应根据工程变更指令实施。否则，承包人不能自主地进行工程变更。如果业主和监理工程师发出的工程变更指令是口头的，应要求他补发书面指令，或在承包人的"口头变更指令确认函"上签字确认。

（二）两种不同的新增工程

在工程变更的各种形式（内容）中，新增工程的现象最为普遍，新增工程应视其工程范围划分为附加工程和额外工程。属于工程项目合同范围内的新增工程，称为附加工程；超出了工程项目合同范围的新增工程，称为额外工程。

(1)附加工程是指建成合同项目所必须的工程,如果缺少了这些工程,该合同项目便不能发挥合同预期的作用。因此,只要是该工程项目所必需的工程,都属于附加工程。无论该工程项目合同文件中的工程量清单中是否列出该项工程,只要业主或监理工程师发出工程变更指令,承包人应遵照执行。从承包施工合同管理的支付原则上讲,任何工程变更项目,凡是在施工过程中引起工程成本增加(或减少)的,不论有无工程变更指令,均应进行合同价的公平调整。

(2)额外工程是指工程项目合同文件中"工作范围"未包括的工作,缺少这些额外工程,原签订合同的工程项目仍然可以进行,并发挥效益。所以,额外工程是一个"新增的工程项目",而不是原合同项目的一个新的"工作项目"。因此,对于一项额外工程,应签订新的承包合同,独立地议定合同价。

(三)处理措施

由于新增工程所涉及的合同范围不同,它分为附加工程和额外工程,其合同处理办法迥然不同。凡是合同文件中工程量清单未列入的工作项目,监理工程师应发出书面的工程变更指令,口头指令需书面确认,以用作结算支付的依据。凡是发出工程变更指令的新增工程项目,合同双方应该采用原施工单价。凡是附加工程,无论是否发出工程变更指令,无论是按原单价还是新定单价计算,都应按规定的月结算办理支付。对于额外工程,无论是按原合同条款的施工单价,还是按新合同办理,均属于索赔范围,应由合同双方协定新单价或新合同价,按合同程序支付。

三、工期调整

(一)发生原因

影响工程施工进度的因素很多,有些是难以避免的。主要原因有:

(1)客观原因。异常的恶劣气候条件;可不抗御的天灾,如地震、洪水等;社会动荡,政变内乱;工人罢工、爆发战争;不利的施工现场条件等。

(2)业主方面的原因。未按合同规定提供施工场地及通道,提前占用部分工程,干扰影响施工进度,未按合同要求付款等。

(3)监理工程师方面的原因。不恰当的指令,未按时审批有关的报告、签证等。

(4)承包人方面的原因。施工组织差,功效低;施工设备和材料供应不及时;开工日期拖后等。

(二)工期调整的重大事项

在进行工期调整时,首先应该从合同管理的角度研究影响施工进度和进行工期调整的一些重大事项,分析合同责任。这些重大事项主要是工程拖期、工期延长和加速施工。

(1)工程拖期。是指由于施工实际进度落后于合同的施工计划进度,而使工程项目不能按原规定的日期建成。这是进行工期调整的根源。任何项目,一旦出现施工进度拖期,应立即引起合同双方的重视,分析拖期的原因,明确合同责任,采取相应措施。施工进度的拖延可划分为两类:可原谅的拖期和不可原谅的拖期,这相应于承包人是否有责任而言。

(2)工期延长。承包人得到工期延长的前提是该工程拖期的责任不是由于承包人方面的失误或无能,而是由于不可抗力的客观原因、业主方面或监理工程师的责任。在发生工程拖期后,能否达到工期延长,对承包人有极重要的意义,获得工期延长,不仅意味着他可以免除承担拖期损失赔偿费的负担,而且有可能在一定的条件下获得额外支付的权利。因此,承包人可根据合同文件和具体的事实,争取获得工期延长。

(3)加速施工。当工程项目的施工遇到可原谅的拖期时,采用什么措施挽回延误的工期,是企业的决策问题。如果工程项目的完工日期可以稍许拖后而不会造成重大经济损失,业主一般采取给予承包人以适当的工期延长的办法,正式推迟工程完工日期,并为此付出数额不太大的、由于工期延长而增加的施工费用。如果该工程项目的拖期完成会给业主带来重大的经济损失,或由于这部分工程的推迟完成导致一系列工程的延期,业主宁肯采取加速施工的措施,指令承包人投入更多的施工设备和人力,采取加班加点施工的办法,挽回失去的工期,而使整个工程项目仍按合同文件规定的完工日期完成,及时投入使用并发挥效益。虽然加速施工比采取延长工期措施需要更多的额外工程费用,但业主经过全面衡量,仍认为采取加速施工可以发挥更大的经济效益,对他有利。在合同管理中,处理加速施工问题,应确定加速施工的合理持续天数,确定加速施工的支付办法。

(三)处理措施

工期调整可按照下列步骤进行:

(1)认真研究施工中出现的问题,明确工程拖期的合同责任。

(2)及时确定工程拖期应延长的天数。

(3)确实需要时,再采取加速施工。在实际工作中,采用竣工奖金的办法有可能比采取加速施工指令的办法更为简便而节约,这样可以充分调动承包人的积极主动性,避免大量的合同手续和计价结算工作,也可能显著降低工程投资。

四、合同价调整

合同价的调整是合同管理的一项重要工作,它涉及合同双方的经济利益,经常引起合同争议。如不能正确处理,会给项目实施带来严重的困难。

(一)发生原因

合同价的变化是工程变更、工期调整等一系列变化的反映,因此合同价的调整是一个比较复杂的问题。引起合同价变化的原因主要有以下6个方面:

(1)工程量变化。

(2)不利的自然条件。

(3)额外工程。

(4)工期调整。

(5)物价波动。

(6)法规更改。

(二)调整施工单价

调整施工单价通常是一件复杂而细致的工作。它既要符合投标文件的单价,又要适当地考虑变化了的条件,由业主、监理工程师和承包人共同讨论,最后由监理工程师根据自己的经验公正地予以确定。

（1）调整单价的理由。下面情况发生时,需要进行调整单价:标书规定的施工顺序或时间发生变化,使施工的难度增加,时间延长,费用增多;合同规定的工程性质发生变化,超出了合同规定的工作范围;施工的连续性被破坏,引起施工拖期的波纹效应;出现不利的自然条件,使施工难度大为增加;实际施工期较原合同工期大量拖延,引起施工直接费的增加;施工进度受到业主或外界干扰,施工效率降低,引起施工费用增加等。

（2）工效降低引起的单价调整。由于客观原因或业主的干扰,承包人的施工效率降低,施工费用增加。工效降低引起的单价调整可按下式计算:

$$a' = a\left(1 + \frac{ET - EA}{ET}\right) \tag{7-1}$$

式中　a'——调整后的新单价;

　　　a——工程量清单中的原单价;

　　　ET——投标文件中的施工效率,即原定效率;

　　　EA——实际效率。

（3）确定合理的单价。一个合理的单价应比较接近实际的成本费,并有适当的利润。承包人对各项主要工作进行单价分析以后,向监理工程师提出单价要求意见,经监理工程师审核同意后,作为调整后的新单价。

（三）调整合同价

（1）对于固定总价合同,合同价不能进行调整,因为它属于一揽子包干的性质,在总价中已经考虑到可能发生的工程变更、施工条件变更等合同风险,并增加一定的不可预见费。这种合同一般适用于规模小、工期短的小型工程项目。有的总价合同,规定在特殊情况下(如工程量变化超出一定比例,工程拖期超过一定的时限等),可以调整合同价。

（2）对于固定单价合同,虽然单价是不能变更的,但在一定的情况下,如工程性质变化、施工条件变化、物价大幅上涨等特定条件下,施工单价是可以调整的。至于调整的范围和幅度,则有相应的合同条款规定。

（3）合同价调整的起点。工程合同价调整的有关条件中,往往对合同价的调整规定一个起点,只有当价格浮动超过一定的比例时,才允许进行价格调整。

五、暂停施工

暂停施工是在工程施工过程中出现了危及工程安全或合同任一方违约使另一方受到严重损害的情况下,合同受损方采取的一项紧急措施,其目的是减少工程损失和保护受损方的利益。由于暂停施工对合同的正常履行带来不利的影响,合同双方当事人应尽量避免采取暂停施工的手段,而通过协商,共同采取措施消除可能发生的暂停施工因素,促使工程顺利进行。

（一）引起暂停施工的原因

《水利水电工程标准施工招标文件》对引起暂停施工的原因做出了明确规定,具体如下。

1.承包人暂停施工的责任

（1）由于承包人违约引起的暂停施工。

（2）由于现场非异常恶劣气候条件引起的正常停工。

（3）因工程的合理施工和保证安全所必须的暂停施工。

（4）未得到监理人许可的承包人擅自停工。

（5）其他由于承包人原因引起的暂停施工。

属于以上任何一种情况引起的或合同中另有约定的暂停施工，承包人不能提出增加费用和延长工期的要求。

2.业主暂停施工的原因

（1）业主违约引起的暂停施工。

（2）不可抗力的自然或社会因素引起的暂停施工。

（3）其他业主原因引起的暂停施工。

凡属于以上所列任何一种情况引起的暂停施工，由此造成的工期延误和费用增加均由业主承担。

（二）暂停施工后的处理

工程暂停施工后，业主和承包人均有责任努力消除造成停工的因素，创造条件尽快复工，以减少工程损失和避免工期延误。当暂停施工发生后，合同双方应及时协商采取有效措施积极消除停工因素的影响。当工程具备复工条件时，应在指定的时间复工。

六、终止合同

终止合同是一种严重的事情，对合同双方都是一件不愉快的大事，并伴随重大的经济损失，尤其是承包人方面。合同双方应慎重对待终止合同问题。除非有充分理由和合同依据证明对方严重违反合同约定，给自己带来重大损失，才可能提出终止合同的要求。否则，就可能把自己置于破坏合同的被告地位，反而要向对方补偿由于终止合同所造成的一切损失。

（一）终止合同的原因

终止合同的原因主要有：承包人在经济上破产，无力偿还债务，或其资产已被抵押；承包人已经放弃合同，无力实施合同规定的工程；无视监理工程师的书面警告，固执地不履行自己的合同义务；施工质量极差，违反技术规范规定的施工方法和质量标准，而且拒不整改等。

（二）两种不同的终止合同

终止合同分为两类：违约终止合同和业主自便终止合同。违约终止合同的提出者是非违约一方，他有提出终止合同的权利，追究违约一方的责任，挽回自己的经济损失。终止合同的提出者，只能是业主，即业主认为必要时，便有权提出终止合同，业主自便终止合同对业主有利，承包人应视合同条款的内容加强风险防范能力。

任务三　合同担保与工程保险

大型工程承包合同中，一般都有工程担保与工程保险的条款。根据条款要求开出的担保与保险，都被视为有法律效力的独立于合同的文件。

一、合同担保

(一)担保的概念

合同的担保是指合同当事人一方为了保障债权的实现,经双方协商一致或以法律规定而采取的一种保证措施。因此,担保是合同当事人双方事先就权利人享有的权利和义务人承担的义务做出具有法律约束力的保证措施。在担保关系中,被担保合同通常是主合同,担保合同是从合同。担保也可以采用在被担保合同上单独列出担保条件的方式形成。合同中的担保条款同样有法律约束力。担保条款必须由合同当事人双方协商一致自愿订立。如果由第三方承担保证,必须由第三方,即保证人亲自订立。

担保的发生以所担保的合同存在为前提,担保不能孤立地存在,如果合同被确认无效,担保也随之无效。

(二)担保的设定

担保以法律规定或者当事人约定而设定。当事人约定设定担保,应当满足下列条件:

(1)担保人具有担保资格。担保人应当具有相应的民事权利能力和民事行为能力。担保人可以是自然人或法人,法律对自然人与法人担任担保人的资格要求是不同的。

(2)意思表示真实。意思表示真实是任何民事行为合法有效的必要条件之一,担保也不例外。意思表示必须真实,是指担保人所进行的担保行为必须与内心意愿相一致。如果意思表示是在外界的压力下做出的,担保行为无效。

(3)担保内容不违反法律和不损害社会公共利益。民事法律行为受法律保护的根本原因,就在于其内容的合法性。担保行为具有法律约束力并产生预期的法律后果的首要条件就是内容必须合法,也不损害社会公共利益。

(4)设定担保的形式必须合法。担保是要式法律行为,设定担保必须符合法律规定的形式,否则仍然无法产生当事人期望的法律后果。订立担保合同必须采用书面形式,口头形式的担保合同无效。

(三)建设工程常用的担保形式

在建设工程的管理过程中,保证是最常用的一种担保方式。保证这种担保方式必须由第三人作为保证人,由于对保证人的信誉要求比较高,建设工程中的保证人往往是银行,也可以是具有担保资质能力、信誉较高的其他担保人,这种保证应当是书面形式的。在建设工程中,习惯把银行出具的保证称为保函,而把其他保证人出具的书面保证称为保证书。

(四)担保开出的方式及担保货币

担保的开出方式有直开式、转开式和转递式。直开式只有一个担保人,此担保人也是唯一的责任人,承包人只向他缴纳担保手续费。转开式有两个担保人,第一责任人直接向业主承担全部担保责任;第二责任人向第一责任人承担全部担保责任,承包人同时向两个担保人缴纳手续费。转递式有两个担保人,但只有一个责任人,转递担保人不向业主承担担保责任,转递担保人不收取担保费用,只收一次性的通知费用。

担保采取的货币一般在担保格式中已有注明,有时亦可与业主协商确定。

二、工程风险与保险

（一）工程风险

1. 风险的概念

在建设工程实施过程中，由于自然、社会条件复杂多变，影响因素众多，特别是水利水电工程施工期较长，受水文、地质等自然条件影响大，因此建设工程合同当事人双方将面临很多在招标投标时难以预料、预见或不可能完全确定的损害因素，这些损害可能是人为造成的，有可能是自然和社会因素引起的。人为的因素可能属于业主的责任，也有可能属于承包人的责任，这种不确定性就是风险。

2. 风险的种类

1）根据风险的严峻程度分类

风险根据严峻程度分为非常风险和一般风险。非常风险是指由于不可抗拒的社会因素或自然因素而带来的风险，如战争、暴动或超标准洪水、飓风等。这类风险的特点是带来的损失巨大，而且人们一般很难预测与合理地防范。在施工承包合同中，这种风险通常由业主承担。一般风险是指非常风险以外的风险，这类风险只要认真对待，做好风险管理工作，一般来讲是可以避免、转移或减少损失的。

2）根据风险原因的性质分类

根据风险原因的性质可分为政治风险、经济风险、技术风险、商务风险和对方的资质与信誉风险。

（1）政治风险。是指工程所在地的政治背景与变化可能带来的风险。这个问题对于承包人承包国际工程尤为突出，因为业主所在国的一些政治变动，如战争和内乱、没收外资、拒付债务、证据变化等，都可能给承包人带来不可弥补的损失。

（2）经济风险。是指一些国家或社会经济因素的变化而带来的风险，如通货膨胀引起材料价格和工资的大幅度上涨，外汇比率变化带来的损失，国家或地区有关政策法规如税收、保险等的变化而引起的额外费用等。

（3）技术风险。指一些技术条件的不确定性可能带来的风险，如恶劣的气候条件，勘测资料未能全面正确反映或解释失误的地质情况，采用新技术、设计文件、技术规范的失误等。

（4）商务风险。指合同条款中有关经济方面的条款及规定可能带来的风险，如支付、工程变更、索赔、风险分配、担保、违约责任、费用和法规变化、货币及汇率等方面的条款。这类风险包含条款中写明分配的、由于条款有缺陷而引起的，或者撰写方有意设置的，如所谓"开脱责任"条款等。

（5）对方的资质和信誉风险。指合同一方的业务能力、管理能力、财务能力等有缺陷或者不圆满履行合同而给另一方带来的风险。在施工承包合同中，业主和承包人不仅相互考虑到对方，同时也必须考虑到监理人在这方面的情况。

（6）其他风险，如工程所在地公众的习俗和对工程的态度，当地运输和生活供应条件等，都可能带来一定的风险。

3. 风险的分配

风险的分配就是在合同条款中写明,风险由合同当事人哪一方来承担,承担哪些责任,这是合同条款的核心问题之一。风险分配合理,有助于调动合同当事人的积极性,认真做好风险防范和管理工作,有利于降低成本、节约投资,对合同当事人双方都有利。

在建设工程合同中,双方当事人应当各自承担自己责任范围内的风险。对于双方均无法控制的自然和社会因素引起的风险,则应由业主承担较为合理,因为承包人很难将这些风险估计到合同价格中。若由承包人承担这些风险,则势必增加其投标报价,当风险不发生时,反而增加工程造价;风险估计不足时,则又会造成承包人亏损,导致工程不能顺利进行。因此,谁能更有效地防止和控制某种风险,或者是减少该风险引起的损失,则应由谁来承担风险,这就是风险管理理论风险分配的原则。根据这一原则,在建设工程施工合同中,应将工程风险的责任做出合理的分配。

1) 业主的风险

工程(包括材料和工程设备)发生以下各种风险造成的损失和损坏时,均应由业主承担风险责任:

(1)业主负责的工程设计不当造成的损失和损坏。

(2)业主责任造成工程设备的损失和损坏。

(3)业主和承包人均不能预见、不能避免并不能克服的自然灾害造成的损失和损坏,但承包人迟延履行合同后发生的除外。

(4)战争、动乱等社会因素造成的损失和损坏,但承包人迟延履行合同后发生的除外。

(5)其他由于业主原因造成的损失和损坏。

从以上可以看出,业主承担的风险有两种,一种是由于业主的工作失误带来的风险,(1)、(2)、(5)所列的内容均是由业主造成的,这类风险理应由业主承担风险责任;另一种是由于合同双方均不能预见、不能避免并不能克服的自然和社会因素带来的风险,即(3)、(4)项所指的风险,亦应由业主承担风险责任均为合理。

2) 承包人的风险

工程(包括材料和工程设备)发生以下各种风险造成的损失和损坏,均应由承包人承担风险责任:

(1)承包人对工程(包括材料和工程设备)照管不周造成的损失和损坏。

(2)承包人的施工组织措施失误造成的损失和损坏。

(3)其他由于承包人原因造成的损失和损坏。

承包人造成的工程损失和损坏(包括材料和工程设备),还可能有其所属人员违反操作规程、其采购的原材料缺陷等引起的事故,均应由承包人承担风险。

(二)工程保险

1. 保险概述

1) 保险的概念

保险是指投保人根据保险合同规定,向保险人支付保险费,保险人对于合同约定的可能发生的事故所造成的财产损失承担赔偿保险金责任,或者当被保险人死亡、伤亡、疾病或者达到合同约定的年龄、期限时承担给付保险金责任的商业保险行为。保险是一种受法律保护的制度。

2）保险合同的概念及种类

保险合同是指投保人与保险人依法约定保险权利义务的协议。投保人是指与保险人订立保险合同，并按照保险合同负有支付保险费义务的当事人。保险人是指与投保人订立保险合同，并承担赔偿或者给付保险金责任的保险公司。

保险合同分为财产保险合同和人身保险合同。

财产保险合同是以财产及其有关利益为标的的保险合同。在财产保险合同中，依据《中华人民共和国保险法》的规定，保险合同的转让应当通知保险人，经保险人同意继续承保后，依法转让合同。在合同的有效期内，保险标的危险增加的，被保险人按照保险合同约定应当及时通知保险人，保险人有权要求增加保险费或者变更保险合同。在《水利水电工程标准施工招标文件》中规定的"承包人应以承包人和业主的共同名义向业主同意的保险公司投保工程险（包括材料和工程设备）"以及"承包人应以承包人的名义投保施工设备险"即为财产保险合同。

人身保险合同是以人的寿命和身体为保险标的的保险合同。投保人应向保险人如实申报被保险人的年龄、身体状况。投保人于合同成立后，可以向保险人一次支付全部保险费，也可以按照保险合同的约定分期支付保险费。人身保险的受益人由被保险人或者投保人指定。保险人对人身保险的保险费，不得用诉讼方式要求投标人支付。建设工程合同中规定的"在合同实施期间，承包人应为其雇用的人员投保人身意外伤害险"即为人身保险合同。

2. 保险险种

工程保险是指业主或承包人向保险公司缴纳一定的保险费，由保险公司建立保险基金，一旦发生意外事故造成财产损失或人身伤亡，即由保险公司用保险基金予以补偿的一种制度。它实质上是一种风险转移，即业主和承包人通过投保，将原应承担的风险责任转移给保险公司承担。业主和承包人参加工程保险，只需付出少量的保险费，可换得遭受大量损失时得到补偿的保障，从而增强抵御风险的能力。所以工程承包业务中，通常都包含工程保险，大多数标准合同条款还规定了必须投保的险种。

我国的工程保险起步较晚，在以往的水利水电工程施工合同中，对保险未作规定或只作了一些原则性的规定，近年来随着我国保险事业的迅速发展，工程保险机制亦逐步完善，由于水利水电工程施工工期长以及受自然条件的影响较大，为了能保证工程的顺利进行，一般均要求投保工程险。

1）工程和施工设备的保险

工程和施工设备的保险也称"工程一切险"，是一种综合性的保险。其保险内容包括已完工的工程、在建的工程、临时工程、现场的材料、设备以及承包人的施工设备等。

工程和施工设备的保险应在合同中做出明确的规定，如《水利水电工程标准施工招标文件》中就明文规定，承包人应以承包人和业主的共同名义向业主同意的保险公司投保工程险（包括材料和工程设备），投保的工程项目及其保险金额在签订协议书时由双方协商确定。承包人还应以承包人的名义投保工程设备险，投保项目及其保险金额由承包人根据其配备的施工设备状况自行确定,但承包人应充分估计主要施工设备可能发生的重大事故以及自然灾害造成施工设备的损失和损坏对工程的影响。

此外,合同中还应明确工程和施工设备保险期限及其保险责任的范围。《水利水电工程标准施工招标文件》明确了其保险期限及其保险责任的范围为:

(1)从承包人进场至颁发工程移交证书期间,除保险公司规定的除外责任以外的工程(包括材料和工程设备)和施工设备的损失与损坏。

(2)在保修期内,由于保修期以前的原因造成上述工程和施工设备的损失和损坏。

(3)承包人在履行保修责任的施工中造成上述工程和施工设备的损失和损坏。

2)人员工伤事故的保险

水利水电工程施工是工伤事故多发行业,为了保障劳动者的合法权益,在施工合同实施期间,承包人应为其雇用的人员投保人身意外伤害险,还可要求分包人投保其自己雇用人员的人身意外伤害险。履行这项保险后,业主和承包人可以免于承担因施工中偶然事故对工作人员造成的伤害和损失的责任。

在施工合同中应当明确人员工伤事故的责任由谁承担,《水利水电工程标准施工招标文件》规定:

(1)承包人应为其执行本合同所雇用的全部人员(包括分包人的人员)承担工伤事故责任。承包人可要求其分包人自行承担自己雇用人员的工伤事故责任,但业主只向承包人追究其工伤事故责任。

(2)业主应为其现场机构雇用的全部人员(包括监理人员)承担工伤事故责任,但由于承包人过失造成在承包人责任区工作的业主的人员伤亡时,则应由承包人承担其工伤事故责任。

3)第三者责任险(包括分包人的财产)

承包人应以承包人和业主的共同名义投保在工地及其毗邻地带的第三者人员伤害和财产损失的第三者责任险,其保险金额由双方协商确定。此项投保不免除承包人和业主各自应负的在其管辖区内及其毗邻地带发生第三者人员伤害和财产损失的赔偿责任,其赔偿费用应包括赔偿费、诉讼费和其他有关费用。

一般来讲,第三方指不属于施工承包合同双方当事人的人员。但当未为业主和监理人员专门投保时,第三方保险也包括对业主和监理人员由于进行施工而造成的人员伤亡或财产损失进行保险。对于领有公共交通和运输用执照的车辆事故造成的第三方的损失,不属于第三方保险范围。

任务四　合同争议及其解决途径

合同争议也称合同纠纷,是指合同当事人之间基于合同而产生的权利、义务的分歧。合同在履行过程中由于种种原因(包括对合同条款理解、合同文件本身的文字、合同当事人对履行合同的预期后果等),合同当事人之间对享有权利和承担义务产生分歧,是不可避免的,重要的是合同出现争议后,当事人应积极寻求解决办法,及时解决合同纠纷,尽量减少损失。

一、合同争议发生的原因

(1)由于工程承包市场上发生作用的"买方市场"原则,业主和承包人在合同中的地位权力并不是完全平等的。业主在工程承包合同的制定和实施过程中,均处于主导地位。合同条款一般是把承包人约束的紧紧地,要求他承担大部分的风险。承包人在投标报价或履行合同中稍有不慎,就面临很大的经济风险,很可能导致亏损。承包人为了维护自己的利益,减少工程风险损失,在施工过程中可能提出涉及工程费用和施工期限的问题等要求,形成合同争议。

(2)合同双方有时对合同文件的含义有不同的理解或解释,因而发生在工程成本或工期方面的争议。

(3)业主拖期支付工程款,是产生合同争议最常见的原因。

(4)施工现场条件变化、施工范围和工程量的重大变更,不可预见的天灾人祸以及工程所在地的情况,都会对工程的施工造成障碍,引起合同双方的争执。

二、合同争议的主要内容

合同争议的形式很多,但就其性质和原因而言,合同争议的主要内容归纳为以下方面:

(1)对合同条款的理解和解释不同。

(2)在讨论新单价时观点不同。

(3)在发生索赔时争执不休。

(4)业主拖期支付工程款引起合同争议。

三、合同争议的解决途径

工程承包施工合同的争议发生后,应迅速寻求解决的途径。合同争议的解决途径有以下几种。

(一)友好协商解决

友好地解决合同争议,是合同双方共同的利益所在。友好协商解决合同争议一般采用调解的方式进行。所谓调解,是指当事人双方在第三者即调解人的主持下,在查明事实、分清是非、明确责任的基础上,对纠纷双方进行斡旋、劝说,促使他们相互谅解,进行协商,以自愿达成协议,消除纷争的活动。如:监理工程师与争议双方反复磋商,达成双方都可以接受的协议;邀请中间人调解,沟通双方的意见,再通过协商达成一致的解决方法。合同争议的调解解决还可以通过争议调解组的方式进行。

为了更好地解决合同纠纷,建设工程施工合同的双方当事人可以共同协商成立争议调解组,当发包人和承包人或其中任一方对监理人做出的决定持有异议,又未能在监理人的协调下取得一致意见而形成争议时,任一方均可以书面形式提请争议调解组解决。在争议尚未按合同规定获得解决之前,承包人仍应继续按监理人的指示认真施工。

一般情况下,发包人和承包人应在签订协议书后的84天内,按合同规定共同协商成立争议调解组,并由双方于争议调解组签订协议。争议调解组由3(或5)名有合同管理和工程实践经验的专家组成,专家的聘请方法可由发包人和承包人共同协商确定,亦可请政府主管部门推荐或通过行业合同争议调节机构聘请,并经双方认可。争议调解组成员应与合同双方均无利害关系。争议调解组的各项费用由发包人和承包人平均分担。

(二)仲裁或诉讼裁决

1.仲裁及仲裁的条件

如果不能通过友好协商解决合同争议,就进入到仲裁裁决或诉讼解决阶段。

仲裁是指当事人在发生争议前或争议发生后达成仲裁协议,自愿将争议交给仲裁机构做出裁决,双方有义务执行的一种解决争议的方法。

依据《中华人民共和国仲裁法》(简称《仲裁法》)的规定,合同发生纠纷时,当事人向仲裁机构申请仲裁,必须具有仲裁协议。仲裁协议是指当事人根据《仲裁法》的规定,为解决双方的纠纷而达成的提请仲裁委员会进行裁决的协议。仲裁协议是仲裁委员会受理当事人的仲裁申请的必要条件,没有仲裁协议的,仲裁委员会不能受理仲裁申请。

2.仲裁的程序

1)仲裁的申请和受理

当事人申请仲裁,应当向仲裁委员会递交仲裁协议、仲裁申请书及副本。

仲裁委员会在收到仲裁申请之日起5日内,认为符合受理条件的,应当受理,并通知当事人;认为不符合受理条件的,应当书面通告当事人不予受理,并说明理由。

仲裁委员会受理仲裁申请后,应当在仲裁规则规定的期限内将仲裁规则和仲裁员名册送达当事人,并将仲裁申请书副本和仲裁规则、仲裁员名册送达被申请人。

2)仲裁庭的组成

合同纠纷由仲裁庭进行仲裁,仲裁庭可以由3名仲裁员或者1名仲裁员组成。当事人约定由3名仲裁员组成仲裁庭的,应当由各自选定或者各自委托仲裁委员会主任指定1名仲裁员,第三名仲裁员由当事人共同选定或者共同委托仲裁委员会主任指定,第三名仲裁员是首席仲裁员。当事人约定由1名仲裁员成立仲裁庭的,仲裁员的选定与上述首席仲裁员的选定方法相同。

3)开庭和裁决

仲裁应当开庭进行。当事人协议不开庭的,仲裁庭要以根据仲裁申请书、答辩书以及其他材料做出裁决。

仲裁不公开进行。当事人协议公开的,可以公开进行,但涉及国家秘密的除外。

仲裁委员会应当在仲裁规则规定的期限内将开庭日期通知双方当事人。当事人有正当理由的,可以在仲裁规则规定期限内请求延期开庭。是否延期,由仲裁庭决定。

仲裁庭在做出裁决前,可以先行调解。当事人自愿调解的,仲裁庭应当调解。调解不成的,应当及时做出裁决。调解达成协议的,仲裁庭应当制作调解书或者根据协议的结果制作裁决书。调解书与裁决书具有同等法律效力。

调解书经双方当事人签收后,即发生法律效力。在调解书签收前当事人反悔的,仲裁庭应当及时做出裁决。

任务五　工程变更与施工索赔

一、工程变更

(一)变更的概念

变更是指对施工合同所做的修改、改变等。从理论上来说,变更就是施工合同状态的改变,施工合同状态包括合同内容、合同结构、合同表现形式等,合同状态的任何改变均会变更。从另一个方面来说,既然变更时对合同状态的改变,就说明变更不能超出合同范围。当然,对于具体的工程施工合同来说,为了便于约定合同双方的权利义务关系,便于处理合同状态的变化,对于变更的范围和内容一般均要做出具体的规定。水利水电土建工程受自然条件等外界的影响较大,工程情况比较复杂,且在招标阶段未完成施工图纸,因此在施工合同签订后的实施过程中不可避免地发生变更。

(二)变更的范围和内容

在履行合同过程中,监理人可根据工程的需要并按发包人的授权指示承包人进行各种类型的变更。变更的范围和内容如下:

(1)增加或减少合同中任何一项工作内容。在合同履行过程中,如果合同中的任何一项工作内容发生变化,包括增加或减少,均须监理人发布变更指示。

(2)增加或减少合同中关键项目的工程量超过专用合同条款规定的百分数。在此所指的"超过专用合同条款的百分数"可在15% ~25% 范围内,一般视其具体工程酌定,其本意是:当合同中任何项目的工程量增加或减少在规定的百分数以下时,不属于变更项目,不作变更处理;超过规定的百分数时,一般应视为变更,应按变更处理。

(3)取消合同中任何一项工作。如果发包人要取消合同中任何一项工作,应由监理人发布变更指示,按变更处理,但被取消的工作不能转由发包人实施,也不能由发包人雇用其他承包人实施。此规定主要为了防止发包人在签订合同后擅自取消合同价格偏高的项目,转由发包人自己或其他承包人实施而使合同承包人蒙受损失。

(4)改变合同中任何一项工作的标准或性质。对于合同中任何一项工作的标准或性质,合同《技术条款》都有明确的规定,在施工合同实施中,如果根据工程的实际情况,需要提高标准或改变工作性质,同样需监理人按变更处理。

(5)改变工程建筑物的形式、基线、标高、位置或尺寸。如果施工图纸与招标图纸不一致,包括建筑物的结构形式、基线、高程、位置以及规格尺寸等发生任何变化,均属于变更,应按变更处理。

(6)改变合同中任何一项工程的完工日期或改变已批准的施工顺序。合同中任何一项工程都规定了其开工日期和完工日期,而且施工总进度计划、施工组织设计、施工顺序已经监理人批准,要求改变就应由监理人批准,按变更处理。

(7)追加为完成工程所需的任何额外工作。额外工作是指合同中未包括而为了完成合同工程所需增加的新项目,如临时增加的防汛工程或施工场地内发生边坡塌滑时的治理工程等额外工作项目。这些额外的工作均应按变更项目处理。

(三)变更的处理原则

在建设工程施工合同中,一般应规定变更处理的原则。由于工程变更有可能影响工期和合同价格,一旦发生此类情况,应遵循以下原则进行处理。

1. 变更需要延长工期

变更需要延长工期时,应按合同有关规定办理;若变更使合同工作量减少,监理人认为应予提前变更项目的工期时,由监理人和承包人协商确定。

2. 变更需要调整合同价格

当工程变更需要调整合同价格时,可按以下三种情况确定其单价或合价。承包人在投标时提供的投标辅助资料,如单价分析表、总价合同项目分解表等,经双方协商同意,可作为计算变更项目价格的重要参考资料。

(1)当合同工程量清单中有适用于变更工作的项目时,应采用该项目单价或合价。

(2)当合同工程量清单中无适用于变更工作的项目时,则可在合理的范围内参考类似项目的单价或合价作为变更估计的基础,由监理人与承包人协商确定变更后的单价或合价。

(3)当合同工程量清单中无类似项目的单价或合价可供参考,则应由监理人与发包人和承包人协商确定新的单价或合价。

(四)变更指示

不论是由何方提出的变更要求或建议,均需经监理人与有关方面协商,并得到发包人批准或授权后,再由监理人按合同规定及时向承包人发出变更指示。变更指示的内容应包括变更项目的详细变更内容、变更工程量和有关文件图纸以及监理人按合同规定指明的变更处理原则。

监理人在向承包人发出任何图纸和文件前,有责任认真仔细检查其中是否存在合同规定范围内的变更。若存在合同范围内的变更,监理人应按合同规定发出变更指示,并抄送发包人。

承包人收到监理人发出的图纸和文件后,应认真检查,经检查后认为其中存在合同规定范围内的变更而监理人未按合同规定发出变更指示,应在收到监理人发出的图纸和文件后,在合同规定的时间内(一般为14天)或在开始执行前(以日期早者为准)通知监理人,并提供必要的依据。监理人应在收到承包人通知后,应在合同规定的时间内(一般为14天)答复承包人:若监理人同意作为变更,应按合同规定补发变更指示;若监理人不同意作为变更,也应在合同规定时限内答复承包人。若监理人未在合同规定时限内答复承包人,则视为监理人已同意承包人提出的作为变更的要求。

另外需要说明的是,对于涉及工程结构、重要标准等以及影响较大的重点变更,有时需要发包人向上级主管部门报批。此时,发包人应在申报上级主管部门批准后再按合同规定的程序办理。

(五)变更的报价

承包人在收到监理人发出的变更指示后,应在合同规定的时限内(一般为28天),向监理人提交一份变更报价书,并抄送发包人。变更报价书的内容应包括承包人确认的变更处理条原则和变更工程量及其变更项目的报价书。监理人认为有必要时,可要求承包人提交重大变更项目的施工措施、进度计划和单价分析等。

　　承包人在提交变更报价书前,应首先确认监理人提出的变更处理原则,若承包人对监理人提出的变更处理原则持有异议,应在收到监理人变更指示后,在合同规定的时限内(一般为7天)通知监理人,监理人则应在收到此通知后在合同规定的时限内(一般为7天)答复承包人。

二、施工索赔

(一)索赔的定义与分类

1. 施工索赔的定义

　　施工索赔是指在工程的建筑、安装阶段,建设工程合同的一方当事人因对方不履行合同义务或应由对方承担的风险事件发生而遭受的损失,向对方提出的赔偿或者补偿的要求。在工程建设各个阶段,都有可能发生索赔,但在施工阶段发生较多。对施工合同的双方当事人来说,都有通过索赔来维护自己的合法利益的权利,依据双方约定的合同责任,构成正确履行合同义务的制约关系。

2. 施工索赔发生的原因

　　水利水电工程大多数都规模大、工期长、结构复杂,在施工过程中,由于受到水文气象、地质条件变化的影响,以及规划设计变更和人为干扰,在工程项目的建设工期、工程造价、工程质量等方面都存在着变化的诸多因素。因此,超出工程施工合同条件的事项可能很多,这必然为工程的施工承包人提供了众多的索赔机会。

　　工程施工中常见的索赔,其原因大致包括以下几个方面:合同文件引起的索赔、不可抗力原因引起的索赔、发包人违约引起的索赔、监理人的原因引起的索赔、价格调整引起的索赔和法律变化引起的索赔。

3. 施工索赔的分类

　　1)按索赔的目的分类

　　(1)工期索赔。由于非承包人责任而导致施工进程延误,承包人向业主要求延长工期,合理顺延合同工期。合理的工期延长可以使承包人免于承担误期罚款。

　　(2)费用索赔。承包人要求取得合理的经济补偿,即要求业主补偿不应该由承包人承担的经济损失或额外费用,或者业主向承包人要求因为承包人违约导致业主的经济损失补偿。

　　2)按索赔所依据的理由分类

　　(1)合同内索赔。是指索赔以合同文件作为依据,发生了合同规定给承包人以补偿的干扰事件,承包人根据合同规定提出索赔要求。它是最常见的索赔。

　　(2)合同外索赔。是指工程施工过程中发生的干扰事件的性质已经超过合同范围。在合同中找不出具体的依据,一般必须根据适用于合同关系的法律解决索赔问题。例如工程过程中发生重大的民事侵权行为造成承包人损失。

　　(3)道义索赔。承包人索赔没有合理理由,例如对于干扰事件业主没有违约,业主不应该承担责任。可能由于承包人失误或发生承包人应负责的风险而造成承包人重大的损失。这将极大地影响承包人的财务能力、履约积极性、履约能力甚至危及承包企业的生存。承包人提出要求,希望业主从道义,或从工程整体利益的角度给予一定的补偿。

3)按索赔的依据分类

(1)合同中明示的索赔。它是指索赔事项所涉及的内容在合同文件中能够找到明确的依据,业主或承包人可以据此提出索赔要求。

(2)合同中默示的索赔。它是指索赔事项所涉及的内容已经超过合同文件中规定的范围,在合同文件中没有明确的文字描述,但可以根据合同条件中某些条款的含义,合理推论出存在一定的索赔权。

4)按索赔的处理方式分类

(1)单项索赔。是针对某一干扰事件提出的。索赔的处理是在合同实施过程中,干扰事件发生时,或发生后立即进行的。它由合同管理人员处理,并在合同规定的索赔有效期内向业主提交索赔意向书和索赔报告。

(2)总索赔。又称一揽子索赔或综合索赔,是在国际工程中经常采用的索赔处理和解决方法。一般在工程竣工前,承包人将工程过程中未解决的单项索赔集中起来,提出总索赔报告。合同双方在工程交付前或交付后进行最终谈判,以一揽子方案解决索赔问题。

(二)施工索赔的主要依据

施工索赔是注重依据的工作,为了达到索赔成功的目的,必须根据工程的实际情况进行大量的索赔论证工作,以大量的资料来证明自己所拥有的权利和应得的索赔款项。建设施工索赔的主要依据有合同文件、订立合同所依据的法律和法规、工程索赔相关证据。

(三)施工索赔的程序

1.索赔的基本程序及规定

1)提出索赔要求

当出现索赔事项后,承包人以书面的索赔通知书形式,在索赔事项发生后 28 天内,向监理工程师正式提出索赔意向通知。一般包括以下内容。

(1)指明合同依据。

(2)索赔事件发生的时间、地点。

(3)事件发生的原因、性质、责任。

(4)承包人在事件发生后所采取的控制事件进一步发展的措施。

(5)说明索赔事件的发生已经给承包人带来的后果,如工期、费用的增加。

(6)申明保留索赔的权利。

2)报送索赔资料和索赔报告

承包人在索赔通知书发出之后 28 天内,向监理工程师提出延长工期和(或)补偿经济损失的索赔报告及有关资料。当索赔事件持续进行时,承包人应当阶段性地向监理工程师发出索赔意向,在索赔事件终了后 28 天内,向监理工程师递交索赔的有关资料和最终索赔报告。

3)监理工程师答复

监理工程师在收到承包人递交的索赔报告和有关资料后,必须在 28 天内给予答复或对承包人作进一步补充索赔理由和证据的要求。

4）监理工程师逾期答复后果

监理工程师在收到承包人递交的索赔报告及有关资料后28天内未予答复或未对承包人作进一步要求，视为该项索赔已经被认可。但是，一般来说，索赔问题的解决需要采取合同双方面对面地讨论，将未解决的索赔问题列为会议协商的专题，提交会议协商解决。

5）仲裁与诉讼

监理工程师对索赔的答复，承包人或发包人不能接受，则可通过仲裁或诉讼的程序最终解决。

2.索赔文件的编写

1）索赔文件的组成

索赔文件是承包人向业主索赔的正式书面材料，也是业主审议承包人索赔请求的主要依据。

2）索赔文件的编制

索赔文件包括总述、论证、索赔款或工期计算和证据等四部分。

总述部分是承包人致业主或工程师的一封简短的提纲性信函，概要论述索赔事件发生的日期和过程，承包人为该索赔事件所付出的努力和附加开支，承包人的具体索赔要求。

应通过总述部分把其他材料贯通起来，其主要内容包括以下几项：

（1）说明索赔事件。

（2）列举索赔理由。

（3）提出索赔金额与工期。

（4）附件说明。

论证部分是索赔报告的关键部分，其目的是说明自己有索赔权，是索赔能否成立的关键。要注意引用的每个证据的效力或可信程度，对重要的证据资料必须附以文字说明或确认。

索赔款项或工期计算部分需列举各项索赔的明细数字及汇总数据，要求正确计算索赔款项与索赔工期。

证据部分包括：

（1）索赔报告中所列举事实、理由、影响因果关系等证明文件和证据资料。

（2）详细计算书，这是为了证实索赔金额的真实性而设置的，为了简明可以大量运用图表。

3）索赔文件编制应注意的问题

整个索赔文件应该简要概括索赔事实与理由，通过叙述客观事实，合理引用合同规定，建立事实与损失之间的因果关系，证明索赔的合理合法性；同时应特别注意索赔材料的表述方式对索赔解决的影响。一般要注意以下几方面：

（1）索赔事件要真实、证据确凿。索赔针对的事件必须实事求是，有确凿的证据，令对方无可推卸和辩驳。

（2）计算索赔款项和工期要合理、准确。要将计算的依据、方法、结果详细说明列出，这样易于对方接受,避免发生争端。

(3)责任分析清楚。一般索赔所针对的事件都是由于非承包人责任而引起的,因此在索赔报告中必须明确对方负全部责任,而不可以使用含糊不清的词语。

(4)明确承包人为避免和减轻事件的影响和损失而作的努力。在索赔报告中,要强调事件的不可预见性和突发性,说明承包人对它的发生没有任何的准备,也无法预防,并且承包人为了避免和减轻该事件的影响和损失已尽了最大的努力,采取了能够采取的措施,从而使索赔理由更加充分,更易于对方接受。

(5)阐述由于干扰事件的影响,承包人的工程施工受到严重干扰,并为此增加了支付,拖延了工期,表明干扰事件与索赔有直接的因果关系。

(6)索赔文件书写用语应尽量婉转,避免使用强硬语言,否则会给索赔带来不利影响。

(四)建设工程反索赔

1.建设工程反索赔的概念与特点

1)建设工程反索赔的概念

反索赔是相对索赔而言的。在工程索赔中,反索赔通常指发包人向承包人的索赔。

由于承包人不履行或不完全履行约定的义务,或是由于承包人的行为使业主受到损失时,业主为了维护自己的利益,向承包人提出的索赔。

由此可见,业主对承包人的反索赔包括两个方面:其一是对承包人提出的索赔要求进行分析、评审和修正,否定其不合理的要求,接受其合理的要求;其二是对承包人在履约中的其他缺陷责任,如部分工程质量达不到要求,或拖延工期,独立地提出损失补偿要求。

2)建设工程反索赔的特点

(1)索赔与反索赔的同时性。在工程索赔过程中,承包人的索赔与发包人的反索赔总是同时进行的,正如通常所说的"有索赔就有反索赔"。

(2)技巧性强。索赔本身就是属于技巧性的工作,反索赔必须对承包人提出的索赔进行反驳,因此它必须具有更高水平的技巧性,反索赔处理不当将会引起诉讼。

(3)发包人地位的主动性。在反索赔过程中,发包人始终处于主动有利的地位,发包人在经监理工程师证明承包人违约后,可以直接从应付工程款中扣回款项,或者从银行保函中得以补偿。

2.反索赔的内容

在施工过程中,业主反索赔的主要内容有以下几项。

1)工程质量缺陷的反索赔

当承包人的施工质量不符合施工技术规程的要求,或在保修期未满以前未完成应该负责修补的工程时,业主有权向承包人追究责任。如果承包人未在规定的期限内完成修补工作,业主有权雇用他人来完成工作,发生的费用由承包人负担。

2)拖延工期的反索赔

在工程施工过程中,由于多方面的原因,工程竣工日期往往拖后,影响到业主对该工程的利用,给业主带来经济损失,业主有权对承包人进行索赔,由承包人支付延期竣工违约金。承包人支付此项违约金的前提是工期延误的责任属于承包人。土木工程施工合同

中的误期违约金,通常是由业主的招标文件确定的。业主在确定违约的费率时,一般应考虑以下因素:

（1）业主盈利损失。

（2）工期延长而引起的贷款利息增加。

（3）工期延长带来的附加监理费。

（4）工期延长而引起的租用其他建筑物的租赁费增加。

至于违约金的计算方法,在工程承包合同文件中均有具体规定。一般按每延误1天赔偿一定款额的方法计算,累计赔偿额一般不超过合同总额的10%。

3）保留金的反索赔

保留金是从业主应付工程款项中扣留下来用于工程保修期内支付施工维修的款项,当承包人违反工程保修条款或未能按要求及时负责工程维修时,业主可向承包人提出索赔。

4）发包人其他损失的反索赔

（1）承包人不履行的保险费用索赔。如果承包人未能按合同条款制定的项目投保,并保证保险有效,业主可以投保并保证保险有效,业主所支付的必要保险费可在应付给承包人的款项中扣回。

（2）超额利润的反索赔。由于工程量增加很多（超过有效合同价的15%）,承包人预期的收入增大,承包人并不会增加任何固定成本,收入大幅度增加;或由于法规的变化导致承包人在工程实施中降低成本,产生超额利润,在这种情况下,应由双方讨论,重新调整合同价格,业主收回部分超额利润。

（3）对指定分包商的付款赔索。在工程承包人未能提供指定分包商付款合理证明时,业主可以直接按照监理工程师的证明书,将承包人未付给指定分包商的所有款项（扣除保留金）付给该分包商,并从应付承包人的任何款项中如数扣回。

（4）业主合理终止合同或承包人不正当地放弃工程的索赔。如果业主合理地终止承包人的承包,或者承包人不合理地放弃工程,则业主有权从承包人手中收回新的承包人完成工程所需的工程款与原合同未付部分的差额。

（5）工伤事故给业主方人员和第三方人员造成的人身或财产损失的索赔,以及承包人运送建筑材料及施工机械设备时损坏公路、桥梁或隧洞,道桥管理部门提出的索赔等。

（五）工程索赔的技巧及关键

1.索赔的技巧

索赔的技巧应因索赔对象、客观环境条件而异,主要有以下几个方面的做法。

1）及时发现索赔机会

在工程投标报价时,承包人必须仔细研究招标文件中的合同条款和规范,仔细踏勘施工现场,探索索赔的可能性,考虑将来可能发生索赔的问题,及时发现索赔的机会。

2）商签合同协议

在承包人合同的商签过程中,承包人应对明显把重大风险转嫁非承包人的合同条件提出看法与要求,对达成修改的协议,应以"谈判纪要"的形式做好记录,作为该合同文件的有效组成部分,对业主开脱责任的条款要特别注意。

3)确认监理工程师口头变更指令

在工程实施中,监理工程师常常会用口头指令变更工程,如果承包人按其口头指令进行变更工程的施工后,不及时对监理工程师的口头指令予以书面确认,之后,当承包人提出工程索赔,监理工程师矢口否认,拒绝承包人的工程索赔要求,承包人将有苦难言。

4)及时发出索赔通知书

在工程承包合同中,根据建设工程施工承包合同规定,索赔事件发生后的一定时间内,承包人必须送出索赔通知书,过期无效。若承包人不发出索赔通知书,发包人可以认为干扰事件的发生并没有给承包人造成损失,无需索赔。

5)索赔事件论证要充足

承包合同通常都有规定,承包人在发出索赔通知书后,每隔一定时间(28天),应报送一次证据资料,在索赔事件结束后28天内报送总结性的索赔计算及索赔论证,提交索赔报告。索赔报告一定要令人信服,经得起推敲。

6)索赔计价方法和款额要适当

索赔计算时采用适当的计算方法,如附加成本法。这种方法只计算索赔事件引起的计划外的附加开支,计价项目具体,便于经济索赔较快得到解决。

7)力争单项索赔,避免一揽子索赔

单项索赔事件简单,容易解决,而且能及时得到支付。一揽子索赔问题复杂,金额大,不易解决,往往到工程结束后还得不到付款。

8)坚持采用清理账目法

采用清理账目法是指承包人在接受业主按某项索赔的当月结算索赔款时,对该项索赔款的余款部分以清理账目法的形式保留文字依据,以保留自己今后获得索赔款余额的权利。

在索赔支付过程中,承包人和监理工程师经常对确定新单价和工程量存在不同意见。按合同规定,监理工程师有权确定分项工程单价,如果承包人认为监理工程师的决定不尽合理,而坚持自己的要求,可同意接受监理工程师决定的临时单价或临时价格付款,先拿到一部分索赔款,对其余不足部分,则书面通知监理工程师和业主,作为索赔款的余额,保留自己的索赔权利,否则等于同意并承认了业主对索赔的付款,以后对余额再无权追索,失去了将来要求付款的权利。

9)力争友好解决,防止对立情绪

索赔争端是难免的,如果遇到争端而又不能理智地协商、讨论问题,就会使一些本来可以解决的问题难以解决。承包人尤其要保持头脑冷静,防止对立情绪,力争友好地解决索赔争端。

10)注意与监理工程师搞好关系

监理工程师是处理解决索赔问题的公正的第三方,注意与其搞好关系,争取得到监理工程师的公正裁决,竭力避免仲裁和诉讼。

2. 工程索赔的关键

1)组建强有力的、稳定的索赔班子

索赔是一项复杂、细致而艰苦的工作,组建一个知识全面、有丰富经验、稳定的索赔小组是索赔成功的首要条件。索赔小组应由项目经理、合同法律专家、造价师、会计师、施工工程师和文秘公关人员组成,索赔管理人员应具有良好的综合素质,工作勤奋务实、思路敏捷,善于逻辑推理,懂得搞好各方的公共关系,要懂得索赔战略和策略的灵活应用。

2)确定正确的索赔战略和策略

索赔战略和策略是承包人经营战略和策略的一部分。索赔战略和策略的研究,对不同的情况,有不同的重点和内容,一般应包含以下几个方面:

(1)确定索赔目标。

承包人的索赔目标是指承包人对索赔的基本要求,可对要达到的目标进行分解,按难易程度进行排序,并分析它们实现的可能性,从而确定最低目标与最高目标。

分析实现目标的风险,包括能否抓住索赔机会,保证在索赔有效期内提出索赔;能否按期完成合同规定的工程量,执行业主加速施工指令;能否保证工程质量,按期交付工作;工程中出现失误后的处理办法等。总之,要注意对风险的防范,否则就会影响索赔目标的实现。

(2)对被索赔方的分析。

分析对方的兴趣和利益所在,让索赔在友好和谐的气氛中进行,处理好单项索赔和一揽子索赔的关系。对于理由充分而重要的单项索赔,承包人应力争尽早解决;对于业主坚持拖后解决的索赔,承包人要按业主的意见,认真积累有关资料,为一揽子索赔的解决准备好材料。要根据对方的利益所在,对双方感兴趣的问题,承包人应在不过多损害自身利益的情况下做适当让步;在责任分析和法律分析方面要适当,当对方愿意接受索赔时,要得理让人,否则达不到索赔目的。

(3)承包人的经营战略分析。

承包人的经营战略直接制约着索赔的策略和计划,在分析业主情况和工程所在地的情况以后,承包人应对有无可能与业主继续进行新的合作,是否在当地继续扩展业务,承包人与业主之间的关系对当地开展业务有何影响等问题进行分析。这些问题决定着承包人整个索赔要求和解决的方法。

(4)相关关系分析。

承包人主动与业主沟通,同相关单位搞好关系,展开"公关",取得他们的同情和支持,这就要求承包人对这些单位的关键人物进行分析,并同他们建立好关系。利用他们同业主的关系从中周旋、调停,能使索赔达到十分理想的效果。利用监理工程师、设计单位、业主的上级主管部门对业主施加影响,往往比同业主直接谈判有效。

(5)谈判过程分析。

一切索赔的计划和策略都是在谈判桌上体现和接受检验的,因此在谈判之前要充分做好准备,对谈判的可能过程要做好分析。如怎样保持谈判的友好和谐气氛,估计对方在谈判过程中会是什么问题,采取什么行动,应采取什么措施争取有利的时机等。索赔谈判是承包人要求业主承认自己的索赔,业主总是处于有利的地位。如果谈判一开始就气氛紧张,情绪对立,有可能导致业主拒绝谈判,使谈判进入"持久战",不利于索赔问题的解决。谈判应从业主关心的议题入手,从业主感兴趣的问题开谈,谈判过程中重要的是要使谈判始终保持友好和谐的气氛。

职业能力训练七

一、单项选择题

1. 仲裁机构作出裁决后,一方当事人申请执行裁决,另一方当事人申请撤销裁决的,(　　)应当裁定中止执行。

　　A. 行政机关　　　　B. 仲裁机构　　　　C. 人民法院　　　　D. 公证机关

2. 发包人(　　)将应当由一个承包人完成的建设工程施工肢解成若干部分发包给几个承包人。

　　A. 不得　　　　　　B. 可以　　　　　　C. 有时可以　　　　D. 不宜

3. 承包人(　　)将其承包的全部建设工程转包给第三人。

　　A. 应当　　　　　　B. 不得　　　　　　C. 可以　　　　　　D. 不宜

4. (　　)就是将应当由一个承包人完成的建设工程肢解成若干个部分发包给几个承包人的行为。

　　A. 总承包　　　　　B. 肢解发包　　　　C. 分包　　　　　　D. 转包

5. (　　)是指建设工程的承包人将其承包的建设工程倒手转让给他人,使他人实际上成为该建设工程新的承包人的行为。

　　A. 承包　　　　　　B. 发包　　　　　　C. 转包　　　　　　D. 分包

6. 发包人要求承包人按照合同规定投保了工程险(　　)。

　　A. 全部转移给保险公司　　　　　　　　B. 部分转移给保险公司

　　C. 全部转移给承包人　　　　　　　　　D. 免除了发包人的全部工程风险

7. 工程现场发现文物,承包人应采取保护措施,并立即通知监理人,由此增加的费用和延误工期应(　　)。

　　A. 由文物部门承担　　　　　　　　　　B. 由发包人承担

　　C. 由监理人承担　　　　　　　　　　　D. 由承包人承担

8. 在施工合同履行中,如果发包人要取消(　　),应由监理人发布变更指示,按变更处理。

　　A. 合同　　　　　　　　　　　　　　　B. 承包人资格

　　C. 监理人决定　　　　　　　　　　　　D. 合同任何一项工作

9. 合同争议也称合同纠纷,是指合同当事人之间基于合同而产生的(　　)的分歧。

　　A. 职权、范围　　B. 责任、制度　　C. 保险、管理　　D. 权利、义务

10. 当事人采用仲裁方式解决纠纷,应当双方自愿,达成仲裁协议。没有仲裁协议,一方申请仲裁的仲裁委员会(　　)。

　　A. 不予受理　　　　　　　　　　　　　B. 应当受理

　　C. 可以受理　　　　　　　　　　　　　D. 请求上级机关解决

11. (　　)的变更指示一般均应以书面的变更通知或变更令的形式发布。

　　A. 监理人　　　　B. 发包人　　　　C. 承包人　　　　D. 设计人

12.索赔的过程实际上就是运用法律知识维护自身(　　)的过程。

    A.合法权益　　　　B.形象　　　　　　C.利益　　　　　　D.名声

13.索赔必须建立在(　　)的基础上,不论是经济损失还是权力损害,受损害方才能向对方索赔。

    A.对方当事人违约　　　　　　　　B.索赔意向书

    C.缔约过失　　　　　　　　　　　D.损害后果已客观存在

14.(　　)索赔是指承包人所提出的索赔要求,在该建设工程施工合同文件中有文字依据,承包人可以据此提出索赔要求,并取得经济补偿或工期补偿。

    A.合同规定的　　B.非合同规定的　　C.道义的　　　　　D.法定的

二、多项选择题

1.根据风险原因的性质,风险可分为(　　)风险和对方的资质与信誉风险。

    A.政治　　　　　　B.经济　　　　　　C.法定　　　　　　D.技术

    E.商务

2.工程发生下列备选项中,(　　)损失和损坏,均应由发包人承担风险责任。

    A.发包人负责的过程设计不当造成　　B.发生施工质量安全事故造成

    C.由于发包人责任造成工程设备　　　D.承包人违约

    E.其他由于发包人原因造成

3.工程发生下列备选项中,承包人(　　)造成的损失和损坏,均应由承包人承担风险责任。

    A.对工程照管不周　　　　　　　　B.未履行合同义务

    C.施工组织措施失误　　　　　　　D.按监理人指示

    E.执行发包人指令

4.(　　)应以承包人和发包人的共同名义投保。

    A.第三者责任险　　　　　　　　　B.人员工伤事故险

    C.施工设备险　　　　　　　　　　D.开工至完工期间的工程险

    E.承包人和发包人的财产险

5.施工合同中,以承包人的单方名义办理的保险为(　　)。

    A.施工设备险　　　　　　　　　　B.第三者责任险

    C.施工人员工伤事故险　　　　　　D.工程险

    E.工程一切险

6.下列说法正确的有(　　)。

    A.禁止承包人将工程分包给不具备相应资质条件的单位

    B.禁止发包人将工程发包给不具有相应资质条件的单位

    C.禁止分包单位将其承包的工程再分包

    D.建设工程主体结构的施工无需由承包人自行完成

    E.建设工程主体结构的施工必须由承包人自行完成

7.《合同法》禁止(　　)等分包活动。

A.承包人将承包的全部建设工程肢解后分别分包给第三人

B.分包人将承包的工程再分包

C.承包人将专业性强的部分工程分包给第三人

D.分包人不具备相应资质条件

E.承包人将主体工程分包给第三人

8.在建筑工程一切险中,保险人对(　　　)等原因造成的损失负责赔偿。

　　A.自然事件　　　　　　　　　　　　B.事件错误

　　C.意外事件　　　　　　　　　　　　D.自然磨损

　　E.维修养护

9.(　　　)不属于承包人风险。

　　A.异常恶劣天气　　　　　　　　　　B.一般天气问题

　　C.非承包人承担的设计文件缺陷　　　D.承包人工人罢工

　　E.发包人提供的工程设备

10.(　　　)应以承包人和发包人的共同名义投保。

　　A.第三者责任险　　　　　　　　　　B.人员工伤事故险

　　C.施工设备险　　　　　　　　　　　D.开工至完工期间的工程险

　　E.承包人的财产险

11.按照目的的不同,索赔可分为(　　　)。

　　A.合同内索赔　　　　　　　　　　　B.道义索赔

　　C.工期索赔　　　　　　　　　　　　D.费用索赔

　　E.单项索赔

12.依据合同法,判断属于非法分包工程的情形包括(　　　)。

　　A.将承包的工程肢解后全部分包出去　　B.承包分包工程后再分包

　　C.经发包人和监理人同意将所承包工程的某项专业施工任务分包

　　D.将主题工程的结构施工分包　　　　E.未经发包人或监理人同意的分包

13.下列有关索赔的说法,正确的是(　　　)。

　　A.索赔的提出应以损失与损害客观存在为基础

　　B.索赔应以合同或适用的法律、法规、规章为依据

　　C.索赔必然有对方当事人违约的事实存在

　　D.索赔是合同当事人正常的权利

　　E.监理人对合同索赔有最终决定权

14.在施工过程中,发生下列(　　　)情况之一使关键项目的施工进度计划拖后而造成工期延误时,承包人可要求发包人延长合同规定的工期。

　　A.增加合同中任何一项的工作内容　　B.异常恶劣的气候条件

　　C.增加额外的工程项目　　　　　　　D.改变合同中任何一项工作的标准

　　E.施工设备故障引起的工期延误

15.根据我国法律,判断下列备选项中,哪些说法是不正确的?(　　　)

　　A.将承包的全部工程分包给其他人实施

B. 按合同约定将特殊专业工程分包给其他单位

C. 将承包的主体结构工程分包出去

D. 承接分包工程后进行再分包

E. 将承包的工程肢解后全部分包出去

三、案例分析题

1. 某大型水利工程项目由三个单项工程组成,发包人与监理单位及承包单位分别签订了施工阶段的监理合同和工程承包合同(总承包)。

(1)在施工过程中,监理单位发现施工总承包人选用的施工材料质量不合格,因情况紧急,即下令停止施工,事后马上报告发包人,并指令施工总承包人改用经监理人自主调查比价后的材料。

问题:

你认为监理人的做法哪些对? 哪些不妥?

(2)在监理活动中,遇到下列两件事:

①在进行建筑物基础开挖时,施工总承包人发现一些地方的管线在原资料中未作说明,由此承包人需作处理,增加工程量,故与发包人口头商定同意增补额外费用,后在索赔时,发包人不予兑现。

②施工期间适逢当地雨季,延误了某一工程的工期,该工程正处于网络进度计划中的关键线路上,为此承包人提出工期索赔的要求。

问题:

请分析上述两索赔案例。

2. 某引水渠工程长5 km,渠道断面为梯形开敞式,用浆砌石衬砌。采用单价合同发包给承包人A。合同开工日期为3月1日。合同工程量清单中土方开挖工程量为10万m^3,单价为10元/m^3。合同规定工程量清单中项目的工程量增减变化超过20%时,属于变更。

在合同实施过程中发生下列事项:

(1)项目法人采用专家建议并通过专题会议论证,拟采用现浇混凝土板衬砌方案。承包人通过其他渠道得到信息后,在未得到监理工程师指示的情况下对现浇混凝土板衬砌方案进行了一定的准备,并对原有工作(如石料采购、运输、工人招聘等)进行了一定的调整。但是,由于其他原因现浇混凝土板衬砌方案未予正式采用实施。承包人在分析了由此造成的费用损失和工期延误基础上,向监理工程师提交了索赔报告。

(2)合同签订后,承包人按规定时间向监理工程师提交了施工中进度计划并得到监理工程师的批准。但是,由于6、7、8、9月为当地雨季,降雨造成了必要的停工、工效降低等,实际进度比原施工进度计划缓慢,为保证工程按合同工期完成,承包人增加了挖掘、运输设备和衬砌工人。由此,承包人向监理工程师提出了索赔报告。

(3)渠道某段长500 m为深槽明挖段。实际施工中发现,地下水位比招标文件资料提供的地下水位高3.10 m(属于发包人提供资料不准),需要采取降水措施才能正常施工。据此,承包人提出了降低地下水位的措施并按规定程序得到监理工程师的批准。同时,承包人提出了费用补偿要求,但未得到发包人的同意。发包人拒绝的理由是:地下水位变化属于正常现象,为承包人风险。在此情况下,承包人采取了暂停施工的做法。

(4)合同实施中,承包人实际完成并经监理工程师签认的土方开挖工程量为 12 万 m^3,经合同双方协商,对超过合同规定百分比的工程量按照调整单价 11 元/m^3 结算。

问题:

(1)事项(1)所述情况,承包人能否得到索赔?

(2)事项(2)所述情况,承包人能否得到索赔?

(3)事项(3)所述情况,承包人是否有权得到费用补偿? 承包人的行为是否符合合同约定?

(4)事项(4)所述情况,承包人是否有权延长工期? 承包人有权得到土方开挖多少价款?

项目八　工程项目安全管理

【学习目标】

　　了解施工不安全因素分析;熟悉工程施工安全责任,安全技术操作规程中有关施工安全的规定,工程安全技术措施审查,施工现场安全控制;掌握施工单位安全保证体系,施工安全技术措施。

【学习任务】

　　(1)施工不安全因素分析。

　　(2)工程施工安全责任。

　　(3)施工安全控制体系和保证体系。

　　(4)施工技术措施审核和施工现场的安全控制。

【任务分析】

　　在工程建设活动中,没有危险,不出事故,不造成人身伤亡、财产损失,这就是安全。因此,施工安全不但包括施工人员和施工管(监)理人员的人身安全,也包括财产(机械设备、物资等)的安全。

　　保证安全是项目施工中的一项重要工作。施工现场场地狭小,施工人员众多,各工种交叉作业,机械施工与手工操作并进,高空作业多,而且大部分是露天、野外作业。特别是水利水电工程又多在河道上兴建,环境复杂,不安全因素多,所以安全事故也较多。因此,工程项目管理人员必须充分重视安全控制,督促和指导施工承包商从技术上、组织上采取一系列必要的措施,防患于未然,保证项目施工的顺利进行。

　　施工安全控制中的主要任务有:充分认识施工中的不安全因素,建立安全监控的组织体系,审查施工承包商的安全措施。

【任务实施】

任务一　施工不安全因素分析

　　施工中的不安全因素很多,而且随工种不同、工程不同而变化,但概括起来,这些不安全因素主要来自人、物和环境三个方面。因此,一般来说,施工安全控制就是对人、物和环境等因素进行控制。

一、人的不安全行为

　　人既是管理的对象,又是管理的动力。人的行为是安全生产的关键。在施工作业中存在的违章指挥、违章作业以及其他行为都有可能导致生产安全事故的产生。统计资料表明,88%的安全事故是人的不安全行为造成的。通常不安全行为主要有以下几个方面:

　　(1)违反上岗身体条件规定。如患有不适合从事高空和其他施工作业相应的疾病;

未经严格身体检查,不具备从事高空、井下、水下等相应施工作业规定的身体条件;疲劳作业和带病作业。

(2)违反上岗规定。无证人员从事需持证上岗岗位作业,非定机、定岗人员擅自操作等。

(3)不按规定使用安全防护品。进入施工现场不佩戴安全帽,高空作业不佩挂安全带或挂置不可靠,在潮湿环境中有电作业不使用绝缘防护品等。

(4)违章指挥。在作业条件未达到规范、设计条件下,组织进行施工;在已经不适应施工的条件下,继续进行施工;在已发事故安全隐患未排除时,冒险进行施工;在安全设施不合格的情况下,强行进行施工;违反施工方案和技术措施;施工中出现异常的情况下,做了不当的处置等。

(5)违章作业。违反规定的程序、规定进行作业。

(6)缺乏安全意识。

二、物的不安全状态

物的不安全状态主要表现在以下三方面:

(1)设备、装置的缺陷。主要是指设备、装置的技术性能降低、强度不够、结构不良、磨损、老化、失灵、腐蚀、物理和化学性能达不到要求等。

(2)作业场所的缺陷。主要是指施工作业场地狭小,交通道路不宽畅,机械设备拥挤,多工种交叉作业组织不善,多单位同时施工等。

(3)物资和环境的危险源。化学方面:氧化、易燃、毒性、腐蚀等;机械方面:振动、冲击、位移、倾覆、陷落、抛飞、断裂、剪切等;电气方面:漏电、短路、电弧、高压带电作业等;自然环境方面:辐射、强光、雷电、风暴、浓雾、高低温、洪水、高压气体、火源等。

上述不安全因素中,人的不安全因素是关键因素,物的不安全因素是通过人的生理和心理状态而起作用的。因此,项目管理人员在安全控制中,必须将两类不安全因素结合起来综合考虑,才能达到确保安全的目的。

三、施工中常见的引起安全事故的因素

(一)高处坠落引起的安全事故

高空作业四面临空,条件差,危险因素多,因此无论是水利水电工程还是其他建筑工程,高空坠落事故特别多,其主要不安全因素有:

(1)安全网或护栏等设置不符合要求。高处作业点的下方必须设置安全网、护栏、立网、盖好洞口等,从根本上避免人员坠落或万一有人坠落时也能免除或减轻伤害。

(2)脚手架和梯子结构不牢固。

(3)施工人员安全意识差。例如,高空作业人员不系安全带、高空作业的操作要领没有掌握等。

(4)施工人员身体素质差。如患有心脏病、高血压等。

(二)使用起重设备引起的安全事故

起重设备,如塔式、门式起重机等,其工作特点是塔身较高,行走、起吊、回转等作业可

同时进行。这类起重机较突出的大事故发生在"倒塔"、"折臂"和拆装时。发生这类事故的主要原因有：

（1）司机操作不熟练，引起误操作。

（2）超负荷运行，造成吊塔倾倒。

（3）斜吊时，吊物一离开地面就绕其垂直方向摆动，极易伤人，同时也会引起倒塔。

（4）轨道铺设不合规定，尤其是地锚埋设不合要求，安全装置失灵。如起重量限制器、吊钩离度限制器、幅度指示器、夹轨等的失灵。

（三）施工用电引起的安全事故

电气事故的预兆性不直观、不明显，而事故的危害很大。使用电气设备引起触电事故的主要原因有：

（1）违章在高压线下施工，而未采取其他安全措施，以致钢管脚手架、钢筋等碰上高压线而触电。

（2）供电线路铺设不符合安装规程。如架设得太低、导线绝缘损坏、采用不合格的导线或绝缘子等。

（3）维护检修违章。移动或修理电气设备时没有预先切断电源，用湿手接触开关、插头，使用不合格的电气安全用具等。

（4）用电设备损坏或不合格，使带电部分外露。

（四）爆破引起的安全事故

无论是露天爆破、地下爆破，还是水下爆破，都发生过许多安全事故，其主要原因可归结为以下几方面：

（1）炮位选择不当，最小抵抗线掌握不准，装药量过多，放炮时飞石超过警戒线，造成人身伤亡或损坏建筑物和设备。

（2）违章处理瞎炮，拉动起爆体触响雷管，引起爆炸伤人。

（3）起爆材料质量不符合标准，发生早爆或迟爆。

（4）人员、设备在起爆前未按规定撤离或爆破后人员过早进入危险区造成事故。

（5）爆破时，点炮个数过多，或导火索太短，点炮人员来不及撤到安全地点而发生爆炸。

（6）电力起爆时，附近有杂散电流或雷电干扰发生早爆。

（7）用非爆破专业测试仪表测量电爆网络或起爆体，因其输出电流强度大于规定的安全值而发生爆炸事故。

（8）大量爆破对地震波、空气冲击和飞石的安全距离估计不足，附近建筑物和设备未采取相应的保护措施而造成损失。

（9）爆炸材料不按规定存放或警戒，管理不严，造成爆炸事故。

（10）炸药仓库位置选择不当，意外因素引起爆炸事故。

（11）变质的爆破材料未及时处理，或违章处理造成爆炸事故。

（五）坍塌引起的安全事故

施工中引起塌方的原因主要有：

（1）边坡修得太小或在堆放泥土施工中，大型机械离沟坑边太近。这些均会增大土体的滑动力。

(2)排水系统设计不合理或失效。这使得土体抗滑力减小,滑动力增大,易引起塌方。

(3)由流砂、涌水、沉陷和滑坡引起的塌方。

(4)发生不均匀沉降和显著变形的地基。

(5)因违规拆除结构件、拉结件或其他原因造成破坏的局部杆件或结构。

(6)受载后发生变形、失稳或破坏的局部杆件。

四、安全技术操作规程中关于安全的规定

(一)高处施工安全规定

(1)凡在坠落高度基准面 2 m 和 2 m 以上有可能坠落的高处进行作业,均称为高处作业。高处作业的级别:高度在 2~5 m 时,称为一级高处作业;在 5~15 m 时,称为二级高处作业;在 15~30 m 时,称为三级高处作业;在 30 m 以上时,称为特级高处作业。

(2)特级高处作业,应与地面设联系信号或通信装置,并应有专人负责。

(3)遇有 6 级以上的大风,没有特别可靠的安全措施,禁止从事高处作业。

进行三级、特级和悬空高处作业时,必须事先制定安全技术措施,施工前,应向所有施工人员进行技术交底,否则,不得施工。

(4)高处作业使用的脚手架上,应铺设固定脚手板和 1 m 高的护身栏杆。安全网必须随着建筑物升高而提高,安全网距离工作面的最大高度不超过 3 m。

(二)使用起重设备安全规定

(1)司机应听从作业指挥人员的指挥,得到信号后方可操作。操作前必须鸣号,发现停车信号(包括非指挥人员发出的停车信号)应立即停车。司机要密切注视作业人员的动作。

(2)起吊物件的重量不得超过本机的额定起重量,禁止斜吊、拉吊和起吊埋在地下或与地面冻结以及被其他重物卡压的物件。

(3)当气温低于 −20 ℃或遇雷雨大雾和六级以上大风时,禁止作业(高架门机另有规定)。夜间工作,机上及作业区域应有足够的照明,臂杆及竖塔顶部应有警戒信号灯。

(三)施工用电安全规定

(1)现场(临时或永久)110 V 以上的照明路线必须绝缘良好,布线整齐且应相对固定,并经常检查维修。照明灯悬挂高度应在 2.5 m 以上,经常有车辆通过进出,悬挂高度不得小于 5 m。

(2)行灯电压不得超过 36 V,在潮湿地点、坑井、洞内和金属容器内部工作时,行灯电压不得超过 12 V,行灯必须带有防护网罩。

(3)110 V 以上的灯具只可作固定照明用,其悬挂高度一般不得低于 2.5 m,低于 2.5 m 时,应设保护罩,以防人员意外接触。

(四)爆破施工安全规定

(1)爆破材料在使用前必须检验,凡不符合技术标准的爆破材料一律禁止使用。

(2)装药前,非爆破作业人员和机械设备均应撤离至指定安全地点或采取保护措施。

撤离之前不得将爆破器材运到工作面。装药时,严禁将爆破器材放在危险地点或机械设备和电源火源附近。

(3)爆破工作开始前,必须明确规定安全警戒线,制定统一的爆破时间和信号,并在制定地点设安全哨,执勤人员应有红色袖章、红旗和口笛。

(4)爆破后炮工应检查所有装药孔是否全部起爆,如发现瞎炮,应及时按照瞎炮处理的规定妥善处理。未处理前,必须在其附近设警戒人员看守,并设明显标志。

(5)地下相向开挖的两端相距 30 m 以内时,放炮前必须通知另一端暂停工作,退到安全地点;当相向开挖的两端相距 15 m 时,一端应停止掘进,单头贯通。

(6)地下井挖洞室内空气含沼气或二氧化碳浓度超过 1% 时,禁止进行爆破作业。

(五)土方施工安全规定

(1)严禁使用掏根搜底法挖土或将坡面挖成反坡,以免塌方,造成事故。当土坡上发现有浮石或其他松动突出的危石时,应通知下面工作人员离开,立即进行处理。弃料应存放到远离边线 5.0 m 以外的指定地点。当发现边坡有不稳定现象时,应立即进行安全检查和处理。

(2)在靠近建筑物、设备基础、路基、高压铁塔、电杆等附近施工时,必须根据土质情况、填挖深度等制定出具体防护措施。

(3)凡边坡高度大于 15 m,或有软弱夹层存在、地下水比较发育,以及岩层面或主要结构面的倾向与开挖面的倾向一致,且二者走向的边角小于 45° 时,岩石的允许边坡值要另外论证。

(4)在边坡高于 3 m、陡于 1:1 的坡上工作时,须挂安全绳,在湿润的斜坡上工作,应有防滑措施。

(5)施工场地的排水系统应有足够的排水能力和备用能力。一般应按比计算排水量加大 50% ~ 100% 进行准备。

(6)排水系统的设备应有独立的动力电源(尤其是洞内开挖),保证绝缘良好,动力线应架起。

任务二　工程施工安全责任

为了加强水利工程建设安全生产监督管理,明确安全生产责任,防止和减少安全生产事故,保障人民群众生命和财产安全。根据《中华人民共和国安全生产法》《建设工程安全生产管理条例》等法律、法规,结合水利工程的特点,水利部于 2005 年 7 月 22 日颁发了《水利工程建设安全生产管理规定》,2014 年 8 月 19 日水利部令第 46 号文对《水利工程建设安全生产管理规定》进行了修改;2015 年 7 月 31 日发布了《水利水电工程施工安全管理导则》(SL 721—2015)。

《水利工程建设安全生产管理规定》规定,项目法人、勘察(测)单位、设计单位、施工单位、建设监理单位及其他与水利工程建设安全生产有关的单位,必须遵守安全生产法律、法规和本规定,保证水利工程建设安全生产,依法承担水利工程建设安全生产责任。

一、建设单位的安全责任

(1)建设单位应当向施工单位提供施工现场及毗邻区域内供水、排水、供电、供气、供热、通信、广播电视等地下管线资料,气象和水文观测资料,相邻建筑物和构筑物、地下工程的有关资料,并保证资料的真实、准确、完整。

建设单位因建设工程需要,向有关部门或者单位查询前款规定的资料时,有关部门或者单位应当及时提供,以便能够在施工过程中采取相应的措施加以保护,避免在施工中挖断管线、损伤地下设施等。

(2)建设单位不得对勘察、设计、施工、工程监理等单位提出不符合建设工程安全生产法律、法规和强制性标准规定的要求,不得压缩合同约定的工期。

(3)建设单位在编制工程概算时,应当确定建设工程安全作业环境及安全施工措施所需费用,作为工程总造价的组成部分,以满足确保工程安全的需要。

(4)建设单位不得明示或者暗示施工单位购买、租赁、使用不符合安全施工要求的安全防护用具、机械设备、施工机具及配件、消防设施和器材。

(5)建设单位在申请领取施工许可证时,应当提供建设工程有关安全施工措施的资料。依法批准开工报告的建设工程,建设单位应当自开工报告批准之日起15日内,将保证安全施工的措施报送建设工程所在地的县级以上地方人民政府建设行政主管部门或者其他有关部门备案。

(6)建设单位应当将拆除工程发包给具有相应资质等级的施工单位。建设单位应当在拆除工程施工15日前,将下列资料报送建设工程所在地的县级以上地方人民政府建设行政主管部门或者其他有关部门备案:

①施工单位资质等级证明。

②拆除建筑物、构筑物及可能危及毗邻建筑的说明。

③拆除施工组织方案。

④堆放、清除废弃物的措施。

实施爆破作业的,应遵守国家有关民用爆炸物品管理的规定。

二、勘察(测)单位安全责任

勘察(测)单位应当按照法律、法规和工程建设强制性标准进行勘察(测),提供的勘察(测)文件必须真实、准确,满足水利工程建设安全生产的需要。

勘察(测)单位在勘察(测)作业时,应当严格执行操作规程,采取措施保证各类管线、设施和周边建筑物、构筑物的安全。

勘察(测)单位和有关勘察(测)人员应当对其勘察(测)成果负责。

三、设计单位安全责任

设计单位应当按照法律、法规和工程建设强制性标准进行设计,并考虑项目周边环境对施工安全的影响,防止因设计不合理导致生产安全事故的发生。

设计单位应当考虑施工安全操作和防护的需要,对涉及施工安全的重点部位和环节在设计文件中注明,并对防范生产安全事故提出指导意见。

采用新结构、新材料、新工艺以及特殊结构的水利工程,设计单位应当在设计中提出保障施工作业人员安全和预防生产安全事故的措施建议。

设计单位和有关设计人员应当对其设计成果负责。

设计单位应当参与与设计有关的生产安全事故分析,并承担相应的责任。

四、监理单位的安全责任

建设监理单位和监理人员应当按照法律、法规和工程建设强制性标准实施监理,并对水利工程建设安全生产承担监理责任。

建设监理单位应当审查施工组织设计中的安全技术措施或者专项施工方案是否符合工程建设强制性标准。

建设监理单位在实施监理过程中,发现存在生产安全事故隐患的,应该要求施工单位整改;对情况严重的,应当要求施工单位暂时停止施工,并及时向水行政主管部门、流域管理机构或者其委托的安全生产监督机构以及项目法人报告。

五、施工单位的安全责任

施工单位的安全责任主要包括以下几个方面:

(1)依法取得资质和承揽工程。施工单位从事建设工程的新建、扩建、改建和拆除等活动,应当具备国家规定的注册资本、专业技术人员、技术装备和安全生产等条件,依法取得相应等级的资质证书,并在其资质等级许可的范围内承揽工程。

施工单位应当依法取得安全生产许可证后,方可从事水利工程施工活动。

(2)具有安全生产管理机构和人员配备。施工单位应当设立安全生产管理机构,配备专职安全生产管理人员。专职安全生产管理人员负责对安全生产进行现场监督检查。发现安全事故隐患,应当及时向项目负责人和安全生产管理机构报告;对违章指挥、违章操作的,应当立即制止。

(3)施工单位主要负责人依法对本单位的安全生产工作全面负责。施工单位应当建立健全安全生产责任制度和安全生产教育培训制度,制定安全生产规章制度和操作规程,保证本单位建立和完善安全生产条件所需资金的投入,对所承担的水利工程进行定期和专项安全检查,并做好安全检查记录。

施工单位的项目负责人应当由取得相应执业资格的人员担任,对水利工程建设项目的安全施工负责,落实安全生产责任制度、安全生产规章制度和操作规程,确保安全生产费用的有效使用,并根据工程的特点组织制定安全施工措施,消除安全事故隐患,及时、如实报告生产安全事故。

(4)建立安全生产制度和操作规程。

①施工单位应当在施工现场建立消防安全责任制度,确定消防安全责任人,制定用火、用电、使用易燃易爆材料等各项消防安全管理制度和操作规程,设置消防通道、消防水源,配备消防设施和灭火器材,并在施工现场入口处设置明显标志。

②施工单位主要负责人依法对本单位的安全生产工作全面负责。施工单位应当建立

健全安全生产责任制度和安全生产教育培训制度,制定安全生产规章制度和操作规程,保证本单位安全生产条件所需资金的投入,对所承担的建设工程进行定期和专项安全检查,并做好安全检查记录。

③确保安全费用的投入和合理使用。

施工单位安全生产费用管理制度应明确安全费用使用、管理的程序、职责及权限等,应按规定及时、足额使用安全生产费用。安全生产费用应按照下列范围使用:完善、改造和维护安全防护设施设备支出(不含"三同时"要求初期投入的安全设施),包括施工现场临时用电系统、洞口、临边、机械设备、高处作业防护、交叉作业防护、防火、防爆、防尘、防毒、防雷、防台风、防地质灾害、地下工程有害气体监测、通风、临时安全防护等设施设备支出;配备、维护、保养应急救援器材、设备支出和应急演练支出;开展重大危险源和事故隐患排查、评估、监控和整改支出;安全生产检查、评估、咨询和标准化建设支出;配备和更新现场作业人员安全防护用品支出;安全生产宣传、教育、培训支出;适用的安全生产新技术、新标准、新工艺、新装备的推广应用支出;安全设施及特种设备检测、检验支出;安全生产信息化建设及相关设备支出;其他与安全生产相关的支出等。

(5)对管理和作业人员实行安全教育培训制度和考核上岗制度。

①垂直运输机械作业人员、安装拆卸工、爆破作业人员、起重信号工、登高架设作业人员等特种作业人员,必须按照国家有关规定经过专门的安全作业培训,并取得特种作业操作资格证书后,方可上岗作业。

②施工单位的主要负责人、项目负责人、专职安全生产管理人员应当经建设行政主管部门或者其他有关部门考核合格后方可任职。

③施工单位应当对管理人员和作业人员每年至少进行一次安全生产教育培训,其教育培训情况记入个人工作档案。安全生产教育培训考核不合格的人员,不得上岗。

④作业人员进入新的岗位或者新的施工现场前,应当接受安全生产教育培训。未经教育培训或者教育培训考核不合格的人员,不得上岗作业。

(6)明确安全生产责任。

①建设工程实行施工总承包的,由总承包单位对施工现场的安全生产负总责。总承包单位应当自行完成建设工程主体结构的施工。总承包单位依法将建设工程分包给其他单位的,分包合同中应当明确各自的安全生产方面的权利、义务。总承包单位和分包单位对分包工程的安全生产承担连带责任。

②分包单位应当服从总承包单位的安全生产管理,分包单位不服从管理导致生产安全事故的,由分包单位承担主要责任。

(7)对使用安全防护用品和施工机具设备的安全管理。

施工单位应当向作业人员提供安全防护用具和安全防护服装,并书面告知危险岗位的操作规程和违章操作的危害。

(8)编制安全控制措施。

施工单位应当在施工组织设计中编制安全技术措施,安全技术措施应包括下列内容:

①安全生产管理机构设置、人员配备和安全生产目标管理计划。

②危险源的辨识、评价及采取的控制措施、生产安全事故隐患排查治理方案。

③安全警示标志设置。

④安全防护措施。

⑤危险性较大的单项工程安全技术措施。

⑥对可能造成损害的毗邻建筑物、构筑物和地下管线等的专项防护措施。

⑦机电设备使用安全措施。

⑧冬季、雨季、高温等不同季节及不同施工阶段的安全措施。

⑨文明施工及环境保护措施。

⑩消防安全措施。

⑪危险性较大的单项工程专项施工方案等。

对下列达到一定规模的危险性较大的分部分项工程编制专项施工方案,并附具安全验算结果,经施工单位技术负责人、总监理工程师签字后实施,由专职安全生产管理人员进行现场监督:基坑支护与降水工程;土方开挖工程;模板工程;起重吊装工程;脚手架工程;拆除、爆破工程;围堰工程;国务院建设行政主管部门或者其他有关部门规定的其他危险性较大的工程。

对上述工程中涉及高边坡、深基坑、地下暗挖工程、高大模板工程的专项施工方案,施工单位还应当组织专家进行论证、审查。

(9)创建安全文明的施工现场。

①施工单位应当在施工现场入口处、施工起重机械、临时用电设施、脚手架、出入通道口、楼梯口、电梯井口、孔洞口、桥梁口、隧道口、基坑边沿、爆破物及有害危险气体和液体存放处等危险部位设置明显的安全警示标志。安全警示标志必须符合国家标准。

②施工单位应当将施工现场的办公、生活区与作业区分开设置,并保持安全距离;办公、生活区的选址应当符合安全性要求。职工的膳食、饮水、休息场所等应当符合卫生标准。施工单位不得在尚未竣工的建筑物内设置员工集体宿舍。

③施工单位应当遵守有关环境保护法律、法规的规定,在施工现场采取措施,防止或者减少粉尘、废气、废水、固体废物、噪声、振动和施工照明对人及环境的危害与污染。

(10)进行安全技术交底。

建设工程施工前,施工单位负责项目管理的技术人员应当对有关安全施工的技术要求向施工作业班组、作业人员做出详细说明,并由双方签字确认。

(11)起重机械和架设设施验收。

施工单位在使用施工起重机械和整体提升脚手架、模板等自升式架设设施前,应当组织有关单位进行验收,也可以委托具有相应资质的检验检测机构进行验收;使用承租的机械设备和施工机具及配件的,由施工总承包单位、分包单位、出租单位和安装单位共同进行验收。验收合格的方可使用。

任务三 施工单位安全控制体系和保证体系

对于某一施工项目,施工的安全控制从其本质上讲是施工承包人的份内工作。施工现场不发生安全事故,可以避免不必要损失的发生,保证工程的质量和进度,有助于工程项目的顺利进行。因此,作为监理工程师,有责任和义务督促或协助施工承包人加强安全控制。所以,施工安全控制体系包括施工承包人的安全保证体系和监理工程师的安全控制(监督)体系。监理工程师一般应建立安全科(小组)或设立安全工程师,并督促施工承包人建立和完善施工安全控制组织机构,由此形成安全控制网络。

一、安全生产管理机构和职责

(一)安全管理目标

(1)项目经理为施工项目安全生产第一责任人,对安全施工负全面责任。

(2)安全目标应符合国家法律、法规的要求并形成方便员工理解的文件,并保持实施。

(二)安全管理机构

施工单位应当成立安全生产领导小组,设置安全生产管理机构,配备专职安全生产管理人员,并报项目法人备案。

(三)安全生产领导小组职责

施工单位安全生产领导小组应每季度召开一次会议,并形成会议纪要印发相关单位。其主要职责有:

(1)贯彻国家有关法律、法规、规章、制度和标准,建立、完善施工安全管理制度。

(2)组织制订安全生产目标管理计划,建立健全项目安全生产责任制。

(3)部署安全生产管理工作,决定安全生产重大事项,协调解决安全生产重大问题。

(4)组织编制施工组织设计、专项施工方案、安全技术措施计划、事故应急救援预案和安全生产费用使用计划。

(5)组织安全生产绩效考核等。

(四)安全生产管理机构职责

(1)贯彻执行国家有关法律、法规、规章、制度、标准。

(2)组织或参与拟订安全生产规章制度、操作规程和生产安全事故应急救援预案,制订安全生产费用使用计划,编制施工组织设计、专项施工方案、安全技术措施计划,检查安全技术交底工作。

(3)组织重大危险源监控和生产安全事故隐患排查治理,提出改进安全生产管理的建议。

(4)负责安全生产教育培训和管理工作,如实记录安全生产教育和培训情况。

(5)组织事故应急救援预案的演练工作。

(6)组织或参与安全防护设施、设施设备、危险性较大的单项工程验收。

(7)制止和纠正违章指挥、违章作业和违反劳动纪律的行为。

(8)负责项目安全生产管理资料的收集、整理、归档,按时上报各种安全生产报表和材料。

(9)统计、分析和报告生产安全事故,配合事故的调查和处理等。

施工单位应每周由项目部负责人主持召开一次安全生产例会,分析现场安全生产形势,研究解决安全生产问题。各部门负责人、各班组长、分包单位现场负责人等参加会议。

会议应做详细记录,并形成会议纪要。

二、安全管理体系

(一)安全管理原则
(1)安全生产管理体系应符合工程项目的施工特点,使之符合安全生产法规的要求。
(2)形成文件。

(二)安全施工计划
针对工程项目的规模、结构、环境、技术含量、资源配置等因素进行安全生产策划,内容主要包括:
(1)配置必要的设施、装备和专业人员,确定控制和检查的手段与措施。
(2)确定整个施工过程中应执行的安全规程。
(3)冬季、雨季、雪天和夜间施工时安全技术措施及夏季的防暑降温工作。
(4)确定危险部位和过程,对风险大和专业性强的施工安全问题进行论证。
(5)因工程的特殊要求需要补充的安全操作规程。
根据策划的结果,编制安全保证计划。

三、采购机制

(1)施工单位对自行采购的安全设施所需的材料、设备及防护用品进行控制。确保符合安全规定的要求。
(2)对分包单位自行采购的安全设施所需的材料、设备及防护用品进行控制。

四、施工过程安全控制

(1)应对施工过程中可能影响安全生产的因素进行控制,确保施工项目按照安全生产的规章制度、操作规程和程序进行施工。
①进行安全策划,编制安全计划。
②根据项目法人提供的资料对施工现场及其受影响的区域内地下障碍物进行清除或采取相应措施对周围道路采取保护措施。
③落实施工机械设备、安全设施及防护品进场计划。
④指定现场安全专业管理、特种作业和施工人员。
⑤检查各类持证上岗人员资格。
⑥检查、验收临时用电设施。
⑦施工作业人员操作前,对施工人员进行安全技术交底。
⑧对施工过程中的洞口、高处作业所采取的安全防护措施,应规定专人进行检查。
⑨对施工中采取明火采取审批措施,现场的消防器材及危险物的运输、储存、使用应得到有效的管理。
⑩搭设或拆除的安全防护设施、脚手架、起重设备,如当天未完成,应设置临时安全措施。
(2)根据安全计划中确定的特殊的关键过程,落实监控人员,确定监控方式、措施并

实施重点监控,必要时应实施旁站监控。

①对监控人员进行技能培训,保证监控人员行使职责与权利不受干扰。

②危险性较大的悬空作业、起重机械安装和拆除等危险作业,编制作业指导书,实施重点监控。

③对事故隐患的信息反馈,有关部门应及时处理。

五、安全检查、检验和标识

（一）安全检查

(1)施工现场的安全检查,应执行国家、行业、地方的相关标准。

(2)应组织有关专业人员定期对现场的安全生产情况进行检查,并保存记录。

（二）安全设施所需的材料、设备及防护用品的进货检验

(1)应按安全计划和合同的规定,检验进场的安全设施所需的材料、设备及防护用品,是否符合安全使用的要求,确保合格品投入使用。

(2)对检验出的不合格品进行标识,并按有关规定进行处理。

（三）过程检验和标识

(1)按安全计划的要求,对施工现场的安全设施、设备进行检验,只有通过检验的设备才能安装和使用。

(2)对施工过程中的安全设施进行检查验收。

(3)保存检查记录。

六、事故隐患控制

对存在隐患的安全设施、过程和行为进行控制,确保不合格设施不使用、不合格过程不通过、不安全行为不放过。

七、纠正和预防措施

对已经发生或潜在的事故隐患进行分析并针对存在问题的原因,采取纠正和预防措施,纠正或预防措施应与存在问题的危害程度和风险相适应。

（一）纠正措施

(1)针对产生事故的原因,记录调查结果,并研究防止同类事故所需的纠正措施。

(2)对存在事故隐患的设施、设备、安全防护用品,先实施处置并做好标识。

（二）预防措施

(1)针对影响施工安全的过程,审核结果,安全记录等,以发现、分析、消除事故隐患的潜在因素。

(2)对要求采取的预防措施,制定所需的处理步骤。

(3)对预防措施实施控制,并确保落到实处。

八、安全教育和培训

(1)安全教育和培训应贯穿施工全过程,覆盖施工项目的所有人员,确保未经过安全生产教育培训的员工不得上岗作业。

（2）安全教育和培训的重点是管理人员的安全意识和安全管理水平，操作者遵章守纪、自我保护和提高防范事故的能力。

（3）施工单位的主要负责人、项目负责人、专职安全生产管理人员必须取得省级以上水行政主管部门颁发的安全生产考核合格证书，方可参与水利水电工程投标，从事施工管理工作。

施工单位主要负责人、项目负责人每年接受安全生产教育培训的时间不得少于30学时，专职安全生产管理人员每年接受安全生产教育培训的时间不得少于40学时，其他安全生产管理人员每年接受安全生产教育培训的时间不得少于20学时。

（4）施工单位对新进场的工人，必须进行公司、项目、班组三级安全教育培训，经考核合格后方能允许上岗。三级安全教育培训应包括下列主要内容：

①公司安全教育培训。主要学习国家和地方有关安全生产法律、法规、规章、制度、标准、企业安全管理制度和劳动纪律、从业人员安全生产权利和义务等。教育培训的时间不得少于15学时。

②项目安全教育培训。主要学习工地安全生产管理制度、安全职责和劳动纪律、个人防护用品的使用和维护、现场作业环境特点、不安全因素的识别和处理、事故防范等。教育培训的时间不得少于15学时。

③班组安全教育培训。主要学习本工种的安全操作规程和技能、劳动纪律、安全作业与职业卫生要求、作业质量与安全标准、岗位之间衔接配合注意事项、危险点识别、事故防范和紧急避险方法等。培训教育的时间不得少于20学时。

任务四　施工安全技术措施审核和施工现场的安全控制

一、施工安全技术措施

（一）施工安全技术措施概念

施工安全技术措施是指为防止工伤事故和职业病的危害，在工程项目施工中，针对工程特点，施工现场环境，施工方法，劳力组织，作业方法，使用的机械、动力设备、变配电设施、架设工具以及各项安全防护设施等制定的确保安全施工的技术措施，称为施工安全技术措施。施工安全技术措施是施工组织设计的重要组成部分。

（二）施工安全技术措施审核

水利水电工程施工的安全问题是一个重要问题，这就要求在每一单位工程和分部工程开工前，监理人单位的安全工程师首先要提醒施工承包人注意考虑施工中的安全措施。施工承包人在施工组织设计或技术措施中，必须充分考虑工程施工的特点，编制具体的安全技术措施，尤其是对危险工种要特别强调安全措施，工程在审核施工承包人的安全措施时，其要点如下。

1.超前性

安全措施应在开工前编制，在工程图纸会审时，就要考虑到施工安全。因为开工前已编审了安全技术措施,用于该工程的各种安全设施有较充分的时间做准备。为保证各种安全设施的落实,工程变更设计情况变化,安全技术措施也应相应及时补充完善。

2. 针对性

施工安全技术措施是针对每项工程特点而制定的,编制安全技术措施的技术人员必须掌握工程概况、施工方法、施工环境、条件等第一手资料,并熟悉安全法规、标准等,才能编写有针对性的安全技术措施,主要考虑以下几个方面:

(1)针对不同工程的特点可能造成施工的危害,从技术上采取措施,消除危险,保证施工安全。

(2)针对不同的施工方法,如井巷作业、水上作业、提升吊装、大模板施工等可能给施工带来的不安全因素,从技术上采取措施,保证施工安全。

(3)针对使用的各种机械设备、变配电设施给施工人员可能带来危险因素,从安全保险装置等方面采取的技术措施。

(4)针对施工中有毒有害、易燃易爆等作业,可能给施工人员造成的危害,采取措施,防止伤害事故。

(5)针对施工现场及周围环境,可能给施工人员或周围居民带来危害,以及材料、设备运输带来的不安全因素,从技术上采取措施,予以保护。

3. 可靠性

可靠性主要从以下几个方面考虑。

1)考虑是否全面

(1)充分考虑了工程的技术和管理的特点。

(2)充分考虑了安全保证要求的重点和难点。

(3)予以全过程、全方位的考虑。

(4)对潜在影响因素较为深入的考虑。

2)依据充分

(1)采用的标准和规定合适。

(2)依据的试验成果和文献资料可靠。

3)设计正确

(1)对设计方法及其安全保证度的选择正确。

(2)设计条件和计算简图正确,计算公式正确。

(3)按设计计算结果提出的结论和施工要求正确、适度。

4)规定明确

(1)技术与安全控制指标的规定明确。

(2)对检查和验收的结果规定明确。

(3)对隐患和异常情况的处理措施明确。

(4)管理要求和岗位责任制度明确。

(5)作业程序和操作要求规定明确。

5)便于落实

(1)无执行不了的和难以执行的规定和要求。

（2）有全面落实和严格执行的保证措施。

（3）有对执行中可能出现的情况和问题的处理措施。

6）能够监督

（1）单位的监控要求不低于政府和上级的监控。

（2）措施和规定全面纳入了监控要求。

4.安全技术措施中的安全限控要求

施工安全的限控要求是针对施工技术措施在执行中的安全控制点以及施工中可能出现的其他事故因素，做出相应的限制、控制的规定和要求。

（1）施工机具设备使用安全的限控要求。包括自身状况、装置和使用条件、运行程序和操作要求、运行工况参数（负载、电压等）。

（2）施工设施（含作业的环境条件）安全限控的要求。施工设施是指在建设工地现场和施工作业场所所设置的、为施工提供所需生产、生活、工作与作业条件的设施。包括现场围挡和安全防护设施，场地、道路、排水设施，现场消防设施，现场生产设施以及环境保护设施等。它们的共同特点是临时性。

安全作业环境则为实现施工作业安全所需的环境条件。包括安全作业所需要的环境条件，施工作业对周围环境安全的保证要求，确保安全作业所需要的施工设施和安全措施，安全生产环境（包括安全生产管理工作的状况及其单位、职工对安全的重视程度）。

（3）施工工艺和技术安全的限控要求。包括材料、构件、工程结构、工艺技术、施工操作等。

5.施工总平面图的安全技术要求审查

施工平面图布置是一项技术性很强的工作，若布置不当，不仅会影响施工进度，造成浪费，还会留下安全隐患。施工布置安全审查着重审核易燃、易爆及有毒物质的仓库和加工车间的位置是否符合安全要求；电气线路和设备的布置与各种水平运输、垂直运输线路的布置是否符合安全要求；高边坡开挖、洞井开挖布置是否有适合的安全措施。

6.对新技术等的审核

对方案中采用的新技术、新工艺、新结构、新材料、新设备等，特别要审核有无相应的安全技术操作规程和安全技术措施。

对施工承包人的各工种的施工安全技术，审核其是否满足《水利水电工程土建施工安全技术规程》（SL 399—2007）的要求。在施工中，常见的施工安全控制措施有以下几方面。

1）高空施工安全措施

（1）进入施工现场必须佩戴安全帽。

（2）悬空作业必须佩戴安全带。

（3）高空作业点下方必须设置安全网。

（4）楼梯口、预留洞口、坑井口等，必须设置围栏、盖板或架网。

（5）临时周边应设置围栏或安全网。

（6）脚手架和梯子结构牢固，搭设完毕要办理验收手续。

2)施工用电安全措施

(1)对常带电设备,要根据其规格、型号、电压等级、周围环境和运行条件,加强保护,防止意外接触,如对裸导线或母线应采取封闭、高挂或设置罩盖等绝缘、屏护遮栏,保证安全距离等措施。

(2)对偶然带电设备,如电机外壳、电动工具等,要采取保护接地或接零、安装漏电保护器等办法。

(3)检查、修理作业时,应采用标志和信号来帮助作业者做出正确的判断,同时要求他们使用适当的保护用具,防止触电事故发生。

(4)手持式照明器或危险场所照明设备要求使用安全电压。

(5)电气开关位置要适当,要有防雷措施,坚持一机一箱,并设门、锁保护。

3)爆破施工安全控制措施

(1)充分掌握爆破施工现场周围环境,明确保护范围和重点保护对象。

(2)正确设计爆破施工方案,明确安全技术措施。

(3)严格炮工持证上岗制度,并努力提高他们的安全意识,要求按章作业。

(4)装药前,严格检查炮眼深度、方位、距离是否符合设计方案。

(5)装药后,检查孔眼预留堵塞长度是否符合要求,检查覆盖网是否连接牢固。

(6)坚持爆破效果分析制度,通过检查分析来总结经验和教训,制定改进措施和预防措施。

二、部分工程安全技术措施审查

(1)土石方工程。主要审查开挖顺序和开挖方法,机械的选择及其安全作业条件,边坡的设计,深基坑边坡支护,清运作业安全,降水和防流砂措施,防滑坡和其他土石方坍塌措施,雨期施工安全措施。

(2)爆破工程。主要审查爆炸材料的运输和储存保管,爆破方案,引爆和控制爆破作业,防飞石、冲击波、灰尘的安全措施,瞎炮和爆破异常情况处置预案。

(3)脚手架工程。主要审查搭设高度,施工荷载,升降机构和升降操作,搭设和安装质量控制,防倾和防坠装置。

(4)模板工程。主要审查模板荷载的计算和控制,高支撑架的构造参数,对拉螺栓和连接构造,模板装置的高空拆除。

(5)安(吊)装工程。主要审查构件运输、拼装和吊装方案,最不利吊装工况的验算,起重机带载移动的验算,临时加固、临时固定措施,重要工程吊装系统的指挥和联络信号,吊装过程异常状态的处置预案。

三、施工现场安全控制

安全工程师在施工现场进行安全控制的任务有施工前安全措施落实情况检查、施工过程中安全检查和控制。

(一)施工前安全措施的落实检查

在施工承包人的施工组织设计或技术措施中,应对安全措施做出计划。由于工期、经费等原因,这些措施常得不到贯彻落实,因此安全工程师必须在施工前到现场进行实地检查。检查的办法是:将施工平面图和安全措施计划及施工现场情况进行比较,指出存在问题,并督促安全措施的落实。

(二)施工过程中的安全检查形式及内容

安全检查是发现施工过程中不安全行为和不安全状态的重要途径,是消除事故隐患、落实整改措施、防止事故伤害、改善劳动条件的重要方法。

1. 安全检查形式

施工过程中进行安全检查,其形式有:

(1)企业或项目定期组织的安全检查。

(2)各级管理人员的日常巡回检查、专业安全检查。

(3)季节性和节假日安全检查。

(4)班组自我检查、交接检查。

2. 安全检查内容

施工过程中进行安全检查,其主要内容有:

(1)查思想。即检查施工承包人的各级管理人员、技术干部和工人是否树立了"安全第一、预防为主"的思想,是否对安全生产给予足够的重视。

(2)查制度。即检查安全生产的规章制度是否建立健全和落实。如对一些要求持证上岗的特殊工种,上岗工人是否证照齐全。特别是承包人的各职能部门是否切实落实了安全生产的责任制。

(3)查措施。即检查所制定的安全措施是否有针对性,是否进行了安全技术措施交底,安全设施和劳动条件是否得到改善。

(4)查隐患。事故隐患是事故发生的根源,大量事故隐患的存在,必然导致事故的发生。因此,安全工程师还必须在查隐患上下功夫,对查出的事故隐患,要提出整改措施,落实整改的时间和人员。

(三)安全检查方法

施工过程中进行安全检查,其常用的方法有一般检查方法和安全检查表法。

1. 一般方法

常采用看、听、嗅、问、查、测、验、析等方法。

看:看现场环境和作业条件,看实物和实际操作,看记录和资料等。

听:听汇报、听介绍、听反映、听意见、听机械设备运转响声等。

嗅:对挥发物、腐蚀物等气体进行辨别。

问:对影响安全问题详细询问。

查:查明数据,查明问题,查清原因,追查责任。

测:测量、测试、监测。

验:进行必要的试验或化验。

析:分析安全事故的隐患、原因。

2. 安全检查表法

这是一种原始的、初步的定性分析方法,它通过事先拟定的安全检查明细表或清单,对安全生产进行初步的诊断和控制。

职业能力训练八

一、单项选择题

1. 高处作业是指凡在坠落高度基准面(　　)以上有可能坠落的高处进行的作业。
   A. 1.5 m及1.5 m　B. 2 m及2 m　　　　C. 2.5 m及2.5 m　D. 3 m及3.5 m

2. 依法批准开工报告的建设工程,建设单位应当自开工报告批准之日起(　　)日内,将保证安全施工的措施报送建设工程所在地的县级以上地方人民政府建设行政主管部门或者其他有关部门备案。
   A. 15　　　　　　　B. 20　　　　　　　C. 30　　　　　　　　D. 45

3. 垂直运输机械作业人员必须按照国家有关规定(　　)后,方可上岗作业。
   A. 经过专门的安全作业培训
   B. 取得特种作业操作资格证书
   C. 经过专门的安全作业培训,并取得特种作业操作资格证书
   D. 经过专门的安全作业培训,或取得特种作业操作资格证书

4. (　　)为施工项目安全生产第一责任人,对安全施工负全面责任。
   A. 施工单位　　　B. 项目经理　　　　C. 监理单位　　　D. 建设单位

5. 关于使用起重设备安全规定,下列说法错误的有(　　)。
   A. 司机应听从作业指挥人员的指挥,得到信号后方可操作
   B. 操作前必须鸣号,发现停车信号(包括非指挥人员发出的停车信号)应立即停车
   C. 起吊物件的重量不得超过本机的额定起重量
   D. 当遇到七级以上大风时,禁止作业(高架门机另有规定)

二、多项选择题

1. 施工安全包括(　　)。
   A. 施工人员的人身安全　　　　　B. 施工管(监)理人员的人身安全
   C. 机械设备的安全　　　　　　　D. 物资的安全

2. 下列属于不安全行为的有(　　)。
   A. 违反上岗身体条件规定　　　　B. 违反上岗规定
   C. 不按规定使用安全防护用品　　D. 违章作业违反规定的程序、规定进行作业

3. 施工单位在施工组织设计中应当对(　　)编制专项施工方案。
   A. 土方开挖工程　　　　　　　　B. 砌石工程
   C. 模板工程　　　　　　　　　　D. 基坑支护与降水工程

4. 下列属于作业场所缺陷的有(　　)。
   A. 施工作业场地狭小　　　　　　B. 交通道路不宽畅
   C. 机械设备拥挤
   D. 多工种交叉作业组织不善,多单位同时施工等

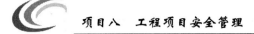

5.施工中常见的安全事故类型有( )。

   A.高处坠落引起的安全事故   B.使用起重设备引起的安全事故

   C.施工用电引起的安全事故   D.爆破引起的安全事故

   E.坍塌引起的安全事故

三、判断题

1.在工程建设活动中,没有危险,不出事故,不造成人身伤亡、财产损失,这就是安全。
                             ( )

2.起重设备的工作特点是:塔身较高,行走、起吊、回转等作业可同时进行。这类起重机较突出的大事故发生在“倒塔”、“折臂”和拆装时。   ( )

3.进行三级、特级和悬空高处作业时,必须事先制定安全技术措施,施工前,应向监理人员进行技术交底,否则,不得施工。   ( )

4.建设工程实行施工总承包的,由总承包单位对施工现场的安全生产负总责,分包单位没有责任。   ( )

5.安全教育和培训应贯穿施工全过程,覆盖施工项目的所有人员,确保未经过安全生产教育培训的员工不得上岗作业。   ( )

项目九　工程项目质量评定与验收

【学习目标】

能够对工程项目施工质量进行评定,对照单位工程、分部工程以及单元工程质量等级评定标准进行评定;能够掌握水利工程验收的分类及工作内容;掌握分部工程验收、阶段验收、单位工程完工验收、竣工验收和建设专项验收的要求。

【学习任务】

(1)水利工程质量评定。

(2)水利工程验收。

【任务分析】

能够进行工程项目质量评定与验收,必须熟悉相关的术语和评定质量等级标准,了解各种工程质量评定表的种类及填表基本要求。

【任务实施】

任务一　水利工程质量评定

一、工程质量评定

(一)水利水电工程质量的基本概念

水利水电工程质量是指工程满足国家和水利行业相关标准及合同约定要求的程度,在安全、功能、适用、外观及环境保护等方面的特性总和。

水利水电工程最重要的固有特性是安全性、功能、适用性、外观及环保功能。安全性指建筑物的强度、稳定性、耐久性对建筑物本身、人及周围环境的保证。功能指水利水电工程对建设目的(如蓄水、输水、发电、挡水、防洪等)的保证。适用性指工程技术先进、布局合理、使用方便、功能适宜。外观是工程外在质量特性的体现。环境保护指由于工程的兴建对自然环境和社会环境有利影响的利用程度和不利影响的减免或改善程度。国家及水利行业标准与合同的规定就是水利水电工程应满足的要求。水利水电工程质量包含设计质量、施工质量和管理质量。

(二)水利水电工程质量评定等级、依据

(1)水利水电工程质量评定等级分为合格、优良两级。

(2)水利水电工程施工质量等级评定依据:

①《水利水电工程施工质量检验与评定规程(附条文说明)》(SL 176—2007)和国家及水利水电行业有关规程、规范及技术标准。

②经批准的设计文件、施工图纸、金属结构设计图样与技术条件、设计修改通知书、厂家提供的设备安装说明书及有关技术条件。

③工程承发包合同中采用的技术标准。

④工程试运行的试验及观测分析成果。

(三)质量评定有关术语

单位工程:指具有独立发挥作用或独立施工条件的建筑物。

分部工程:指在一个建筑物内能组合发挥一种功能的建筑安装工程,是组成单位工程的各个部分。对单位工程安全、功能或效益起控制作用的分部工程称为主要分部工程。

单元工程:指分部工程中由几个工序(或工种)施工完成的最小综合体,是日常质量考核的基本单位。

重要隐蔽工程:指主要建筑物的地基开挖、地下洞室开挖,地基防渗、加固处理和排水等隐蔽工程中,对工程安全或使用功能有严重影响的单元工程。

工程关键部位:指对工程安全或效益,或使用功能有显著影响的单元工程。

中间产品:指工程施工中使用的砂石集料、石料、混凝土拌合物、砂浆拌合物、混凝土预制构件等土建类工程的成品及半成品。

外观质量:指通过观察和必要的量测所反映的工程外表质量。

(四)工程项目划分

项目划分的概念:通俗地讲,项目划分是依据设计、施工部署及工程结构特性等将工程建筑划分为一定数量的层、段、块,并根据规程规范对结构层、段和块进行质量评定。项目按级划分为单位工程、分部工程、单元(工序)工程等三级。

1.项目划分原则

水利水电工程项目划分应结合工程结构特点、施工部署及施工合同要求进行,划分结果应有利于保证施工质量以及施工质量管理,这是进行项目划分的基本原则。工程结构特点指建筑物的结构特点,如混凝土重力坝,可按坝段进行项目划分,土石坝应按防渗体、坝壳及排水堆石体等进行项目划分。施工部署指施工组织设计中对各建筑物施工时期的安排,同时应遵守有利于施工质量管理的原则。

1)单位工程项目划分原则

单位工程项目划分应按下列原则确定:

(1)枢纽工程,以每一座独立的建筑物为一个单位工程。工程规模大时,也可将一个建筑物中具有独立施工条件的一部分划分为一个单位工程。

(2)堤防工程,按招标标段或工程结构划分单位工程。规模较大的交叉联结建筑物及管理设施以每座独立的建筑物为一个单位工程。

(3)引水(渠道)工程,按招标标段或工程结构划分单位工程。大中型引水(渠道)建筑物以每座独立的建筑物为一个单位工程。

(4)除险加固工程,按招标标段或加固内容,并结合工程量划分单位工程。除险加固工程因险情不同,其除险加固内容和工程量也相差很大,应按实际情况进行项目划分。加固工程量很大时,以同一招标标段中的每座独立建筑物的加固工程为一个单位工程,当加固工程量不大时,也可将一个施工单位承担完成的几个建筑物的加固项目划分为一个单位工程。

2)分部工程项目划分原则

分部工程项目划分应按下列原则确定:

(1)枢纽工程,土建部分按设计的主要组成部分划分,金属结构及启闭机安装工程和机电设备安装工程按组合功能划分。

(2)堤防工程,按长度或功能划分。

(3)引水(渠道)工程中的河(渠)道按施工部署或长度划分,大中型建筑物按设计主要组成部分划分。

(4)除险加固工程按加固内容或部位划分。

(5)同一单位工程中,各个分部工程的工程量(或投资)不宜相差太大,每个单位工程中的分部工程数目不宜少于5个。

3)单元工程项目划分原则

(1)按《水电水利基本建设工程单元工程质量等级评定标准第1部分:土建工程》(DL/T 5113.1—2005)(简称《单元工程评定标准》)规定进行划分。

(2)河(渠)道开挖、填筑或衬砌单元工程划分界限宜设在变形缝或结构缝处,长度一般不大于100 m。同一分部工程中各单元工程的工程量(或投资)不宜相差太大。

(3)《单元工程评定标准》中未涉及的单元工程可依据设计结构、施工部署或质量考核要求划分的层、块、段进行划分。

2.项目划分程序

(1)由项目法人组织监理、设计及施工等单位进行工程项目划分,并确定主要单位工程、主要分部工程、重要隐蔽单元工程和关键部位单元工程。项目法人在主体工程开工前将项目划分表及说明书面报相应工程质量监督机构确认。

(2)工程质量监督机构收到项目划分书面报告后,应在14个工作日内项目划分进行确认并将确认结果书面通知项目法人。

(3)工程实施过程中,需对单位工程、主要分部工程、重要隐蔽单元工程和关键部位单元工程的项目划分进行调整时,项目法人应重新报送工程质量监督机构进行确认。

工程施工过程中,由于设计变更、施工部署的重新调整等诸多因素,需要对工程开工初期批准的项目划分进行调整。从有利于施工质量管理工作的连续性和施工质量检验评定结果的合理性考虑,对不影响单位工程、主要分部工程、关键部位单元工程、重要隐蔽部位单元工程的项目划分的局部调整,由法人组织监理、设计和施工单位进行。但影响上述工程项目划分的调整时,应重新报送工程质量监督机构进行确认。

(五)施工质量评定

1.合格标准

(1)合格标准是工程验收标准。不合格工程必须按要求处理合格后,才能进行后续工程施工或验收。水利水电工程施工质量等级评定的主要依据有:

①国家及相关行业技术标准。

②《单元工程评定标准》。

③经批准的设计文件、施工图纸、金属结构设计图样与技术条件、设计修改通知书、厂家提供的设备安装说明书及有关技术文件。

④工程承发包合同中采用的技术标准。

⑤工程施工期及试运行期的试验和观测分析成果。

（2）单元（工序）工程施工质量合格标准应按照《单元工程评定标准》或合同约定的合格标准执行。当达不到合格标准时，应及时处理。处理后的质量等级按下列规定确定：

①全部返工重做的，可重新评定质量等级。

②经加固补强并经设计单位和监理单位鉴定能达到设计要求时，其质量评为合格。

③处理后的工程部分质量指标仍达不到设计要求时，经设计复核，项目法人及监理单位确认能满足安全和使用功能要求，可不再进行处理；或经加固补强后，改变外形尺寸或造成永久性缺陷的，经项目法人、监理及设计确认能基本满足设计要求，其质量可定为合格，但应按规定进行质量缺陷备案。

（3）分部工程施工质量同时满足下列标准时，其质量评为合格：

①所含单元工程的质量全部合格。质量事故及质量缺陷已按要求处理，并经检验合格。

②原材料、中间产品及混凝土（砂浆）试件质量全部合格，金属结构及启闭机制造质量合格，机电产品质量合格。

（4）单位工程施工质量同时满足下列标准时，其质量评为合格：

①所含分部工程质量全部合格。

②质量事故已按要求进行处理。

③工程外观质量得分率达到70%以上（含70%）。

④单位工程施工质量检验与评定资料基本齐全。

⑤工程施工期及试运行期，单位工程观测资料分析结果符合国家和行业技术标准以及合同约定的标准要求。

其中：外观质量得分率按下式计算，小数点后保留一位：

$$单位工程外观质量得分 = 实得分/应得分 \times 100\%$$

施工质量检验与评定资料基本齐全是指单位工程的质量检验与评定资料的类别或数量不够完善，但已有资料仍能反映其结构安全和使用功能符合实际要求者。对达不到"基本合格"要求的单位工程，尚不具备单位工程质量合格等级的条件。

（5）工程项目施工质量同时满足下列标准时，其质量评为合格：

①单位工程质量全部合格。

②工程施工期及试运行期，各单位工程观测资料分析结果均符合国家和行业技术标准以及合同约定的标准要求。

2.优良标准

（1）优良等级是为工程质量创优而设置的。其评定标准为推荐性标准，是为鼓励工程项目创优或执行合同约定而设置的。

（2）单元工程施工质量优良标准按照《单元工程评定标准》或合同约定的优良标准执行。全部返工重做的单元工程，经检验达到优良标准者，可评为优良等级。

（3）分部工程施工质量同时满足下列标准时，其质量评为优良：

①所含单元工程质量全部合格，其中70%以上达到优良，重要隐蔽单元工程和关键

部位单元工程质量优良率达90%以上,且未发生过质量事故。

②中间产品质量全部合格,混凝土(砂浆)试件质量达到优良(当试件组数小于30时,试件质量合格)。原材料质量、金属结构及启闭机制造质量合格,机电产品质量合格。

(4)单位工程施工质量同时满足下列标准时,其质量评为优良:

①所含分部工程质量全部合格,其中70%以上达到优良等级,主要分部工程质量全部优良,且施工中未发生过较大质量事故。

②质量事故已按要求进行处理。

③外观质量得分率达到85%以上。

④单位工程施工质量检验与评定资料齐全。

⑤工程施工期及试运行期,单位工程观测资料分析结果符合国家和行业技术标准以及合同约定的标准要求。

(5)工程项目施工质量优良标准:

①单位工程质量全部合格,其中70%以上单位工程质量达到优良等级,且主要单位工程质量全部优良。

②工程施工期及试运行期,各单位工程观测资料分析结果符合国家和行业技术标准以及合同约定的标准要求。

(六)质量评定工作的组织与管理

(1)单元(工序)工程质量在施工单位自评合格后,由监理单位复核,监理工程师核定质量等级并签证认可。

(2)重要隐蔽单元工程及关键部位单元工程质量经施工单位自评合格、监理单位抽检后,由项目法人(或委托监理)、监理、设计、施工、工程运行管理(施工阶段已经有时)等单位组成联合小组,共同检查核定其质量等级并填写签证表,报质量监督机构核备。

(3)分部工程质量,在施工单位自评合格后,由监理单位复核,项目法人认定。分部工程验收的质量结论由项目法人报工程质量监督机构核备。大型枢纽工程主要建筑物的分部工程验收的质量结论由项目法人报工程质量监督机构核定。

(4)单位工程质量,在施工单位自评合格后,由监理单位复核,项目法人认定。单位工程验收的质量结论由项目法人报工程质量监督机构核定。

(5)工程项目质量,在单位工程质量评定合格后,由监理单位进行统计并评定工程项目质量等级,经项目法人认定后,报质量监督机构核定。

(6)阶段验收前,质量监督机构应按有关规定提出施工质量评价意见。

(7)工程质量监督机构应按有关规定在工程竣工验收前提交工程施工质量监督报告,向工程竣工验收委员会提出工程施工质量是否合格的结论。

二、工程质量评定表种类及填表基本要求

(一)评定表种类

工程施工项目质量评定表、单位工程施工质量评定表、单位工程施工质量检验资料核查表、分部工程施工质量评定表、外观质量评定表、单元工程施工质量评定表、工序质量评

定表、中间产品质量评定表等。

（二）填表基本规定

（1）"评定表"应使用蓝色或黑色墨水笔填写，不得用圆珠笔、铅笔填写。

（2）文字用国务院颁布的简化汉字书写，字迹应工整、清晰。

（3）数字用阿拉伯数字（1，2，…，9，0），使用国家法定计量单位，并以规定的符号表示（如 m、m^2、mm、t 等）。合格率用百分数表示，小数点后保留 1 位；如恰为整数，则小数点后以 0 表示，如95.0%。

需改错时，将错误用两道直线画掉，再在其右上方填写正确文字（或数字），禁止使用改正液、贴纸重写、橡皮擦、刀片刮或用墨水涂墨等方法。

（4）单元工程质量评定表中单位工程、分部工程名称和编码：按项目划分确定之后的名称和编码填写。单元工程名称、部位：填写该单元名称（中文名称或编号），部位可用桩号、高程等表示。

（5）施工单位：填写与项目法人签订承包合同的施工单位全称。

（6）单元工程量：填本单元主要完成工程量。

（7）检验（评定）日期：年填写实际 4 位数，月填写实际月份（1～12 月），日填写实际日期（1～31 日），检验日期由施工单位填写，评定日期由监理部填写。

（8）在质量标准栏中，凡未列出具体要求的，其内容应由监理工程师依据设计文件和合同技术规范确定并填入该栏中。如：质量标准栏凡有"符合设计要求"者，应注明设计具体要求（如内容较多，可另加页说明）；凡有"符合规范要求"者，应标出所执行的规范名称及编号、条款。

（9）在检验记录或检查结果栏中，应填写检查、检测的实际数据或情况，数字记录应准确、可靠，小数点保留位数应符合本单元和其他有关规定的要求；文字记录应真实、准确、简练；表中缺项的填写栏用斜线划掉，以表示无此项。

（10）单元工程质量等级，监理单位的复核意见可以和施工单位评定意见不同，但必须说明理由。

（11）表尾填写：施工单位"三检"人，分别由负责测量、初检及终检的人员签名；如果该工程分包由业主指定，则单元（工序）工程"三检"人由分包单位负责测量、初检及终检的人员签名，分部工程及单位工程自评时，由分包单位填写表格，总承包单位签署自评意见。

（12）监理单位：填写监理单位名称，相应栏目由负责该项目的监理工程师（或现场监理工程师）签字，分部工程以上质量等级复核须由总监或总监代表签字。

（13）表尾所有签字人员，必须由本人按照身份证上的姓名签字，不得使用化名，也不得由他人代签，签名字迹不得潦草。

各种评定表的格式见《水利水电工程施工质量检验与评定规程（附条文说明）》（SL 176—2007）。

任务二　水利工程验收

一、水利工程验收

(一)水利工程验收的概念、现行规程及规定

水利工程验收是工程建设的重要环节,是一种组织行为,是对工程是否按设计要求建设、质量是否满足规范标准、投资控制是否合理等建设事项进行评价、鉴定的过程。

现行规程:《水利水电建设工程验收规程》(SL 223—2008),该规程适用于中央、地方财政全部投资或部分投资建设的大中型水利水电建设工程(含1、2、3级堤防工程)的验收,其他水利水电建设工程的验收可参照执行;《关于印发水利工程建设项目档案管理规定的通知》(水办[2005]480);《水利工程建设项目验收管理规定》(2006年12月18日水利部令第30号公布,自2007年4月1日起施行,2014年8月19日,水利部令第46号修改,2016年8月1日,水利部第48号修改)等相关规程、规范、规定。

(二)基本规定

(1)水利工程建设项目验收按验收主持单位性质不同可分为法人验收和政府验收。法人验收是指在项目建设过程中由项目法人组织进行的验收。法人验收是政府验收的基础。法人验收应包括分部工程验收、单位工程验收、水电站(泵站)中间机组启动验收、合同工程完工验收等。政府验收是指由有关人民政府、水行政主管部门或者其他有关部门组织进行的验收。政府验收应包括阶段验收、专项验收、竣工验收等。验收主持单位可根据工程建设需要增设验收的类别和具体要求。

(2)工程验收应以下列文件为主要依据:

①国家现行有关法律、法规、规章和技术标准。

②有关主管部门的规定。

③经批准的工程立项文件、初步设计文件、调整概算文件。

④经批准的设计文件及相应的工程变更文件。

⑤施工图纸及主要设备技术说明书等。

⑥施工合同。

(3)工程验收应包括以下主要内容:

①检查工程是否按照批准的设计进行建设。

②检查已完工工程在设计、施工、设备制造安装等方面的质量及相关资料的收集、整理和归档情况。

③检查工程是否具备运行或进行下一阶段建设的条件。

④检查工程投资控制和资金使用情况。

⑤对验收遗留问题提出处理意见。

⑥对工程建设做出评价和结论。

(4)政府验收应由验收主持单位组织成立的验收委员会负责;法人验收应由项目法人组织成立的验收工作组负责。验收委员会(工作组)由有关单位代表和有关专家组成。

（5）工程验收结论应经 2/3 以上验收委员会（工作组）成员同意。

验收过程中发现的问题，其处理原则应由验收委员会（工作组）协商确定。主任委员（组长）对争议问题有裁决权。若 1/2 以上的委员（组员）不同意裁决意见，法人验收应报请验收监督管理机关决定；政府验收应报请竣工验收主持单位决定。

（6）工程项目中需要移交非水利行业管理的工程，验收工作宜同时参照相关行业主管部门的有关规定。

（7）当工程具备验收条件时，应及时组织验收。未经验收或验收不合格的工程不得交付使用或进行后续工程施工。验收工作应相互衔接，不应重复进行。

（8）工程验收应在施工质量检验与评定的基础上，对工程质量提出明确结论意见。

（9）验收资料制备由项目法人统一组织，有关单位应按要求及时完成并提交。项目法人应对提交的验收资料进行完整性、规范性检查。

（10）验收资料分为应提供的资料和需备查的资料。有关单位应保证其提交资料的真实性并承担相应责任。验收资料清单分别见表9-1 和表9-2。

（11）工程验收的图纸、资料和成果性文件应按竣工验收资料要求制备。除图纸外，验收资料的规格宜为国际标准 A4（210 mm × 297 mm）。文件正本应加盖单位印章且不应采用复印件。

表 9-1　验收应提供的资料清单

序号	资料名称	分部工程验收	单位工程验收	阶段验收	竣工验收	提供单位
1	工程建设管理工作报告		√	√	√	项目法人
2	工程建设大事记				√	项目法人
3	拟验工程清单、未完工程清单、未完工程的建设安排及完成时间		√	√	√	项目法人
4	技术预验收工作报告			＊	√	专家组
5	验收鉴定书（初稿）			√	√	项目法人
6	度汛方案			√	√	项目法人
7	工程调度运用方案			√	√	项目法人
8	工程建设监理工作报告		√	√	√	监理机构
9	工程设计工作报告		√	√	√	设计单位
10	工程施工管理工作报告		√	√	√	施工单位
11	运行管理工作报告				√	运行管理单位
12	工程质量和安全监督报告			√	√	质安监督机构
13	竣工验收技术鉴定报告				＊	技术鉴定单位
14	机组启动试运行计划文件					施工单位
15	机组试运行工作报告					施工单位
16	重大技术问题专题报告			＊	＊	项目法人

注：符号"√"表示"应提供"，符号"＊"表示"宜提供"或"根据需要提供"。

表 9-2　验收应准备的备查档案资料清单

序号	资料名称	分部工程验收	单位工程验收	阶段验收	竣工验收	提供单位
1	前期工作文件及批复文件		√	√	√	项目法人
2	主管部门批文		√	√	√	项目法人
3	招标投标文件		√	√	√	项目法人
4	合同文件		√	√	√	项目法人
5	工程项目划分资料	√	√	√	√	项目法人
6	单元工程质量评定资料	√	√			施工单位
7	分部工程质量评定资料		√			项目法人
8	单位工程质量评定资料		√			项目法人
9	工程外观质量评定资料		√			项目法人
10	工程质量管理有关文件	√	√	√	√	参建单位
11	工程安全管理有关文件	√	√	√	√	参建单位
12	工程施工质量检验文件	√	√	√	√	施工单位
13	工程监理资料	√	√	√	√	监理单位
14	施工图设计文件		√	√	√	设计单位
15	工程设计变更资料	√	√	√	√	设计单位
16	竣工图纸		√	√	√	施工单位
17	征地移民有关文件		√	√	√	承担单位
18	重要会议记录	√	√	√	√	项目法人
19	质量缺陷备案表	√	√	√	√	监理机构
20	安全、质量事故资料	√	√	√	√	项目法人
21	阶段验收质量鉴定书				√	项目法人
22	竣工结算及审计资料				√	项目法人
23	工程建设中使用的技术标准	√	√	√	√	参建单位
24	工程建设标准强制性条文	√	√	√	√	参建单位
25	专项验收有关文件				√	项目法人
26	安全、技术鉴定报告			√	√	项目法人
27	其他档案资料	根据需要由有关单位提供				

注:符号"√"表示"应提供"。

(12)工程验收所需费用应计入工程造价,由项目法人列支或按合同约定列支。工程保修期从通过单项合同工程完工验收之日算起,保修期限按合同约定执行。

（三）分部工程验收

（1）分部工程验收应由项目法人（或委托监理单位）主持。验收工作组应由项目法人、勘测、设计、监理、施工、主要设备制造（供应）商等单位的代表组成。运行管理单位可根据具体情况决定是否参加。

质量监督机构宜派代表列席大型枢纽工程主要建筑物的分部工程验收会议。

（2）大型工程分部工程验收工作组成员应具有中级及其以上技术职称或相应执业资格；其他工程的验收工作组成员应具有相应的专业知识或执业资格。参加分部工程验收的每个单位代表人数不宜超过2名。

（3）分部工程具备验收条件时，施工单位应向项目法人提交验收申请报告。项目法人应在收到验收申请报告之日起10个工作日内决定是否同意进行验收。

（4）分部工程验收应具备以下条件：

①所有单元工程已完成。

②已完单元工程施工质量经评定全部合格，有关质量缺陷已处理完毕或有监理机构批准的处理意见。

③合同约定的其他条件。

（5）分部工程验收应包括以下主要内容：

①检查工程是否达到设计标准或合同约定标准的要求。

②评定工程施工质量等级。

③对验收中发现的问题提出处理意见。

（6）分部工程验收应按以下程序进行：

①听取施工单位工程建设和单元工程质量评定情况的汇报。

②现场检查工程完成情况和工程质量。

③检查单元工程质量评定及相关档案资料。

④讨论并通过分部工程验收鉴定书。

（7）项目法人应在分部工程验收通过之日后10个工作日内，将验收质量结论和相关资料报质量监督机构核备。大型枢纽工程主要建筑物分部工程的验收质量结论应报质量监督机构核定。

（8）质量监督机构应在收到验收质量结论之日后20个工作日内，将核备（定）意见书面反馈项目法人。

（9）当质量监督机构对验收质量结论有异议时，项目法人应组织参加验收单位进一步研究，并将研究意见报质量监督机构。当双方对质量结论仍然有分歧或意见时，应报上一级质量监督机构协调解决。

（10）分部工程验收遗留问题处理情况应有书面记录并有相关责任单位代表签字，书面记录应随分部工程验收鉴定书一并归档。

（11）分部工程验收鉴定书正本数量可按参加验收单位、质量和安全监督机构各一份以及归档所需要的份数确定。自验收鉴定书通过之日起30个工作日内，由项目法人发送有关单位，并报送法人验收监督管理机关备案。

(四)单位工程验收

(1)单位工程验收应由项目法人主持。验收工作组应由项目法人、勘测、设计、监理、施工、主要设备制造(供应)商、运行管理等单位的代表组成。必要时,可邀请上述单位以外的专家参加。

(2)单位工程验收工作组成员应具有中级及其以上技术职称或相应执业资格,每个单位代表人数不宜超过 3 名。

(3)单位工程完工并具备验收条件时,施工单位应向项目法人提出验收申请报告。项目法人应在收到验收申请报告之日起 10 个工作日内决定是否同意进行验收。

(4)项目法人组织单位工程验收时,应提前通知质量和安全监督机构。主要建筑物单位工程验收应通知法人验收监督管理机关。法人验收监督管理机关可视情况决定是否列席验收会议,质量和安全监督机构应派员列席验收会议。

(5)单位工程验收应具备以下条件:

①所有分部工程已完建并验收合格。

②分部工程验收遗留问题已处理完毕并通过验收,未处理的遗留问题不影响单位工程质量评定并有处理意见。

③合同约定的其他条件。

(6)单位工程验收应包括以下主要内容:

①检查工程是否按批准的设计内容完成。

②评定工程施工质量等级。

③检查分部工程验收遗留问题处理情况及相关记录。

④对验收中发现的问题提出处理意见。

(7)单位工程验收应按以下程序进行:

①听取工程参建单位工程建设有关情况的汇报。

②现场检查工程完成情况和工程质量。

③检查分部工程验收有关文件及相关档案资料。

④讨论并通过单位工程验收鉴定书。

(8)需要提前投入使用的单位工程应进行单位工程投入使用验收。单位工程投入使用验收由项目法人主持,根据工程具体情况,经竣工验收主持单位同意,单位工程投入使用验收也可由竣工验收主持单位或其委托的单位主持。

(9)单位工程投入使用验收除应满足上述(5)的条件外,还应满足以下条件:

①工程投入使用后,不影响其他工程正常施工,且其他工程施工不影响该单位工程安全运行。

②已经初步具备运行管理条件,需移交运行管理单位的,项目法人与运行管理单位已签定提前使用协议书。

(10)单位工程投入使用验收除完成上述(6)的工作内容外,还应对工程是否具备安全运行条件进行检查。

(11)项目法人应在单位工程验收通过之日起 10 个工作日内,将验收质量结论和相关资料报质量监督机构核定。

（12）质量监督机构应在收到验收质量结论之日起 20 个工作日内，将核定意见反馈项目法人。

（13）当质量监督机构对验收质量结论有异议时，应按上述（9）的规定执行。

（14）单位工程验收鉴定书正本数量可按参加验收单位、质量和安全监督机构、法人验收监督管理机关各 1 份以及归档所需要的份数确定。自验收鉴定书通过之日起 30 个工作日内，由项目法人发送有关单位并报法人验收监督管理机关备案。

（五）阶段验收

（1）阶段验收应包括枢纽工程导（截）流验收、水库下闸蓄水验收、引（调）排水工程通水验收、水电站（泵站）首（末）台机组启动验收、部分工程投入使用验收以及竣工验收主持单位根据工程建设需要增加的其他验收。

（2）阶段验收应由竣工验收主持单位或其委托的单位主持。阶段验收委员会应由验收主持单位、质量和安全监督机构、运行管理单位的代表以及有关专家组成；必要时，可邀请地方人民政府以及有关部门参加。

工程参建单位应派代表参加阶段验收，并作为被验收单位在验收鉴定书上签字。

（3）工程建设具备阶段验收条件时，项目法人应提出阶段验收申请报告。阶段验收申请报告应由法人验收监督管理机关审查后转报竣工验收主持单位，竣工验收主持单位应自收到申请报告之日起 20 个工作日内决定是否同意进行阶段验收。

（4）阶段验收应包括以下主要内容：

①检查已完工程的形象面貌和工程质量。

②检查在建工程的建设情况。

③检查未完工程的计划安排和主要技术措施落实情况，以及是否具备施工条件。

④检查拟投入使用工程是否具备运行条件。

⑤检查历次验收遗留问题的处理情况。

⑥鉴定已完工程施工质量。

⑦对验收中发现的问题提出处理意见。

⑧讨论并通过阶段验收鉴定书。

（5）大型工程在阶段验收前，验收主持单位根据工程建设需要，可成立专家组先进行技术预验收。

（6）阶段验收鉴定书数量按参加验收单位、法人验收监督管理机关、质量和安全监督机构各 1 份以及归档所需要的份数确定。自验收鉴定书通过之日起 30 个工作日内，由验收主持单位发送有关单位并报送竣工验收主持单位备案。

阶段验收鉴定书是竣工验收的备查资料。

（六）竣工验收

1. 一般规定

（1）竣工验收应在工程建设项目全部完成并满足一定运行条件后 1 年内进行。不能按期进行竣工验收的，经竣工验收主持单位同意，可适当延长期限，但最长不应超过 6 个月。一定运行条件是指：

①泵站工程经过一个排水或抽水期。

②河道疏浚工程完成后。

③其他工程经过 6 个月(经过一个汛期)至 12 个月。

(2)工程具备验收条件时,项目法人应提出竣工验收审请报告。竣工验收申请报告应由法人验收监督管理机关审查后转报竣工验收主持单位。

(3)工程未能按期进行竣工验收的,项目法人应向竣工验收主持单位提出延期竣工验收专题申请报告。申请报告应包括延期竣工验收的主要原因及计划延长的时间等内容。

(4)项目法人编制完成竣工财务决算后,应报送竣工验收主持单位财务部门进行审查和审计部门进行竣工审计。审计部门应出具竣工审计意见。项目法人应对审计意见中提出的问题进行整改并提交整改报告。

(5)竣工验收分为竣工技术预验收和竣工验收两个阶段。

(6)大型水利工程在竣工技术预验收前,应按照有关规定进行竣工验收技术鉴定。中型水利工程,竣工验收主持单位可根据需要决定是否进行竣工验收技术鉴定。

(7)竣工验收应具备以下条件:

①工程已按批准设计全部完成。

②工程重大设计变更已经过有审批权的单位批准。

③各单位工程能正常运行。

④历次验收所发现的问题已基本处理完毕。

⑤各专项验收已通过。

⑥工程投资已全部到位。

⑦竣工财务决算已通过竣工审计,审计意见中提出的问题已整改并提交了整改报告。

⑧运行管理单位已明确,管理养护经费已基本落实。

⑨质量和安全监督工作报告已提交,工程质量达到合格标准。

⑩竣工验收资料已准备就绪。

(8)工程有少量建设内容未完成,但不影响工程正常运行,且符合财务有关规定,项目法人已对尾工做出安排的,经竣工验收主持单位同意,可进行竣工验收。

(9)竣工验收应按以下程序进行:

①项目法人组织进行竣工验收自查。

②项目法人提交竣工验收申请报告。

③竣工验收主持单位批复竣工验收申请报告。

④进行竣工技术预验收。

⑤召开竣工验收会议。

⑥印发竣工验收鉴定书。

2.竣工验收

(1)竣工验收委员会可设主任委员 1 名,副主任委员以及委员若干名,主任委员应由验收主持单位代表担任。竣工验收委员会应由竣工验收主持单位、有关地方人民政府和部门、有关水行政主管部门和流域管理机构、质量和安全监督机构、运行管理单位的代表以及有关专家组成。工程投资方代表可参加竣工验收委员会。

（2）项目法人、勘测、设计、监理、施工和主要设备制造（供应）商等单位应派代表参加竣工验收，负责解答验收委员会提出的问题，并应作为被验收单位代表在验收鉴定书上签字。

（3）竣工验收会议应包括以下主要内容和程序：

①现场检查工程建设情况及查阅有关资料。

②召开大会：

a.宣布验收委员会组成人员名单。

b.观看工程建设声像资料。

c.听取工程建设管理工作报告。

d.听取竣工技术预验收工作报告。

e.听取验收委员会确定的其他报告。

f.讨论并通过竣工验收鉴定书。

g.验收委员会委员和被验收单位代表在竣工验收鉴定书上签字。

（4）工程项目质量达到合格以上等级的，竣工验收的质量结论意见应为合格。

（5）竣工验收鉴定书数量应按验收委员会组成单位、工程主要参建单位各1份以及归档所需要份数确定。自鉴定书通过之日起30个工作日内，应由竣工验收主持单位发送有关单位。

竣工验收鉴定书是项目法人完成工程建设任务的凭据。

二、专项验收

专项验收包括环境保护、水土保持、移民安置以及工程档案验收等，工程竣工验收前，应按有关规定进行专项验收。经商有关部门同意，专项验收可以与竣工验收一并进行。专项验收主持单位应按国家和相关行业的有关规定确定。

项目法人应按国家和相关行业主管部门的规定，向有关部门提出专项验收申请报告，并做好有关准备和配合工作。

专项验收应具备的条件、验收主要内容、验收程序以及验收成果性文件的具体要求等应执行国家及相关行业主管部门有关规定。

项目法人应当自收到专项验收成果文件之日起10个工作日内，将专项验收成果文件报送竣工验收主持单位备案。专项验收成果性文件是阶段验收或工程竣工验收成果性文件的组成部分。

（一）水利工程档案的概念

工程档案是指从工程项目提出、立项、审批、勘察设计、生产准备、施工、监理、验收等工程建设及工程管理过程中形成并归档保存的文字、表格、声像、图纸等各种载体材料的总和。水利工程档案验收就是对以上资料的真实、完整、准确、系统进行评价和鉴定。

（二）档案验收的重要性

水利工程档案验收是水利工程竣工验收的重要内容，应提前或与工程竣工验收同步进行，否则不能安排进行竣工验收；凡档案内容与质量达不到要求的水利工程，不得通过档案验收，未通过档案验收或档案验收不合格的，不得进行或通过工程的竣工验收。各级水行政主管部门组织的水利工程竣工验收,应有档案人员作为验收委员参加。

(三)建设过程加强档案管理是做好档案验收的前提

(1)档案管理应做好收集、整理、立卷和归档等几个环节的工作。

(2)档案工作应与工程建设进程同步管理。

"工程档案工作与工程建设进程的同步管理"是指在工程建设过程中,工程的各有关部门在抓工程建设的同时,要注意做好工程档案的管理工作。其具体内容就是:

①从立项时,就应开始进行文件材料的收集和整理工作。

②签订勘测、设计、施工、监理等协议(合同)时,要对水利工程档案(包括竣工图)的质量、份数和移交工作提出明确要求。

③检查工程进度与施工质量时,要同时检查水利工程档案的收集、整理情况。

④进行单元与分部工程质量等级评定和工程验收(包括单位工程、阶段和竣工验收)时,要同时验收应归档文件材料的完整程度与整理质量,并在验收后,及时归档。

⑤整个工程项目档案资料的归档工作,应在竣工验收后 3 个月内完成,也应属于"同步"管理的具体内容。

(3)工程档案资料务必真实、完整、准确、系统。

"真实"是要求工程档案资料是工程项目建设的真实反映,决不允许弄虚作假。

"完整"是要求工程档案资料不能缺项,即所有应归档材料的类项必须齐全。如工程建设不同阶段的档案资料要齐全,每个阶段产生的各类档案资料也要齐全。

"准确"是指档案资料所反映的内容要准确,其中包括文字、数字、图形都要准确,特别是竣工图要能准确反映工程建设的实际状况。

"系统"是反映所有应归档的文件材料,应保持其相互之间的有机联系,相关的文件材料要尽量放在一起,特别要注意工程项目文件材料的成套性。

(四)档案专项验收工作的步骤、方法与内容

(1)听取项目法人有关工程建设情况和档案收集、整理、归档、移交、管理与保管情况的自检报告。

(2)听取监理单位对项目档案整理情况的审核报告。

(3)对验收前已进行档案检查评定的水利工程,还应听取被委托单位的检查评定意见。

(4)查看现场(了解工程建设实际情况)。

(5)根据水利工程建设规模,抽查各单位档案整理情况。抽查比例一般不得少于项目法人应保存档案数量的 8%,其中竣工图不得少于一套竣工图总张数的 10%;抽查档案总量应在 200 卷以上。

(6)验收组成员进行综合评议。

(7)形成档案专项验收意见,并向项目法人和所有会议代表反馈。

(8)验收主持单位以文件形式正式印发档案专项验收意见。

❖职业能力训练九

一、单项选择题

1.水利水电工程项目划分中,具有独立发挥作用或独立施工条件的建筑物为(　　)工程。

A.单位　　　　　　B.分部　　　　　　C.单项　　　　　　D.单元

2.根据《水利水电工程施工质量检验与评定规程》(SL 176—2007),分部工程质量优良,其单元工程优良率至少应在(　　)以上。

A.50%　　　　　　B.60%　　　　　　C.70%　　　　　　D.80%

3.水利工程基本建设项目竣工财务决算应由(　　)编制。

A.项目法人　　　　B.设计单位　　　　C.监理单位　　　　D.施工单位

4.根据水电建设工程质量管理的有关规定,工程建设中的工程质量由(　　)负总责。

A.设计单位　　　　B.项目法人　　　　C.监理单位　　　　D.施工单位

5.堤防工程竣工验收前,工程质量检测的项目和数量由(　　)确认。

A.项目法人　　　B.监理单位　　　C.项目主管部门　　　D.质量监督机构

二、多项选择题

1.根据水电工程验收的有关规定,工程蓄水验收应具备的条件之一是(　　)。

A.大坝及其挡水建筑物的高程等形象面貌

B.满足要求

C.拦河大坝导流底孔已经下闸封堵

D.永久泄水建筑物已经关闸抬高蓄水位

E.导流工程已经完成

2.根据水利工程验收规程,按照验收的性质水利工程各项验收分为(　　)验收。

A.国家　　　　　B.水利部　　　　　C.单位　　　　　D.投入使用

E.完工

三、案例分析

1.某大型泵站枢纽工程,泵型为立式轴流泵,装机功率 6×1850 kW,设计流量150 m³/s。枢纽工程包括进水闸(含拦污栅)、前池、进水池、主泵房、出水池、出水闸、变电站、管理设施等。主泵房采用混凝土灌注桩基础。施工过程中发生了如下事件:

事件1:主泵房基础灌注桩共72根,项目划分为一个分部工程且为主要分部工程,该分部工程划分为12个单元工程,每个单元工程灌注桩根数为6根。质量监督机构批准了该项目划分,并提出该灌注桩为重要隐蔽单元工程,要求质量评定和验收时按每根灌注桩填写重要隐蔽单元工程质量等级签证表。

事件2:进水池左侧混凝土翼墙为前池及进水池分部工程中的一个单元工程。施工完成后,经检验,该翼墙混凝土强度未达到设计要求,经设计单位复核,不能满足安全和使用功能要求,决定返工重做,导致直接经济损失35万元,所需时间40天。返工重做后,该单元工程质量经检验符合优良等级标准,被评定为优良,前池及进水池分部工程质量经检验符合优良等级标准,被评定为优良。

事件3.该工程竣工验收前进行了档案专项验收。档案专项验收的初步验收和正式验收分别由监理单位和项目法人主持。

问题:

(1)根据《水利水电工程施工质量检验与评定规程1附条文说明》(SL 176—2007),指出事件1中的不妥之处,并改正。

(2)根据《水利水电工程施工质量检验与评定规程1附条文说明》(SL 176—2007),分别指出事件2中单元工程、分部工程质量等级评定结果是否正确,并简要说明事由。

(3)根据《水利工程建设项目档案验收管理办法》(水办〔2008〕366号),指出事件3中的不妥之处,并改正。

2.某水利枢纽工程由电站、溢洪道和土坝组成。主坝为均质土坝,上游设干砌石护坡,下游设草皮护坡和堆石排水体,坝顶设碎石路,工程实施过程中发生下述事件:

事件1:项目法人委托该工程质量监督机构对大坝填筑按《水利水电基本建设工程单元工程质量等级评定标准》规定的检验数量进行质量检查。质量监督机构受项目法人委托,承担了该工程质量检测任务。

事件2:土坝施工单位将坝体碾压分包给具有良好碾压设备和经验的乙公司承担。合同技术文件中,单元工程的划分标准是:以40 m坝长、20 cm铺料厚度为单元工程的计算单位,铺料为一个单元工程,碾压为另一个单元工程。

事件3:土坝单位工程完工验收结论为:本单位工程划分为30个分部工程,其中质量合格12个,质量优良18个,优良率为60%,主要分部工程(坝顶碎石路)质量优良,且施工中未发生重大质量事故;中间产品质量全部合格,其中混凝土拌合物质量达到优良;原材料质量、金属结构及启闭机制造质量合格;外观质量得分率为84%。所以,本单位工程质量评定为优良。

事件4:该工程项目单元工程质量评定表由监理单位填写,土坝单位工程完工验收由施工单位主持。工程截流验收及移民安置验收由项目法人主持。

问题:

(1)简要分析事件1中存在的问题及理由。

(2)简要分析事件2中存在的问题及理由。

(3)土坝单位工程质量等级实际为优良。依据水利工程验收和质量评定的有关规定,简要分析事件3中验收结论存在的问题。

(4)根据水利工程验收和质量评定的有关规定,指出事件四中存在的不妥之处并改正。

项目十 工程项目信息管理

【学习目标】

掌握工程项目管理信息系统运行过程,能够以此来分析诸如成本计划、合同等的信息流程图,从而了解工程目前的实施情况;学会工程资料的文档系统建立以及建立各种资料的索引系统,以便更快捷地进行资料的查询。

【学习任务】

(1)施工方的信息管理。

(2)工程档案文件整理。

【任务分析】

建设工程项目的实施需要人力资源和物质资源,信息也是项目实施的重要资源之一。建设工程项目的信息管理的目的旨在通过有效的项目信息传输的组织和控制为项目建设的增值服务。

【任务实施】

任务一 概 述

一、施工项目信息管理的概念

施工项目信息管理是指项目经理部以项目管理为目标,以施工项目信息为管理对象,所进行的有计划地收集、处理、储存、传递、应用各类各专业信息等一系列工作的总和。

项目经理部为实现项目管理的需要,提高管理水平,应建立项目信息管理系统,优化信息结构,通过动态的、高速度、高质量地处理大量项目施工及相关信息和有组织的信息流通,实现项目管理信息化,为做出最优决策,取得良好经济效果和预测未来提供科学依据。

二、施工项目信息管理的基本要求

(1)项目经理部应建立项目信息管理系统,对项目实施全方位、全过程信息化管理。

(2)项目经理部中,可以在各部门中设信息管理员或兼职信息管理人员,也可以单设信息管理人员或信息管理部门。信息管理人员都须经有资质的单位培训后,才能承担项目信息管理工作。

(3)项目经理部应负责收集、整理、管理本项目范围内的信息。实行总分包的项目,项目分包人应负责分包范围的信息收集、整理,承包人负责汇总、整理发包人的全部信息。

（4）项目经理部应及时收集信息，并将信息准确、完整、及时地传递给使用单位和人员。

（5）项目信息收集应随工程的进展进行，保证真实、准确、具有时效性，经有关负责人审核签字，及时存入计算机中，纳入项目管理信息系统内。

三、施工项目信息结构及内容

施工项目信息结构及内容见图10-1。

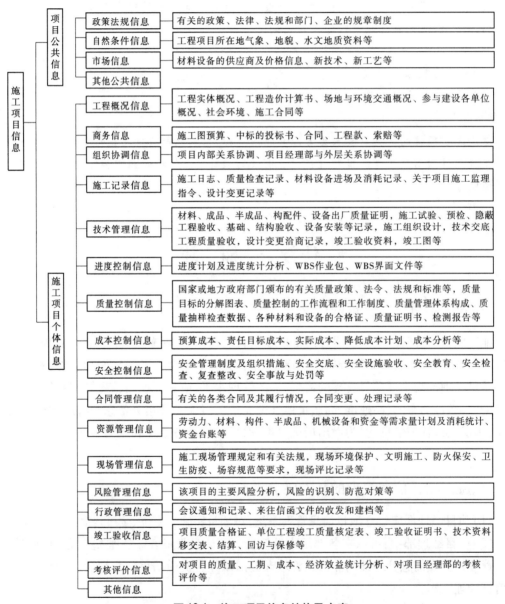

图 10-1　施工项目信息结构及内容

任务二　施工项目信息管理系统

施工项目信息管理系统的结构可参照图 10-2。

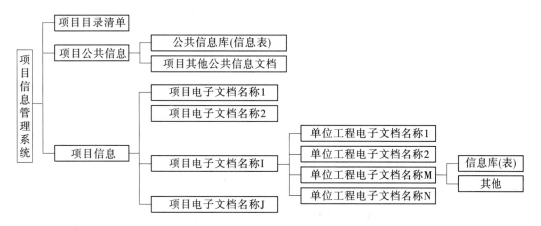

图 10-2　项目信息管理系统结构

图 10-2 中,公共信息库中应包括的信息表有法规和部门规章表、材料价格表、材料供应商表、机械设备供应商表、机械设备价格表、新技术表、自然条件表等。

项目其他公共信息文档是指除"公共信息库"中文档以外的项目公共文档。

项目电子文档名称 I 是指一般以具有指代意义的项目名称作为项目的电子文档名称(目录名称)。

单位工程电子文档名称 M 一般以具有指代意义的单位工程名称作为单位工程的电子文档名称(目录名称)。

单位工程电子文档名称 M 的信息库应包括工程概况信息、施工记录信息、施工技术资料信息、工程协调信息、工程进度及资源计划信息、成本信息、资源需要量计划信息、商务信息、安全文明施工及行政管理信息、竣工验收信息等。这些信息所包含的表即为单位工程电子文档名称 M 的信息库中的表,除以上数据库文档以外的反映单位工程信息的文档归为其他。

一、施工项目信息管理系统的内容

(一)建立信息代码系统

将各类信息按信息管理的要求分门别类,并赋予能反映其主要特征的代码,一般有顺序码、数字码、字符码和混合码等,用以表征信息的实体或属性;代码应符合唯一化、规范化、系统化、标准化的要求,以便利用计算机进行管理;代码体系应科学合理、结构清晰、层次分明,具有足够的容量、弹性和可兼容性,能满足施工项目管理需要。图 10-3 是单位工程成本信息编码示意图。

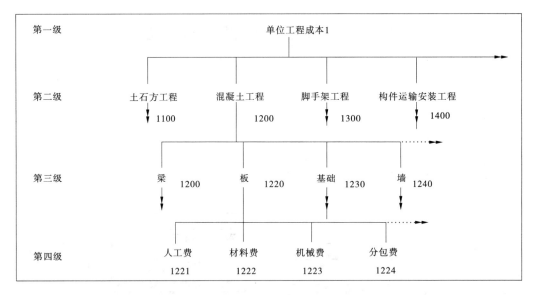

图10-3 单位工程成本信息编码示意图

(二)明确施工项目管理中的信息流程

根据施工项目管理工作的要求和对项目组织结构、业务功能及流程的分析,建立各单位及人员之间,上下级之间,内外之间的信息连接,并要保持纵横内外信息流动的渠道畅通有序,否则施工项目管理人员无法及时得到必要的信息,就会失去控制的基础、决策的依据和协调的媒介,将影响施工项目管理工作顺利进行。

(三)建立施工项目管理中的信息收集制度

对施工项目的各种原始信息来源、要收集的信息内容、标准、时间要求、传递途径、反馈的范围、责任人员的工作职责、工作程序等有关问题做出具体规定,形成制度,认真执行,以保证原始资料的全面性、及时性、准确性和可靠性。为了便于信息的查询使用,一般是将收集的信息填写在项目目录清单中,再输入计算机,其格式见表10-1。

表10-1 项目目录清单

序号	项目名称	项目电子文档名称	内存/盘号	单位工程名称	单位工程电子文档名称	负责单位	负责人	日期	附注
1									
2									
3									
…									

(四)建立施工项目管理中的信息处理

信息处理主要包括信息的收集、加工、传输、存储、检索和输出等工作,其内容见表10-2。

表 10-2　信息处理的工作内容

工作	内容
收集	收集原始资料,要求资料全面、及时、准确和可靠
加工	对所收集的资料进行筛选、校核、分组、排序、汇总、计算平均数等整理工作,建立索引或目录文件; 将基础数据综合成决策信息; 运用网络计划技术模型、线性规划模型、存储模型等,对数据进行统计分析和预测
传输	借助纸张、图片、胶片、磁带、软盘、光盘、计算机网络等载体传递信息
存储	将各类信息存储、建立档案,妥善保管,以备随时查询使用
检索	建立一套科学、迅速的检索方法,便于查找各类信息
输出	将处理好的信息按各管理层次的不同要求编制打印成各种报表和文件或以电子邮件、Web 网页等形式发布

二、施工项目信息管理系统的基本要求

(1)进行项目信息管理体系的设计时,应同时考虑项目组织和项目启动的需要,包括信息的准备、收集、标识、分类、分发、编目、更新、归档和检索等。信息应包括事件发生时的条件,以便使用前核查其有效性和相关性。所有影响项目执行的协议,包括非正式协议,都应正式形成文件。

(2)项目信息管理系统应目录完整、层次清晰、结构严密、表格自动生成。

(3)项目信息管理系统应方便项目信息输入、整理与存储,并利于用户随时提取信息。

(4)项目信息管理系统应能及时调整数据、表格与文档,能灵活补充、修改与删除数据。

(5)项目信息管理系统内含信息种类与数量应能满足项目管理的全部需要。

(6)项目信息管理系统应能使设计信息、施工准备阶段的管理信息、施工过程项目管理各专业的信息、项目结算信息、项目统计信息等有良好的接口。

(7)项目信息管理系统应能连接项目经理部内部各职能部门之间以及项目经理部与各职能部门、与作业层、与企业各职能部门、与企业法定代表人、与发包人和分包人、与监理机构等,使项目管理层与企业管理层及作业层信息收集渠道畅通、信息资源共享。

任务三　工程档案文件整理

一、工程档案的定义

在建设过程中,从立项直至竣工并投入使用的全过程中形成了大量的工程文件,包括文字、图表、声像、模型、实物等各种形式的记录,按档案的整编原则进行整理、编目、立卷

后便形成建设工程档案,作为本建设项目的历史记录。

概括起来建设工程档案的定义可以简述为:建设工程档案是在工程建设活动中直接形成的、具有归档保存价值的文字、图表、声像等各种形式的历史记录,简称工程档案。

工程档案包括工程准备阶段文件、监理文件、施工文件、竣工图及竣工验收文件五大部分。具体定义为:

(1)工程准备阶段文件:即工程开工以前,在建设项目立项、审批、征地、勘察、设计、招投标等工程准备阶段的文件。

(2)监理文件:即监理单位在工程勘察、设计、施工等监理过程中形成的文件。

(3)施工文件:即施工单位在工程施工过程中形成的文件(资料)。

(4)竣工验收文件:即建设工程竣工验收活动中形成的文件,一般由建设单位收集、整理而成。

(5)竣工图:即工程竣工验收后,真实反映建设工程结果的图样。

二、工程档案的作用

(1)为工程本身的管理、维修、改建、扩建、恢复等工作提供依据。

(2)为城市规划、工程设计、城市建设管理、产权产籍、工程备案等提供可靠的凭证。

(3)作为历史查考、总结经验、技术交流、科学研究的信息资源。

三、建设工程文件的归档范围

(一)工程准备阶段文件

准备阶段形成的文件指工程开工前,在立项、审批、征地、勘察、设计、招标投标等过程中形成的文件(由建设单位负责)。

1.立项文件(报告及批复)

(1)项目建议书及审批意见。

(2)可行性研究报告(含附件)及审批意见。

(3)关于立项的有关会议纪要、领导重要讲话、批示。

(4)专家建议文件、调查资料及项目评估研究的材料。

2.建设用地、征地、拆迁文件

(1)选址申请及选址规划意见书。

(2)用地申请报告及区县以上土地主管部门建设用地审批件(批准书)。

(3)拆迁、安置意见、协议、方案等。主要包括动迁前拆迁范围情况简介、摸底调查表及平面图、旧貌照片及相关录像文件、政府动迁批文、有关会议纪要、领导讲话批示等、拆迁单位报告、上级部门批复、拆迁安置补偿协议、补偿清册等。

(4)建设用地规划许可证及其附件。附件包括用地定点图(红线图)、征地范围成果表及附图等。

(5)划拨(征用、调拨)建设用地文件。

(6)国有土地使用证。

3. 勘察、测绘、设计文件

(1)岩土工程勘察报告(初勘、详勘等阶段)。

(2)水文地质勘察报告、自然条件、地震调查等。

(3)地形测量和拨地测量成果报告。

(4)规划、总体(对小区或整体新建工程项目)。

(5)控制性详细规划图,总平面布置图。

(6)初步设计说明和图纸(含初步设计报告与政府有关部门批复)。

(7)审定设计方案通知书及审查意见。

(8)有关行政主管部门(人防、环保、消防、节能、文物、交通等)批准文件或有关协议。

(9)施工图文件的审批意见(抗震、消防、节能审核等),即施工图审查合格书。

4. 招投标文件

(1)工程招投标文件(施工、监理中标通知书)。

(2)勘察、设计、监理、施工合同。

5. 开工审批文件

(1)建设工程规划许可证及其附件。附件包括道路竖向设计、引测高程成果表,定线、验线单,实测成果表(含二次验线),建筑审核图(含建审图的调整图)等。

(2)建设工程开工审查表(重点项目有)。

(3)建筑工程施工许可证。

(4)工程质量监督申报表,安全生产备案登记表。

(5)消防、人防、节能、环保等审批文件。

(二)监理文件

监理单位在工程监理过程中形成的文件,主要由监理单位形成并编制、归档,主要包含以下内容:

(1)总监任命书、监理人员名单、公司质资等。

(2)监理规划。

(3)监理实施细则(单位工程或分专业)。

(4)监理月报或会议纪要中有关质量问题的报告。

(5)工程开工、复工审批表,暂停令等。

(6)监理通知单(含不合格项目通知)。

(7)质量事故报告及处理意见(监理部门)。

(8)工程延期报告及审批。

(9)监理工作总结。

(10)工程质量评估报告(基础、主体结构、安装等)。

(三)施工文件

施工单位在工程施工过程中形成的文件。主要包含以下内容:

(1)施工技术准备文件。包括开工报告,资质(复印件)、工程项目管理人员名单表,施工现场质量管理检查记录,施工组织设计或施工方案及审批表(报审表),图纸会审纪要,技术交底。

(2)施工现场准备文件。包括控制网设置资料,工程定位记录、测量定位放线成果报告,基槽开挖线测量附图。

(3)地基处理记录。包括地基钻探记录、钻探平面布置图,地基验槽记录和地基处理记录,桩基施工记录,试桩记录,地下室工程检查验收记录。

(4)工程图纸变更记录。包括变更通知单、工程洽商记录、工程签证单。

(5)施工材料、预制构件质量证明文件及复试(检)验报告。主要包括钢筋汇总表、出厂证明文件、复试试验报告,焊条焊剂汇总表、出厂证明文件、复试试验报告,水泥汇总表、出厂证明文件、复试试验报告(3天,28天,添加剂),砖汇总表、出厂证明文件、复试(检)验报告,防水材料出厂证明文件、复试(检)验报告,隔热保温、防腐材料、轻集料试验汇总表,出厂证明文件、复试试验报告,预制构件合格证、试验记录。

(6)施工试验记录。包括土壤试验报告汇总表、土壤(素土、灰土)干密度试验报告,土壤(素土、灰土)击实试验报告,砂浆(试块)抗压强度试验报告,混凝土(试块)抗压强度试验报告,商品混凝土出厂合格证、复试报告,钢筋接头(焊接)试验报告,防水工程试水检查记录(屋面、多水房间)。

(7)隐蔽工程检查记录。包括基础和主体结构钢筋工程,钢结构工程,防水工程(地下防水、卫生间防水等)。

(8)施工记录。包括工程定位测量检查记录(建筑物垂直度、标高、全高测量记录),建筑物沉降观测测量记录,现场施工预应力记录,工程竣工测量,新型建筑材料的施工记录,施工新技术。

(9)工程质量事故处理记录。

(10)工程质量检验记录。包括地基与基础、主体、屋面、装饰装修分部分项,基础、主体工程验收记录。

(11)墙工程验收记录。

(12)单位(子单位)工程质量竣工验收记录。包括单位(子单位)工程质量控制资料核查表,单位(子单位)工程安全和功能检验资料核查及主要功能抽查记录,单位(子单位)工程观感质量检查记录。

(四)竣工验收文件

建设工程项目竣工验收活动中形成的文件。

(1)工程竣工总结、工程概况表。

(2)竣工验收会议纪要及签到表。

(3)单位工程验收记录。

(4)竣工验收证书(交工验收证书)(含监理签署的竣工报验单)。

(5)工程竣工验收报告(竣工报告)。

(6)建筑工程消防验收意见书。

(7)环保验收文件,室内环境检测报告、窗三密性检测。

(8)节能、人防验收文件、防雷检测报告。

(9)竣工验收测量成果及附图(规划局出具)。

(10)工程质量保修书。

❋职业能力训练十

一、单项选择题

1. 工程项目信息管理的核心指导文件是(   )。
   A. 信息编码体系   B. 信息分类标准   C. 信息管理手册   D. 信息处理方法

2. 工程竣工文件包括竣工报告、竣工验收证明书和(   )。
   A. 竣工图   B. 工程施工质量验收资料
   C. 工程质量保修书   D. 工程质量控制资料

3. 按规定,在开工前由施工单位现场负责人填写"施工现场质量管理检查记录",报(   )检查,并做出检查结论。
   A. 建设主管部门   B. 建设审批部门
   C. 设计单位负责人   D. 项目总监理工程师

4. 各项新建、扩建、改建、技术改造、技术引进项目,在项目竣工时要编制竣工图,项目竣工图应由(   )负责编制。
   A. 施工单位   B. 设计单位   C. 咨询单位   D. 建设单位

5. 竣工图编制要求中涉及结构形式、工艺、平面布置、项目等重大改变及图面变更面积超过(   )的,应重新绘制竣工图。
   A. 20%   B. 40%   C. 35%   D. 30%

6. 案卷封面标注的保管期限分为永久、长期、短期三种期限。永久是指工程档案需永久保存。长期是指工程档案的保存期限等于该工程的使用寿命。短期是指工程档案保存(   )年以下。
   A. 5   B. 10   C. 15   D. 20

7. 施工单位在收齐工程文件整理立卷后,建设单位、监理单位应根据(   )的要求对档案文件完整、准确、系统情况和案卷质量进行审查。审查合格后向建设单位移交。
   A. 建设主管部门   B. 合同文件
   C. 城建档案管理机构   D. 法律法规

二、多项选择题

1. 建设项目管理信息管理部门的工作任务主要包括(   )等。
   A. 负责编制信息管理手册,并在项目实施中进行修改和补充
   B. 负责协调和组织项目管理班子的各项工作
   C. 负责信息处理工作平台的建立和运行维护
   D. 负责工程档案管理
   E. 负责项目现场管理

2. 施工文件档案管理的内容主要包括四大部分,分别是(   )。
   A. 工程施工技术管理资料   B. 工程合同文档资料

C. 工程质量控制资料　　　　　　　　　D. 竣工图

E. 工程施工质量验收资料

3. 工程测量记录是在施工过程中形成的确保建设工程定位、尺寸、标高、位置和沉降量等满足设计要求和规范规定的资料统称。下列选项中,属于工程测量记录文件的有(　　　)。

A. 工程定位测量记录文件　　　　　　　B. 施工测量放线报验表

C. 沉降观测记录文件　　　　　　　　　D. 基槽及各层测量放线记录文件

E. 工程质量事故记录文件

4. 下列关于施工文件立卷的表述,正确的有(　　　)。

A. 一个建设工程由多个单位工程组成时,工程文件按单位工程立卷

B. 案卷内不应有重份文件,不同载体的文件应分别组卷

C. 卷内图纸应按专业排列,同专业图纸按图号顺序排列

D. 卷内备考表排列在卷内文件的尾页之前

E. 案卷题名应包括工程名称、专业名称、卷内文件的内容

项目十一　　工程项目管理综合案例

【学习目标】

能够利用项目管理的基本知识和基本原理,结合具体的工程案例,分析工程实践中采用的项目管理理论和项目管理目标控制的方法。

【学习任务】

1. 黄河小浪底建设管理。

2. 南水北调东线山东段建设管理。

3. 某灌区续建配套与节水改造工程代建制建设管理。

【任务分析】

结合小浪底、南水北调东线工程以及某灌区续建配套与节水改造工程的施工特点、现场条件,从业主的视角,分析项目的招标投标、发包模式、项目目标的实现,以及在建设管理中采用的先进管理方法和手段。

【任务实施】

案例一　黄河小浪底工程项目管理

一、概述

(一)工程概况

黄河小浪底水利枢纽工程位于河南洛阳市以北,黄河中游最后一段峡谷的出口处,是黄河干流在三门峡以下唯一能够取得较大库容的控制工程,是黄河干流上的一座集减淤、防洪、防凌、供水灌溉、发电等为一体的大型综合性水利工程,是治理开发黄河的关键性工程,属国家"八五"重点项目。1994 年 9 月 12 日正式开工,1997 年 10 月 28 日实现大河截流,1999 年底第一台机组发电,2001 年 12 月 31 日全部竣工,总工期 11 年,坝址控制流域面积 69.4 万 km²,占黄河流域面积的 87.3%。水库总库容 126.5 亿 m³,长期有效库容 51 亿 m³。工程以防洪、减淤为主,兼顾供水、灌溉和发电,蓄清排浑,除害兴利,综合利用。工程建成后,使黄河下游防洪标准由 60 年一遇提高到千年一遇,基本解除了黄河下游凌汛威胁,可滞拦泥沙 78 亿 t,相当于 20 年下游河床不淤积抬高,电站总装机 180 万 kW,年平均发电量 51 亿 kWh。

小浪底工程大坝采用斜心墙堆石坝,设计最大坝高 154 m,坝顶高程 281 m,水库正常蓄水位 275 m,库水面积 272 km²,总库容 126.5 亿 m³。水库呈东西带状,长约 130 km,上段较窄,下段较宽,平均宽度 2 km,属峡谷河道型水库。坝址处多年平均流量 1 327 m³/s,输沙量 16 亿 t,可控制全河流域面积的 92.2%。

小浪底水利枢纽战略地位重要,工程规模宏大,地质条件复杂,水沙条件特殊,运用要求严格,被中外水利专家称为世界上最复杂的水利工程之一,是一项最具挑战性的工程。

(二)小浪底工程建设的时代背景

小浪底工程建设期间,基建领域传统的"自营"模式被打破,出现了建设单位、设计单位、施工单位、质量监督单位等责任主体分工协作,项目业主负总责的建设管理宏观组织结构;"流域滚动开发"、"建管结合"等工程开发模式开始探索;招标投标、建设监理、合同管理、业主负责制等改革措施逐步推行并逐渐形成基建管理新模式。小浪底工程在水利水电建设领域率先全面实践招投标、建设监理、业主负责制。

(三)小浪底工程建设管理的显著特点

小浪底工程与同期其他水利水电工程相比有三个显著特点。一是国家按照"计划—审批—执行"的计划管理模式管理工程建设资金、重大技术方案、重大设备物资采购;项目内部,业主、工程师、承包商、供应商以合同为依据行使权利、履行义务;承包商以利润最大化为决策目标。计划体制与市场机制在小浪底工程上既衔接又冲突。二是小浪底工程土建标全部由以国际知名承包商为责任方的联营体中标承建。施工一方的经营思想、管理方法和手段以西方文化为背景。业主、承包商两方面在行使合同规定的权力、履行合同规定的义务时,追求的目标、奉行的准则有所不同,导致双方在处理建设管理的质量、进度、资金问题时,沟通与理解存在文化障碍,东西方文化在项目上交融、碰撞。三是小浪底工程自始至终以合同管理为龙头,业主与承包商、业主与设计、业主与设备材料供应商之间的业务关系,全部用合同加以约定。业主与政府有关部门在处理移民问题时也以合同形式规定双方权力、义务。合同管理贯穿工程建设始终和工程建设各个环节。

二、小浪底工程建设管理的基本结构

小浪底工程建设管理参与方主要有水利部、咨询机构、移民局、业主、地方政府、施工方、监理方、设计方,各方的主要职责与相互关系如图11-1所示。

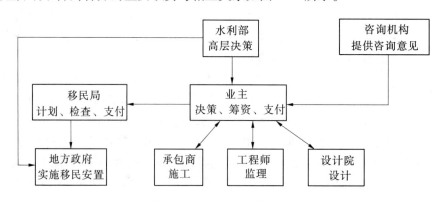

图11-1　建设管理的基本结构

主体工程建设阶段各方的职责、权利和义务如下。

(一)业主

小浪底工程项目的业主是水利部小浪底水利枢纽建设管理局(简称小浪底建管局),受水利部委托全面负责小浪底工程项目的筹资、建设、移民管理、运营以及归还贷款等工作。

1. 业主的主要职责

(1)立项、编制标书、招标、合同谈判、签订合同。

(2)协调设计、监理、施工以及地方等各方面的关系。

(3)落实世界银行贷款以及国内配套资金。

(4)供应业主指定材料。

(5)征地移民。

(6)协助外商设备、材料进关。

(7)向承包商提供施工场地。

(8)和有关部门交涉保证施工场区的社会治安。

(9)按照合同规定,定期向承包商支付工程进度款。

(10)处理索赔。

(11)项目完工后的运营管理。

(12)归还贷款。

2. 业主的主要权利

(1)各分项目工程授标,必要时,有权指定分包商。

(2)根据施工现场条件及工程师的建议,增减或取消合同内的工作项目,改变工程量及质量标准。

(3)要求承包商提供各种合同担保、保函或保险。

(4)有权选择某些工作项目,由自己派人施工。

(5)有权对工程项目的施工进度和质量进行全面的监督检查。

(6)有权选定已完工某部分工程,提前投入使用。

(7)当承包商拖期建成工程项目并影响业主按期使用时,有权提取"误期违约赔偿费"。

(8)对承包商明显违反合同的行为,有权提出警告,以至发出暂停施工指令。

(9)对无力实施项目的承包商或分包商,有权终止其施工合同。

(10)对承包商提出的延长工期或经济索赔要求进行评审和决定。

3. 业主的主要义务

(1)向承包商提供施工现场的水文气象及地表以下的资料,并组织承包商察勘现场。

(2)向承包商提供施工场地和通往施工现场的道路。

(3)提供施工场地的测量图,以及有关已有的资料,并向有关部门交涉保证施工地区的社会治安。

(4)统一协调或委托工程师协调各承包商的工作,定期召开施工协调会议。

(5)按合同规定定期向承包商支付工程进度款。

(6)对由于业主风险造成的损失,给承包商进行经济补偿或延长工期。

4. 业主的组织机构

水利部小浪底水利枢纽建设管理局作为小浪底工程项目的业主,为实现业主的各项职责、权利和义务,建立起了与之相适应的组织机构,其组织机构如图11-2所示。各部门的主要职能分别是：

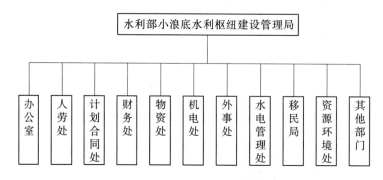

图 11-2　业主组织机构

（1）办公室协助局长处理日常工作，协调局内外关系，负责文秘、档案工作，负责向局长传递各方信息。

（2）人劳处负责职工管理，干部的提名聘免与日常管理，安全生产管理，工资奖金分配，职工人身保险。

（3）计划合同处负责编制基建投资计划，编制基建投资统计表，工程招标和合同管理，工程核算。

（4）财务处负责财务管理、会计核算，筹资及资金结算。

（5）物资处负责业主指定材料供应管理，业主指定材料价格调查。

（6）机电处负责枢纽永久机电设备招标、合同谈判、监造与管理，承包商施工设备及枢纽永久设备进出口及关税管理，外事处负责涉外事务管理。

（7）水电管理处负责工程建设供电、供水和通信服务。

（8）移民局负责施工区征地移民，库区移民及遗留问题处理。

（9）工程资源环境处负责施工区内资源环境管理，协调同周边地区关系。

（二）承包商

承包商是工程项目中标的施工单位，负责施工建设以及在缺陷责任期届满以前的全部修补工作。

1. 承包商的主要责任

（1）按合同条件和施工规程的要求，提供必需的设备、材料和劳动力，按时保质地完成工程项目施工。

（2）按合同规定，完成部分设计工作，绘制施工详图，经工程师审核批准后按图施工。

（3）在施工过程中，根据技术规程的要求进行施工，保证工程质量合格。

（4）向保险公司投保工程保险、第三方责任险、运输险、设备损坏险等。

（5）对业主或工程师提出的任何工程变更指令必须照办；必要时，可提出保留索赔的权利或重新议定施工单价。

（6）对工程师提出的任何施工缺陷，根据施工规程的要求予以修补或改建。

（7）保证提供的建筑材料和施工工艺符合质量标准，提供的施工设备符合投标文件中填报的型号和数量。

(8)向业主提供施工履约担保及预付款保函。

(9)遵守工程所在国的法令和法规,尊重工程所在国人民的生活习惯。

(10)保证工程按合同规定的日期建成完工,并负责做好缺陷责任期内的缺陷修补工作,直至最终验收合格。

2.承包商的主要权利

(1)有权按合同规定的时限取得已完工程量的工程进度款。

(2)由于客观原因(不是承包商的责任)形成工期拖延或造价提高时,有权得到工期延长或经济补偿。

(3)有权要求业主提供施工场地和进场道路。

(4)由于客观原因或业主责任(不是承包商的责任)引起施工费用增加时,有权提出索赔要求,并应得到合理的经济补偿。

(5)在业主违约或长期拒付工程进度款的条件下,有权提出暂停施工,甚至要求终止合同。

3.承包商对工程的联营承包

小浪底三个主体土建工程国际承包商均采取联营承包形式,Ⅰ标黄河承包商由3家公司组成联营体,Ⅱ标中德意联营体由7家公司组成,Ⅲ标小浪底联营体由3家公司组成。三个联营体的成员见表11-1。

表 11-1　小浪底主体工程土建国际承包商联营体成员

项目	大坝标(Ⅰ标)	泄洪工程(Ⅱ标)	引水发电系统(Ⅲ标)
联营体	黄河承包商(YWC)	中德意联营体(CGIC)	小浪底联营体(XJV)
责任公司	英博吉罗(36.5%)(Impregilo S.P.A)	旭普林(德)Z_BLIN(26%)	杜美兹(44%)(Dumez)
成员公司及所占股份	霍克蒂夫(36.5%)(Hochtief A.G)　意大斯特拉(14%)(Otalstrade S.P.A)　水电十四局(13%)	斯查巴德(18%)(Strabag)　维斯费瑞塔德(18%)(Wagss&Freytag)　德尔法瑞洛(15%)(Del Favero S.P.A)　萨利利(14%)(Salini S.P.A)　水电七局(6%)　水电十一局(6%)	霍尔兹曼(44%)(Holzmann)　水电六局(12%)

4.承包商的现场组织机构

小浪底工程各承包商现场机构的设置较为全面,大都采用典型金字塔结构。以Ⅱ标承包商的现场机构为例说明。

Ⅱ标承包商的现场机构如图11-3所示,现场设项目经理,项目经理下设商务、合同、安全、质量、施工、技术、费用控制等部门。

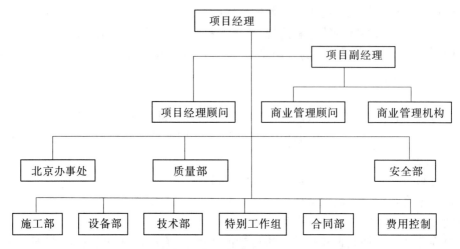

图 11-3　II 标承包商现场组织机构

商务管理机构下设当地和外籍人员人事部、仓库、计算机中心和学校、医院、食堂、超级市场及俱乐部等机构。商务经理主要负责人员的雇佣和管理,设备、材料的订购和运输,与银行有关的事务,后勤管理等。

技术部的主要职责是:保存和管理施工图纸;在生产部门的配合下准备"施工方法说明";准备合同进度计划并随工程进展不断更新;控制现场的施工进度并向工地经理汇报可能引起延误的各种不利因素。

合同部的主要职能是:就工程条件的变化和变更向工程师提出索赔意向,负责索赔的日常管理及索赔文件的准备;负责工程计量和月支付;负责管理分包商。

费用控制部的主要职责是:收集各部门、各施工项目每月的实际花费和成本,并与当月的实际收入和当月的原计划目标相比较,将比较结果递交现场经理和行政经理及总部,由高层管理人员采取相应措施控制工地的成本与支出。

设备部主要负责现场所需要设备的安装、运行,负责机械的修理和维护以及生产所需的水、电、气等生产系统的提供和运行等。

施工部分为混凝土部和开挖部。混凝土部分成混凝土浇筑、仓面清理、混凝土表面修补等分部和水及气供应、钢筋加工、预制厂、制冷系统等生产附属机构。开挖部包括明挖、洞挖、公路维护、石料场和道路开挖、廊道开挖等分部。

特别工作组是在出现较大技术问题、合同问题或进度问题时,而临时组织的一种特殊机构。

(三)监理工程师

在小浪底工程合同中,"工程师"是指监理工程师。

工程师与业主签订"技术服务合同",以业主代表的身份工作,实质上是业主的雇员。合同要求工程师自行做出公正决定,而不偏袒业主与承包商合同中的任何一方。

小浪底工程咨询有限公司是小浪底工程的监理工程师。

1. 工程监理的主要任务

小浪底工程咨询有限公司受业主的委托,代表业主负责对小浪底工程建设全过程进行监督检查。其工作职责包括：

(1)对承包商的施工进度和施工质量进行监督检查,保证工程质量,督促施工按计划进度顺利实施。

(2)按合同规定的时间向承包商提供设计图纸,并对图纸的正确性负责。

(3)审查承包商的车间图。

(4)管理施工合同的实施,处理合同争端,解释合同条款,对承包商提出的月结算申请等付款单据进行审核,并开具工程师支付证书。

(5)向承包商发布工程变更指令。

(6)确定工程变更引起的价格调整或工期延长。

(7)对承包商提供的建筑材料和永久设备进行检查,保证其符合标准要求。

(8)向承包商发放工程接收证书、最终竣工证书等证明文件。

(9)审核承包商提出的索赔报告,提出解决意见。

(10)汇集施工过程中的重大事项记录及施工记录,建立函件来往档案,形成工程项目实施的全套档案资料。

(11)协调同一工程项目上各个承包商的工作进度等。

2.施工监理的工作任务

1)在保证工期方面

(1)协调各个承包商的施工安排计划,保证工程项目各个部位的施工紧密衔接配合,缩短建设期。

(2)要求各个承包商按施工进度计划进行施工。在个别环节出现拖期时,促使其采取措施,并协助解决困难。

(3)向业主定期报告施工进展状况,并提出施工中出现的问题,以及解决的意见和措施。

(4)要求供货商、运输商按计划提供施工物资和设备,保证按期供应。

2)在控制质量方面

(1)经常性地由专职质量检查员对工程各部位的施工质量进行监督检查,并建立质量记录。

(2)随时对工程使用的建筑材料的质量进行试验检查,拒绝采用不合格的材料,要求更换不符合质量标准的材料。

(3)对工程使用的永久设备和半成品的质量进行检查,必要时到车间检验。

(4)组织各部位工程及整修工程的竣工验收工作,指出补救措施,发放竣工证书。

3)在控制成本方面

(1)协同设计工程师确定工程变更和修改设计工作,控制附加和额外工程的工程量。

(2)协同工程师确定单价变更。

(3)审核承包商的工程进度款月结算单及材料设备付款单,按合同扣款后,核签月结算单。

(4)根据合同规定,处理承包商的索赔申报书,提出审核意见,并报给业主。

4)其他任务

(1)督促各承包商做好施工安全工作,预防发生重大人身伤害事故。

(2)协助各承包商处理好劳资关系,防止因劳资纠纷拖延施工。

(3)与工程师配合,做好合同文件的解释工作,防止合同纠纷。

(4)建立系统的施工档案。

3.监理工程师的权力

(1)向承包商发布各项指令使工程项目更为完善,承包商必须执行这些指令,为执行指令引起的附加开支,承包商有权提出补偿要求。

(2)工程师有权决定额外付款,以补偿承包商完成的额外工程开支。

(3)授权主管工程项目的合同实施,并解释合同条款的含义,处理合同纠纷。

(4)有权发布与合同管理有关的一切指示,包括工作性质、工作范围及施工期的变化。

(5)监督检查承包商的施工进度和施工质量,要求承包商的工作要使工程师满意。

(6)审定承包商要求支付的月结算书及索赔报告,签署后转报业主付款。

4.监理工程师的合同责任

1)对业主的责任

(1)提供技术咨询,帮助业主决策。

(2)协助业主处理合同问题,避免合同争端。

(3)经常性地向业主报告工程施工进展状况,以与施工计划对比。

(4)提供专业技术服务,如实验室、测量、土壤分析等。

(5)协助业主处理招标过程中的问题,以便选定合格的承包商。

(6)实施业主签订的技术服务合同,向业主提交符合合同规定的建成的工程项目,维护业主的利益。

2)对设计工程师的合同责任

(1)施工监理向设计工程师提供建议使设计更加合理。

(2)与设计工程师密切合作,对修改设计或工程变更问题,应尊重设计工程师和业主的决定。

3)对承包商的合同责任

(1)认真负责地向承包商解释合同条款和施工技术规程的含义。

(2)当施工计划变更或施工规程缺陷造成损失时,应公正行事,给承包商以合理补偿。

(3)要求承包商按合同规定施工,保质按期地建成工程项目。

(4)审核承包商的施工进度工程款月报,为其按时得到月进度款创造条件。

(5)对工程变更或设计修改增加承包商附加开支时,予以公正补偿。

(四)设计单位

水利部黄河水利委员会勘测规划设计研究院(简称黄委设计院)是小浪底工程项目的设计单位。

1．设计单位的职责

1）规划设计阶段的职责

（1）进行工程项目的勘探调查及可行性研究，编写可行性报告，报行业主管部门审定。

（2）进行工程项目的设计方案分析及计算工作，论证工程项目的规模、工期、投资额及经济效益。

（3）按最优方案进行设计并绘制主要设计图纸。

（4）编制招标文件，包括招标须知、合同条款、技术规程、工程量清单、设计图纸等一系列合同文件。

2）招标阶段的职责

（1）根据业主的要求，编制资格预审通知书或招标通知书。

（2）协助业主组织投标人参加施工现场考察，并回答投标人的有关问题。

（3）审核投标书，参加评标工作。

3）施工阶段的职责

负责提供设计图纸及其他技术文件，参加工程施工阶段的技术监督、指导。

2．项目组织机构

黄委设计院作为小浪底工程项目的设计单位，其组织机构见图11-4。

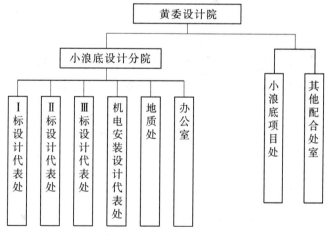

图11-4　设计单位组织机构

（五）政府对工程质量的监督

水利部小浪底质监站承担政府对工程质量的监督职能，对业主的质量管理体系及运行情况进行监督和检查；对监理单位和承包商的资质、质量管理体系及特殊执业人员资格进行检查和监督；对关键隐蔽工程、重要分部工程、单位工程验收及质量评定情况进行监督、检查和审核，确保其符合国家有关质量管理工作的规定。

三、小浪底工程的业主（项目法人）负责制

小浪底建管局作为小浪底工程的项目业主，全面负责小浪底工程的筹资、建设、生产经营、偿还和保值增值，对工程建设和运行管理的全过程负责。

（一）业主对工程投资和资金的管理

1. 小浪底工程建设投资的筹集

小浪底工程建设投资由国家拨款和银行贷款两部分组成。银行贷款分为国内银行贷款和国外银行贷款。国外银行贷款包括国际商业银行贷款和世界银行贷款。

小浪底工程总投资由国家计委审批。依据基本建设管理程序，1997年对初设概算进行调整，国内外贷款额度包含在工程概算之中。

2. 年度投资的筹集

按照基本建设计划管理程序，小浪底建管局于上年末报下一年度投资计划，经水利部和国家计委分别审批并下达下一年度计划，当年下半年调整当年计划，经上述审批程序下达执行。拨款不足时用国内银行贷款补充。

世界银行贷款根据贷款协议的规定，符合支付程序规定时，从世界银行直接划拨。

3. 年度投资的使用

首先在总概算的框架内制定分项、单项概算；各年根据施工总进度计划、年度施工进度计划，对年内建设项目及其实施时间进行安排。通过上述工作控制年度投资总量及投资的时间分布，实现均衡投资。

4. 年度资金支付

小浪底工程资金支付依据合同规定的价款结算程序进行。合同价款结算实行专业审核，分级把关。专业审核是指业主和工程师的各相关职能部门根据其在国际标合同管理中的作用，分别审核项目支付的有关内容，包括计量，审核 BOQ 项目、计日工，变更和索赔，调差，关税补偿。分级把关是指工程师和业主相关部门对工程师开具的支付证书逐级进行审查、签认。在完成承包商申报、工程师和业主审核程序后，业主财务部门办理支付。

5. 合同管理

合同管理是小浪底工程项目建设管理的核心。国际标合同管理是小浪底工程合同管理最主要的部分。合同管理的基本含义是：业主和监理单位处理与承包商、供应商的各种事务均以合同为依据。

小浪底工程合同管理体系由业主计划合同处、小浪底咨询公司合同部和小浪底咨询公司各标代表部合同部三级部门组成。业主聘请咨询专家为处理具体合同问题提供咨询意见。业主负责处理合同执行中需要业主决策的事项。业主授权小浪底咨询公司履行合同规定的工程师的权力。合同的日常管理由咨询公司各级合同部门负责。合同由法人代表或其委托人签署，合同须经相关部门会签。

6. 变更、索赔的处理

变更和承包商索赔是工程建设中不可避免的现象。小浪底工程主体土建施工合同依据 FIDIC 条款制定索赔处理工作程序。后期列入 DRB 合同争议解决程序，处理复杂索赔。工程师合同管理部门负责提出对承包商索赔的处理意见。业主组建专门的索赔处理工作机构，研究处理复杂索赔。国际咨询专家配合业主处理索赔。

（二）业主对工程技术和质量的管理

小浪底工程技术和质量管理由业主负总责。

1. 技术管理

业主负责组织项目设计、监理或委托科研项目。业主咨询机构研究重大技术问题,业主进行决策。小浪底工程采用先进技术标准指导和检验工程施工,应用新技术、新材料提高工程质量。

2. 质量管理

业主(项目法人)对工程质量向国家负总责。小浪底建管局针对小浪底工程的特点,制定并严格执行与国际标准接轨的各项质量管理规章制度。小浪底建管局主要领导亲自抓质量管理工作。业主牵头组织设计、监理、施工等参建各方质量负责人组成小浪底工程建设质量管理委员会,建立质量管理网络,推进质量宣传活动和质量评比活动,决定质量奖罚,对参建各方质量体系进行检查和评价。咨询公司建立以总监理工程师为中心、各工程师代表部分工负责的质量监控体系,对工程施工质量实施全过程、全方位的监管。黄委设计院小浪底分院常驻工地,为质量控制提供现场技术支持。承包商建立自己的质量管理体系,按合同规范进行施工。

水利部小浪底质监站对业主的质量管理体系及运行情况进行监督和检查;对监理单位和承包商的质量管理体系及特殊执业人员的资格进行检查和监督;对关键隐蔽工程、重要分部工程、单位工程验收及质量评定情况进行监督、检查和审核,确保其符合国家有关质量管理工作的规定。

小浪底工程建设技术委员会,CIPM/CCPI 的咨询专家组,对重大技术问题、质量问题、合同问题进行咨询。

(三)业主对工程建设监理工作的管理

1. 监理工程师的组建

1992 年,水利部批准成立小浪底水利枢纽工程建设咨询公司,承担小浪底水利枢纽工程项目的监理工作。后更名为小浪底工程咨询有限公司。当时国内没有现成的监理队伍可供选择,完全由业主自己组建。加之没有足够的工程技术人员,所以小浪底工程监理队伍采取一部分人员从业主抽调,另一部分人员从设计施工单位选聘,两部分人员全部由小浪底工程咨询公司管理和领导。

1993 年,小浪底咨询公司以建管局的名义向有关单位发出了《关于选聘工程师代表的邀请函》,先后有六个设计施工单位应邀。经过对各单位报送的监理大纲和推荐的工程师代表人选进行认真审查和初步考察,并经业主同意后,决定选择西北设计院作为大坝标的施工监理单位,天津设计院承担泄洪系统标的施工监理任务,黄委设计院和小浪底建管局的部分人员承担厂房标的施工监理工作,并由咨询公司作为厂房标监理的责任方。

小浪底咨询公司还组建了实验室(后改为质量检测中心)、原型观测室和测量计量部分别负责枢纽工程的土工、混凝土质量检测,以及原型观测和外部变形观测等咨询任务。这三个部门的责任方均为小浪底咨询公司,一部分由业主抽调的人员组成,另一部分从其他相关单位聘请。随着工程的进展,小浪底咨询公司组建了机电标工程师代表部,负责机电设备的安装监理工作。

业主委托小浪底咨询公司承担小浪底项目的监理任务。小浪底咨询公司实行总经理(兼任总监理工程师)负责制,总监理工程师直接领导各个标的代表,并授权根据合同文件由工程师代表负责对各标实行监理。

2. 监理组织机构的设置和职责

小浪底工程咨询公司根据工程分标的情况,相应组建了大坝、泄洪、厂房和机电4个工程师代表部,并设置了相应的专业部门分别对技术、合同、测量、原型观测、实验室等进行专业管理。工程师代表部是合同管理的综合权力部门,在总监理工程师的授权范围内直接监督承包商工程合同的实施,专业技术管理部门处理合同中有关专业方面的问题,对专业课题所做的结论由工程师代表部实施。

大坝、泄洪、厂房工程师代表部代表工程师行使职权,对工程的进度、质量、投资实行控制,是工程师对承包商管理的权力机构。三个工程师代表部分设质量、安全、进度、技术、合同等分部,按工程师代表—工程师代表助理—值班工程师—现场监理员四个层次,各司其职。

机电工程师代表部主要负责机电设备安装工程的监理,包括早期国际标的金属结构和设备安装的监理工作。

前方总值班室负责现场各承包商施工的协调工作。根据周、月施工计划对承包商的关键线路进行检查和监督,及时掌握现场动向,召开工程师与承包商的现场协调会议,协调和处理工地现场的矛盾和问题,反馈各种信息。

实验室是小浪底工程监理质量检验控制的关键部门。从原材料试验、土工试验、混凝土试验、岩石力学试验到各种物理化学试验,对整个工程的施工实施质量检验、检查,严把质量关。

测量计量部是小浪底工程咨询公司的一个专业职能部门,担负着小浪底工程的测量监理、工程师计量和外部变形监测系统建设监理的重要任务。全面负责小浪底工程的测量控制网、放线、计量、检验和校核、竣工验收等方面的测量校核工作。全面负责工程量的计量及审核工作,为工程师审核和签发承包商的支付申请提供准确的依据。

原型观测室负责观测仪器的率定、埋设和安装过程的监理以及仪器的测读及观测资料的整编工作,是整个项目工程监理的一个组成部分。其主要职能是:审查原型观测设计图纸,审查承包商提交的进度计划并实施进度控制;仪器安装前的验收、检验、测试和标定过程的监理;仪器安装定位及埋设过程的监理;测读设备的保养、维护;仪器的测读,观测资料的整编、分析和汇编。

工程技术部是技术管理部门。其主要职责包括设计图纸的审查、发放和管理,与设计院的业务交接,监理月报编制,征集和整理合理化建议,场地移交,工程项目验收等。

合同部担负合同管理职能。它主要负责和参与三个国际标的变更、索赔、材料调差、劳务调差及后继法规影响评估等合同问题的处理,审查支付,参加工程验收工作,编写商务简报。

咨询公司办公室负责咨询公司劳资、财务、文档、文印、行政党务、安全、防汛等多方面工作。其中,安全、防汛是业主和工程师共设的一个部门,负责对小浪底工程施工安全实行归口管理。

总监理工程师对工程合同管理全面负责。根据监理工作需要和进展情况,适时调整监理人员数量和专业配置,调整机构。制定和完善监理工作制度。对各代表部工作指导、检查和对工程合同、技术有关的重大问题的决策。

3. 业主对监理的授权

小浪底建管局与小浪底工程咨询有限公司签订了小浪底施工监理服务协议,授权小浪底工程咨询有限公司全面负责小浪底枢纽工程的所有工程项目的施工监理、枢纽工程的原型观测和外部变形观测、土工和混凝土质量检测等咨询任务。

在施工监理服务协议书中,明确了由工程师全过程、全方位全面负责工程施工合同的管理,除了分包商批准、重大设计变更和外部条件协调由业主负责外,其他均授权工程师负责操作。对合同中的进度控制、质量控制、合同支付、索赔处理及工程师决定等,都由工程师独立作出。

在施工监理服务协议书中,对监理工程师的职责、工作任务、权力和合同责任均做出了具体规定。

(四)业主对工程招标的管理

1. 主体土建工程国际招标

小浪底水利枢纽主体工程建设采用国际招标,分资格预审、投标、开标评标3个阶段12个步骤。

小浪底工程国际标招标工作严格遵循世界银行采购导则规定,在世界银行成员国范围内进行竞争性招标。

小浪底工程主体土建工程分为大坝(Ⅰ标)、泄洪排沙系统(Ⅱ标)、引水发电系统(Ⅲ标)3个标。招标程序严格按照世界银行的要求及国家工程师联合会(FIDIC)推荐的程序进行。

1)资格预审

小浪底工程国际招标资格预审文件根据FIDIC的标准程序,结合小浪底工程的具体特点编制。

1992年7月,资格预审邀请函在《人民日报》和《中国日报》同时刊登。有13个国家的45个土建承包商(公司)购买了资格预审文件。9个国家的37家公司递交资格预审申请表,其中的35家公司组成9个联营体和2家独立公司。

业主成立"资格预审评审工作组"和"资格预审评审委员会",进行资格评审。"资格预审评审工作组"分三组审查申请者的法律、财务和技术资格,编写分析报告;"资格预审评审委员会"评审决定。根据评审结果,9个联营体和1个单独投标的承包商资格预审合格。1993年1月,业主向世界银行提交了预审评审报告,世界银行在华盛顿总部召开会议,批准了评审报告。

2)招标投标

小浪底工程国际招标文件由黄委设计院在加拿大国际工程管理公司(CIPM)协助下,按照世行招标采购指南的要求和格式编制,经水利部审查后于1993年1月提交世行,并于1993年2月获世行批准。1993年3月业主向资格预审合格的各承包商发出招标邀请函并开始发售标书,所有通过资格预审的承包商均购买了招标文件。1993年5月业主组织各投标商进行现场考察并举行标前会,澄清函及会议纪要分发各投标商。至投标截止日期1993年8月31日所有通过资格预审的承包商都递交了标书。

3）开标评标

按照国际竞争性招标程序的要求，开标公开进行。业主于1993年8月31日下午在中国技术进出口总公司北京总部举行开标仪式。

业主组建评标领导小组、评标委员会、评标工作组。评标工作从1993年9月开始，至1994年1月结束，历时4个月，分初评和终评两个阶段。首先对投标书按照要求逐条进行了符合性检查，所有投标书基本上符合要求；随后进行算术性校验和核对。投标书中的计算错误按承包商须知中的有关规定进行了更正，对一些问题要求承包商做了澄清；评标工作组校对了计算结果并做出商务、技术分析后，在初步评审的基础上汇总有关材料，向评标委员会提交了报告。经评标委员会的评标报告，经评标领导小组审定和国家有关部门批准，确定了中标意向，并报送世行审批。

根据评审报告，业主于1994年2月发出了中标意向性通知，从1994年2月12日至6月28日进行了合同谈判。经过严格的筛选、审查，选定黄河承包商（责任方意大利英波吉罗公司）为Ⅰ标大坝工程承包商，中德意联营体（责任方德国旭普林公司）为Ⅱ标泄洪排沙系统工程承包商。小浪底联营体（责任方法国杜美兹公司）为Ⅲ标引水发电系统工程承包商。

业主分别于1994年5月28日与Ⅰ标、Ⅲ标承包商草签合同，1994年6月28日与Ⅱ标承包商草签合同。1994年7月16日业主与三个中标承包商正式签订了合同。

2. 国内标招标

小浪底工程国内标招标分为项目立项，资格预审，投标，开标评标，合同会签、批准及签署授权五个阶段。项目立项遵循部门申请—计划部门审查—分管局领导/局长/局务会批准三个步骤。

3. 机电安装工程招标

机电设备招标实行邀请招标。

水轮机、发电机出口断路器、计算机监控系统在国外招标采购，其他机电设备均在国内招标采购。国内采购的机电设备，业主采用实地考察、竞争报价方式招标。业主根据质量可靠、技术先进、价格合理的原则，大量选用中外合资产品，以降低成本。水轮机等在国外采购的机电设备，采取卖方信贷的招标模式。

4. 材料供应

业主负责初选并确定"指定材料"供应范围。"非指定材料"由承包商自行采购。"指定材料"由承包商进行质量检查。监理工程师对工程材料进行严格监督审查。

（五）业主对移民安置管理

小浪底工程移民项目实行水利部领导、业主管理、两省包干负责、县为基础的管理体制。由于项目利用世界银行贷款，按照世行采购指南的规定，项目的实施需接受世行相关机构的监督。

水利部作为小浪底工程的主管单位，负责制定和发布有关小浪底工程移民的规章、条令；审定概算并报国家计委批准；就工程实施中的重大问题与国务院各部委及两省政府进行协商；与两省政府签订包干协议并履行本部门的职责。

小浪底建管局是移民项目的建设管理单位，下设小浪底移民局负责移民项目的日常管理工作,委托黄委设计院负责项目的勘测设计;委托华北水利水电学院移民监理事务所负责项目的监测评估。河南、山西两省移民主管部门代表两省政府组织实施小浪底移民搬迁安置和淹没处理事项。

按照基本建设项目实行建设监理制的要求,小浪底工程移民项目在全国大中型水库移民项目实施中率先引入监理机制。小浪底建管局委托黄委移民局负责监理工作。监理单位实行总监理工程师负责制,下设现场工作站,对移民搬迁安置、专项工程建设、移民资金到位等实行全面监理。高峰时期,监理人员总数达到36人。监理单位通常以工作简报、监理月报的形式向业主单位、两省移民部门报告情况。

四、小浪底工程建设管理体制对工程建设所起的作用

(1)业主统筹建设与运行管理,技术与经济,使工程建设在始终如一的原则和目标指导进行。

小浪底工程实行业主负责制,经济责任、技术责任都落在小浪底建管局身上,将过去建设单位、设计单位、施工单位在合同和法规指导下对业主负责。这种建设各方关系的转变,使业主能够站在驾驭全局的高度统筹考虑技术和经济问题,从而做出技术上可行、经济上合理的决策。

小浪底工程业主既承担建设者任务,又承担建成后的运行管理责任,实行“建管结合”。业主在建设期所做的决策就考虑了运行管理的技术和经济问题,对运行期的经济结构、组织结构做了详细规划,为运行管理创造了便利条件。

业主的主体地位和责任明确,所以小浪底工程建设的目标始终如一,指导原则也十分明确,建设期的一系列决策保持了高度连续性,避免了因目标、原则飘忽不定而走弯路,最终取得了质量优良、投资节约、工期提前的优异成绩。

(2)决策科学,反应速度快。

在业主负责制原则下,业主为做到科学决策,广泛引进智力,从多层次、多角度为业主提供咨询意见,为业主决策提供了科学依据,业主聘请加拿大国际工程咨询公司、世界银行特别咨询专家组为业主提供工程技术、合同管理、反索赔的咨询意见。业主聘请国内知名学者组成技术委员会,专门为解决重大技术问题提供咨询意见。业主内部的技术管理体系加上咨询机构的工作,大大加强了决策的科学性,从而也提高决策速度,对有关问题迅速提出方案,并付诸实施。因此,工程建设步调比较顺畅。

(3)监理工作落实,质量管理、合同管理的基础扎实。

小浪底工程监理单位揉合了设计、施工等多方面技术人员,相当一部分人员具有多个工程项目实践经验和国际工程工作经验,专业化程度高,知识构成全面,形成了一支专业力量较强的队伍。业主对监理单位充分授权,监理单位全面履行质量、进度、投资,“三控制一协调”职责,建立了完善的制度体系,工作程序、标准,使质量管理、合同管理落到了实处。

(4)竞争性招标引进了合格的承包商。

小浪底工程在国际范围内进行竞争性招标,吸引了国际上知名建筑承包商前来投标。中标承包商有丰富的同类工程项目施工经验,管理先进、技术先进、设备先进,从而为工程

建设的顺利进行提供了可靠的基础。

(5)确立合同管理在工程建设中的核心地位,改变了传统工程建设管理方式。

小浪底工程在社会主义市场经济体制逐步建立和完善的起始阶段,率先与国际工程管理接轨,全方位确立了合同在工程建设管理中的核心地位,将以合同确立业主与有关各方权利义务,依据合同行使权利义务,按合同程序办事,确立为工程建设管理工作的主轴,减少了管理工作的随意性,增强了严肃性。

(6)工程环境提高到崭新水平。

小浪底工程建设的视野扩大到可持续发展上,不仅在建设过程中注重粉尘、噪声的管理,而且在工程建成时对环境进行了全面治理,使小浪底工程与周边自然环境融为一体,体现了人与自然和谐相处的新的工程观念,成为我国工程建设环境保护的典范。

(7)在国际合作条件下发挥思想政治工作作用,为工程建设顺利实施提供了保障。

小浪底工程业主坚持发挥党组织的政治核心作用,在全工区范围内将业主、监理以及中方承包商和国际承包商中方劳务纳入党务联席会议,及时传达贯彻党的方针政策,统一布置政治思想工作,从而使各项建设目标贯彻到全工区,有力地保障了重要目标的实现。

案例二　南水北调东线山东段工程建设管理

一、工程概况

南水北调是缓解中国北方水资源严重短缺局面的重大战略性工程。我国南涝北旱,南水北调工程通过跨流域的水资源合理配置,大大缓解了我国北方水资源严重短缺问题,促进了南北方经济、社会与人口、资源、环境的协调发展。工程分东线、中线、西线三条调水线。

东线工程主要是利用江苏省已有的江水北调工程,逐步扩大调水规模并延长输水线路,从长江下游扬州抽引长江水,利用京杭大运河及与其平行的河道逐级提水北送,并连接起调蓄作用的洪泽湖、骆马湖、南四湖、东平湖。出东平湖后分两路输水:一路向北,在位山附近经隧洞穿过黄河;另一路向东,通过胶东地区输水干线经济南输水到烟台、威海。南水北调东线工程分三期组织实施。

南水北调东线一期工程山东段按《南水北调工程总体规划》(国函〔2002〕117 号)分为 11 个单项工程,分别是:韩庄运河段工程、南四湖下级湖抬高蓄水位影响工程、南四湖水资源控制及水质监测工程、南四湖至东平湖段工程、东平湖蓄水影响处理工程、穿黄河工程、鲁北段工程、济平干渠工程、济南至引黄济青段工程、中水截蓄导用工程(截污导流工程)、调度运行管理系统工程。一期山东段干线工程静态投资 172.2 亿元,动态投资约230 亿元。

二、建设管理模式

2004 年 10 月 25 日,国务院南水北调工程建设委员会第二次全体会议明确,要按照政企分开、政事分开的原则,严格实行项目法人责任制、建设监理制、招标投标制和合同管理制。南水北调工程建设在项目法人的主导下,实行直接管理与委托管理相结合,大力推动代建制管理的新的建设管理模式。

南水北调山东段工程的项目法人是南水北调山东干线公司,根据工程特点,工程建设主要采取三种建管模式:一是项目法人直接建设管理,二是合作建设管理,三是项目法人委托建设管理。

(一)直接建设管理

对工程技术含量高、工期紧的大型工程项目,由南水北调山东干线公司直接建设管理,在工程现场直接派驻建设管理机构。主要有济平干渠工程、韩庄运河段工程、穿黄河南区工程、济南至引黄济青段工程、南四湖至东平湖段工程和鲁北段工程 6 个单项工程。南水北调山东干线公司作为项目法人,根据各单项工程的进展情况,组建各现场建管局,由现场建管局负责各单项工程现场的建设管理工作。各现场建管局内设综合部、工程部、迁占协调部、质量安全部及各单元工程的建管处,作为业务部门,承担现场建设管理具体工作。

(二)联合建设管理

2006 年 3 月 9 日,淮河水利委员会治淮工程建设管理局与南水北调山东干线公司以"建设〔2006〕28 号"联合组建了二级坝泵站建设管理局。

2006 年 6 月 13 日,南水北调山东干线公司与二级坝泵站建设管理局签订了《南水北调东线一期工程二级坝泵站工程项目建设管理协议》,由二级坝泵站建设管理局承担二级坝泵站工程的建设管理工作。南水北调山东干线公司派出具体工作人员,共同参与现场的建设管理工作。

(三)委托流域机构建设管理

对涉及省外利益的工程,委托流域机构建设管理。例如台儿庄泵站、穿黄河北区、姚楼河闸和杨官屯河闸、潘庄引河闸、大沙河闸、八里湾泵站等工程,这些工程由受委托单位成立现场建设管理机构。

(四)委托当地部门建设管理

对涉及地方利益较重、技术含量较低的小型项目,委托当地部门建设管理。例如三支沟、魏家沟水资源控制、南四湖至东平湖段灌区影响、南四湖湖内疏浚、小清河输水段、鲁北段(临清)灌区影响、鲁北段(夏津、武城)灌区影响等工程。各当地部门均设立了相应的现场建设管理机构。

(五)委托专业部门建设管理

委托专业部门管理的工程项目有穿京沪上行钢筋混凝土框架涵和黄台支线钢筋混凝土框架涵,以及鲁北、济南至引黄济青两段的穿铁路工程。

三、合同管理

南水北调山东干线公司作为南水北调东线山东段工程的项目法人,是南水北调工程建设合同管理的责任单位,对合同(协议)的订立和履行承担相关责任。项目法人合同管理的范围包括项目法人直接订立的工程建设合同,委托建设管理单位订立的工程建设合同。

（一）合同订立情况及招标情况

南水北调山东干线公司严格按照《中华人民共和国招标投标法》、国务院南水北调办《南水北调工程建设管理若干意见》（国调委发〔2004〕5 号）、《关于进一步规范南水北调工程招标投标活动的意见》（国调办建管〔2005〕103 号）等有关招标投标的法律法规，招标投标活动应遵循坚持公开、公平、公正和诚实信用的原则，认真组织南水北调东线山东段工程的招投标工作。在招标过程中自觉接受国务院南水北调办、山东省人民检察院、山东省纪委驻水利厅纪检组、山东省水利厅、省南水北调局的监督和指导，加强招标投标内部监管，规范招标投标活动，对预防招标投标领域的腐败行为，维护公平、公正、公开的市场竞争环境起到了积极作用。通过规范化的招标和有效的管理，使招标工作取得了显著成效，选择了优良的承包商，一批优秀的施工队伍进场施工。

南水北调东线山东段工程自 2002 年以来，共完成 11 个单项工程计 54 个设计单元的招标工作，签订勘测设计、监理、施工、设备采购等合同 488 个。

所有招标项目均按照国务院南水北调办核定的分标方案进行招标，采用公开招标方式，在招标文件规定的时间、地点进行开标，评标委员会严格按照评标原则、评标办法进行封闭评标，根据评标结果公示情况确定中标人。

招标工作主要按照以下程序进行：分标、分标方案的报批、招标设计审查及批复、编制招标文件、发布招标公告、资格审查、出售招标文件、针对施工招标组织现场勘察和答疑、接受投标文件、开标、评标、定标、公示、与中标人签订合同等。

（二）合同管理机构及制度建设

南水北调山东干线公司内部设置计划合同部，负责整个山东段工程建设项目合同的管理工作。南水北调山东干线公司设两湖局、韩庄局、济东局、穿黄局、鲁北局、济平局作为项目法人派驻现场的建设机构，具体负责工程现场建设管理工作。现场建管局根据所属工程实际情况，配备了专人负责合同管理工作，并协助计划合同部做好合同管理工作。

为加强合同文件管理，维护合同文件的完整性、系统性，使合同文件管理工作制度化、程序化、规范化，充分发挥合同文件在工程建设中的重要作用，依据《水利水电工程施工合同和招标文件示范文本》《中华人民共和国标准施工招标文件》《南水北调工程建设管理的若干意见》《南水北调东中线第一期工程档案管理规定》等有关规定，结合山东省南水北调工程特点，南水北调山东干线公司制定了《关于印发〈工程建设承包合同计量支付管理规定（试行）〉的通知》《关于印发〈施工图审查管理规定（试行）〉的通知》《关于印发〈合同文件管理规定（试行）〉的通知》《关于印发〈工程变更管理规定（试行）〉的通知》《关于印发〈委托项目工程设计变更管理规定（试行）〉的通知》《关于转发〈山东省南水北调工程建设合同监督管理规定实施细则（试行）〉的通知》等。

（三）招标设计及施工图设计的审查

根据《南水北调工程初步设计管理办法》（国调办投计〔2006〕60 号）第二条"经批复的初步设计报告是编制建设项目招标设计、施工图设计和投资控制的依据"。为保证招标设计及施工图设计严格按照批复的初步设计方案实施，根据《关于印发〈施工图审查管理规定（试行）〉的通知》（鲁调企字〔2007〕104 号）文，加强招标及施工图设计审查是非常必要的。

招标设计编制的依据为已批复的初步设计,由于南水北调工程工期较紧,编制详细的施工图设计时间比较仓促,因此增加了招标设计编制及审查阶段。施工图设计的编制依据为已批复的初步设计及招标设计,严格控制设计变更,保证按此方案实施。

(四)设计变更

2006 年 6 月 5 日,国务院南水北调办发布了《关于加强南水北调工程设计变更管理工作的通知》(国调办投计〔2006〕67 号),对南水北调工程设计变更进行了相关规定。南水北调工程建设设计变更分为重大设计变更和一般设计变更,南水北调山东干线公司按投资额变动将一般设计变更细分为:超过 30 万元(含 30 万元)的为较大设计变更,30 万元以下的为较小设计变更。

设计变更实行分级管理,重大设计变更经南水北调山东干线公司组织审查确认后,报国务院南水北调办审批。30 万元以下的较小设计变更由现场建管局审查后直接批复,报南水北调山东干线公司计划合同部备案;超过 30 万元(含 30 万元)的较大设计变更由现场建管局审查后报南水北调山东干线公司批复。

(五)计量支付

工程计量与支付是合同管理的核心内容之一。为提高计量的准确性、可操作性、可审核性、及时性,在确保工程质量、进度、安全、文明的前提下,实行了分级审核,明确了审核程序及时限要求,引进了专业造价机构进行跟踪审核,建立了完工结算标准格式。

(六)工程保险

山东省南水北调工程于 2008 年主动引入了工程保险机制。截至 2013 年 6 月,山东省南水北调所有主体工程项目皆已完成了投保工作,累计投保额约人民币 70 亿元,保费人民币 2 200 多万元。保险险种主要有建筑安装工程一切险、第三者责任险、雇主责任险、施工单位人员团体意外伤害险、施工单位机械设备险,做到了全方位、全过程覆盖。

(七)静态控制动态管理

为加强南水北调工程投资管理,严格控制工程成本,建立工程投资约束激励机制,依据国家基本建设和资金财务管理的相关法律,国务院南水北调工程建设委员会制定了《南水北调工程投资静态控制和动态管理规定》(国调委发〔2008〕1 号),之后国务院南水北调办颁发了《南水北调工程项目管理预算编制办法(暂行)》和《南水北调工程价差报告编制办法(暂行)》等相应配套办法。

工程静态投资是指国家批准的南水北调工程初步设计概算静态投资,山东省南水北调工程在各设计单元初步设计报告批复后工程静态投资控制工作的重点放在设计阶段,兼顾施工阶段及竣工结算阶段。

工程动态投资是指在南水北调工程建设实施中建设期贷款利息以及因价格、国家政策调整(含税费、建设期贷款、汇率等)和设计变更等因素变化发生超出原批准静态投资的部分。

四、进度管理

工程进度管理是一项重要而复杂的任务,它贯穿于工程建设的全过程。工程能否按期完成,及时交付使用,直接影响投资效益的发挥,尤其是南水北调工程,按时投入使用,其经济、社会、生态、防洪、抗旱效益巨大,进度管理更具重要意义,是工程质量、投资、进度三大目标管理中的重中之重。南水北调东线一期山东段工程 2002 年 12 月 27 日,在济平干渠举行了开工仪式,于 2003 年 5 月正式开工建设。到 2013 年 12 月底,山东段 11 个单项、54 个设计单元工程已有 9 个单项的 49 个设计单元工程完工或基本完工,实现了山东省人民政府确定的到 2012 年底基本完成南水北调东线一期山东段主体工程建设的任务目标。

(一)责任体制建设

山东南水北调工程结合工程特点,建立了政府监督、项目法人总负责、现场建管机构具体管理、监理单位控制、设计和施工单位保证等多层次进度管理体制。各单位都明确了进度管理部门、岗位职责和责任人,制订了进度管理制度。

为了明确各参建单位进度管理具体职责和目标、落实进度管理责任,切实加强进度管理,每年度国务院南水北调办和南水北调山东干线公司、南水北调山东干线公司和各现场建管机构(委托建设管理单位)和施工等单位都签订年度目标责任书,作为进度考核和奖惩的依据。南水北调山东干线公司与各现场建管机构(委托建设管理单位)签订了年度目标责任书。

(二)工程进度计划

2010 年 12 月,南水北调山东干线公司根据国务院南水北调办和山东省委、省政府对工程建设目标总体要求,以鲁调水企工字〔2010〕24 号文下发了《关于南水北调东线一期山东段未完工工程建设目标安排的通知》,明确了未完工工程进度目标安排。2012 年底前完成主体工程建设任务,确保实现东线一期工程 2013 年通水目标,并安排了各设计单元工程进度计划。

加强重点项目和关键工序的进度管理。国务院南水北调办确定的南水北调东线一期山东段工程批复较晚、施工难度大、影响因素多、完工风险较大,作为控制性设计单元工程,进行重点管理的共有 11 个设计单元工程。南水北调山东干线公司和各参建单位对这些重点项目及影响工期较大的穿渠(河)交叉建筑物进度进行了重点管理。采取实行控制性项目登记造册制度;建立了重点难点问题登记表;对可能影响供水单元工程进度的控制性交叉建筑物,如穿铁路工程、桥梁、倒虹等重要节点工程,制订专项施工进度计划,明确节点目标,做好与主体之间的相互衔接,加强领导,逐级落实责任,并实行了月报制度,建立了进度管理台账;建立了重点项目目标责任体系等措施。

(三)加快进度所采取的措施

1. 进度协调会制度

为及时协调解决工程建设过程中存在的重大问题,2010 年 11 月 9 日,山东省南水北调局以鲁调水建字〔2010〕68 号文《关于建立山东省南水北调工程建设进度协调会议制度的通知》建立了协调会议制度。协调会每月召开一次,明确责任单位、责任人和解决时限,并由局纪检督察室负责进行督查督办,并将督办结果及时报局领导,促进了问题的及时解决,有力地推进了工程建设进度。

2. 阻工快报制度

为及时掌握和协调解决工程建设过程中出现的影响工程进度的主要问题,保证工程建设顺利进行,2012年2月26日,山东省南水北调局以《关于建立山东省南水北调工程建设影响工程进度问题快报制度的通知》建立了阻工快速处置机制,加快了办事节奏,提高了工作效率,促使工程建设过程中出现的阻工、征迁、设计变更、合同变更等影响工程建设进度的主要问题,能在最短时间内予以解决,确保工程进度目标的实现。

3.包段及分包标段制度

为进一步强化施工现场建设管理工作,及时发现和协调解决工地现场中出现的问题,确保工程建设进度和通水目标如期实现,根据国务院南水北调办《关于向南水北调工地施工现场派驻专职建设管理人员的通知》(国调办建管〔2011〕82号)文件要求,南水北调山东干线公司建立了山东省南水北调局和南水北调山东干线公司主管部门中层干部分片包干和各现场建管机构建管人员分包标段制度。盯牢工地现场,深入一线,监督、指导和协调工程建设。

4.督办制度

为推动小运河段工程、八里湾泵站工程等进度缓慢、完工风险较大的设计单元工程建设进度,山东省南水北调工程建设指挥部和山东省南水北调局实行了挂牌督办制度。制订了督导方案,明确了督导主要工作内容、督导组人员组成、工作要求、督导时间安排等工作内容。协调解决影响工程建设进度的困难和问题,研究确定优化工期、加快进度的措施,评价考核工程进度计划执行情况、征迁及外部环境保障情况、专项设施迁移计划执行情况、施工组织及资源投入情况、设计变更审批情况、建设资金保障情况等。

5.举行劳动竞赛

2011年下半年到2012年底是山东南水北调工程决战、决胜阶段,为贯彻落实国务院南水北调办有关加快工程建设进度,实现山东省人民政府确定的到2012年底完成主体工程建设目标,确保通水目标实现,从2011年9月到2012年12月,分阶段开展了不同形式的劳动竞赛,围绕工程进度、质量、安全生产等方面积极开展竞赛,将任务目标细化分解到月、到周、到天,抢抓关键节点控制,比质量、比进度、比技术、比安全、比管理、比团结,通过劳动竞赛激发了各参建人员的主动性、积极性、创造性,立足岗位建新功,创先争优做贡献,形成了"比学赶帮超"的良好氛围。各参建单位强化检查、考核、评比,竞赛活动组织有力、工作扎实、富有成效。克服了资金紧、工期紧、任务重、工程量大等诸多困难,高标准、高质量地完成各阶段的任务目标。

6.考核与奖惩

国务院南水北调办、山东省南水北调局及南水北调山东干线公司为充分调动各参加单位积极性,促进工程又好又快建设,根据工程建设各阶段目标任务,先后出台了一系列考核与奖惩办法。同时,各现场建管机构也结合各自工程实际建立了考核与奖惩机制,制订了具体的考核细则或奖惩办法。

每月、每季度和每年年底,现场建管机构向山东省南水北调局和南水北调山东干线公司报送进度统计报表和考核结果,南水北调山东干线公司进行复核,并将考核结果报国务院南水北调办。根据考核结果对考核合格的参建单位发放奖励资金。对进度目标考核不合格的单位,给予约谈负责人、通报批评等惩罚。

五、质量管理

山东省南水北调工程建设,按照"高压高压再高压,延伸完善抓关键"的工作要求,坚持"检查检查再检查,细致严格抓强化"的工作思路,以工程质量为核心,以强化质量监管、落实工程质量责任为重点,突出重点项目和关键环节,大力推广应用新技术、新材料、新工艺,创新管理机制,夯实管理基础,加强一线管控,严格责任追究,持续保持高压态势,工程质量始终可控。

经质量评定,山东境内南水北调工程单位工程优良率达到100%,分部工程优良率达到93%,单元工程优良率达到93%,无质量事故,得到了山东省委、省政府和国务院南水北调办的肯定及社会各界的好评。

(一)质量管理机构及责任体系

(1)项目法人成立南水北调东线山东段工程质量管理领导小组,主要职责是研究部署、指导南水北调山东段工程建设质量管理工作,研究解决质量管理工作中的重要问题,指导和组织协调工程建设质量事故调查处理工作。现场建管机构对现场的工程质量负全面责任。

(2)实行工程建设监理制,监理单位建立健全工程质量控制体系,编制监理大纲及实施细则,保证现场的监理人员及设备满足投标书承诺。

(3)勘察设计单位建立质量保证体系,加强设计过程质量控制,健全设计文件的会签制度。

(4)施工单位建立质量保证体系,成立专门的质量检查机构并配备专职质量检查员,在施工中加强施工现场的质量管理,加强计量、检测等基础工作,实行"三检制"。

(5)建立质量责任网格体系。按照分级负责、逐级追究、责任到人、细化到序的原则,明确质量管理范围和责任人,网格责任人对网格内工程质量和质量管理工作负总责。

(二)质量稽察检查

为加强南水北调工程质量的稽察检查工作,山东省南水北调局设立了稽查处,南水北调山东干线公司成立了山东省南水北调工程监督管理中心,聘请外部知名专家,建立了稽察专家库。稽察检查的目的是检查、指导、整改、提高,促进工程建设质量。

1. 内部稽查

在工程建设的高峰期和关键期的2011～2012年,共组织内部稽查48批次稽察检查任务,涵盖了所有在建工程项目。在质量稽察检查工作中,坚持发现问题、找到原因、分清责任、提出办法的工作原则,认真做好每一次稽察检查工作。每次稽察检查,都形成正式的稽查报告,对工程质量状况进行整体评价,指出存在的问题,分析问题的原因,提出工作建议和意见。稽察检查工作的有效开展,为保证工程质量发挥了重要作用。

2. 外部稽察检查的配合与协调

在工程建设期间,国务院南水北调办、国家发展和改革委加大对南水北调工程的稽察检查力度,稽查检查的深度和密集度不断提高。对国务院南水北调办、国家发展和改革委的每次稽查检查,都根据稽查检查的重点,结合自身实际进行细致的策划,以提高工作效率,降低工作成本,减小工作影响,保证工作效果。仅2011～2012年,陪同和配合国务院南水北调办、国家发展和改革委共计50余批次的稽察、抽查、巡查、飞检、调研活动,顺利完成了服务、衔接、沟通、解释等方面的工作。

针对稽查检查出的问题,主动组织有关单位对问题认真研究分析,准确分类定性,提出整改方案和措施,督促整改。实行严格的工作责任制,明确责任和办理时限。积极进行巡查指导,建立工程建设各有关方沟通机制。对存在的问题进行重点督查,狠抓存在问题整改的具体落实,积极主动汇报工作进展情况。

（三）质量监督

南水北调工程山东质量监督站,对山东省南水北调工程进行质量监督,采用巡回抽查和派驻项目站现场监督相结合的工作方式进行,对单项工程批复投资超过5亿元人民币以上的工程建设项目,采取派驻项目站现场监督。项目站在南水北调工程山东质量监督站授权范围内,根据工作需要制订监督计划,并开展质量监督工作;项目站人员常驻工地,实行站长负责制,站长对项目站的工作全面负责,质量监督员对站长负责,并加强对设计过程、原材料、施工过程、关键点、混凝土结构专项等项目建设过程中的质量管理。

（四）质量目标考核

对参建单位包括现场建管单位,设代组、项目监理部、施工项目部的考核实行分级负责。现场建管单位由南水北调山东干线公司组建考核工作组进行考核,设代组、项目监理部、施工项目部由现场建管单位组建考核组进行考核,南水北调山东干线公司南水北调山东干线公司考核工作组负责现场考核情况的监督检查。

（五）质量评定

单元工程质量评定标准:执行《水利水电基本建设工程单元工程质量等级评定标准》(SDJ 249—88)、《水利水电基本建设工程单元工程质量等级评定标准》(SL 38—92)。非水利水电项目依据现行的国家和相关行业部颁单元工程质量等级评定标准。经评定单元工程质量全部合格,其中70%以上达到优良等级,重要隐蔽单元工程和关键部位单元工程质量优良率达到90%以上,且未发生过质量事故。

六、安全管理

2002年,山东省南水北调工程建设陆续开工,在山东省委、省政府和国务院南水北调办的坚强领导下,全省南水北调系统以科学发展观为指导,以工程建设为中心,坚持“安全第一、预防为主、综合治理”的方针,全面贯彻落实国家、山东省有关安全生产管理方面的部署和要求,狠抓安全生产管理,突出安全生产组织机构、规章制度和预案体系建设,重点构建安全生产网格责任体系,深入开展安全生产专项整治工作,全面加强安全生产监督检查,安全生产工作取得了显著成效,工程安全生产总体处于受控状态,保持了连续十年无安全生产责任事故的良好态势,有力保障了工程建设的顺利进行。

（一）安全生产组织机构、制度建设及安全生产责任制

山东省南水北调工程自开建以来,各级认真贯彻落实上级有关安全生产工作的指示要求,高度重视加强安全生产工作的组织领导,成立了安全生产工作组织领导机构,确保了安全生产工作的顺利开展。

(1)成立山东省南水北调工程安全生产领导小组和重特大事故应急处理领导小组。

研究部署、指导协调南水北调工程建设安全生产管理工作；检查、督促南水北调工程建设安全生产，研究解决安全生产工作中的重要问题；指导和组织协调工程建设重特大生产安全事故及突发公共事件调查处理和应急救援工作，并每年召开安全生产工作会议，每季度召开安全生产领导小组会议。安全生产会议坚持"安全第一，预防为主，综合治理"的安全生产方针，紧紧围绕安全工作的中心，切实解决安全生产工作中的实际问题，开展工作。

（2）成立山东省南水北调工程防汛办公室及安全生产和防汛组织机构。现场建管机构结合实际，突出抓好安全应急体系建设，持续改进并完善了防汛、防塌方、防高空坠落、防火等专项应急预案和现场处置方案，成立了救援队伍，储备了应急物资，为事故应急处理提供了基础保障。在全省南水北调系统构建起了政府领导监督、项目法人负责、监理单位控制、施工单位保证的较为完善的安全生产管理体系。

（3）安全生产制度建设。山东省南水北调工程建立并严格执行"一岗双责"制度、双号码公示制度、安全生产网格化管理制度、消防安全网格化管理制度、检查书制度、安全生产监督书制度、安全生产例会制度、重大危险源管理制度、安全生产隐患排查整改制度、单位领导干部现场带班制度、安全生产目标考核办法等一系列安全生产管理制度，编制了《山东省南水北调工程建设安全事故综合应急预案》《山东省南水北调工程度汛方案与防汛预案》，并根据工程进展情况不断完善与更新。

（4）安全生产责任制。《山东省南水北调工程安全生产管理暂行办法》明确了山东省南水北调局对山东省南水北调工程安全生产的监管责任、南水北调山东干线公司的主体责任以及各参建单位对所承担工程的责任内容。同时，为进一步落实各单位安全生产责任，建立并完善南水北调工程安全生产网格管理责任制，按照"谁分管、谁负责，分级划分、逐步细化"的原则，逐级明确安全网格范围和责任人，实现了安全生产全覆盖、无缝隙监管，并层层签订了安全生产责任书。

（二）安全管理采取的措施

1. 建立安全生产预案及应急体系

2008 年发布了《山东省南水北调工程建设安全事故综合应急预案》，每年汛前，安排部署各参建单位根据工程特点、施工环境、季节变化和周边社会资源等因素，持续改进和完善工程度汛方案及防汛预案。各现场建管局、委托建设管理单位及施工单位基本制订了建设安全事故综合应急预案、应急疏散预案、度汛方案及防汛预案、预防坍塌事故专项整治工作方案等，部分单位结合工程实际还制订了反恐应急预案、消防安全应急预案、特种设备重大事故应急预案等。每年根据各自工程特点，各有侧重组织施工单位开展了不同形式的应急演练，演练内容有防汛演练、消防演练、防坍塌演练等。通过演练，提高了参建人员的忧患意识、防范意识和应急能力，在遇到突发事件时，参建人员能够保持应急状态，各工作组紧密配合，弥补不足和弱点，有条不紊地进行人员撤离，加快反应速度，做好抢险救助等工作，确保人员安全、工程安全。

2. 开展质量专项整治

1）安全生产"三项行动"

进一步加强山东省南水北调工程安全生产管理工作，有效遏制了重特大事故的发生，在山东省南水北调系统开展了安全生产执法行动、治理行动、宣传教育行动的专项整治工作。

2）严厉打击非法违法生产经营建设行为专项行动

进一步规范山东省南水北调工程建设行为，加强安全生产管理，制定了《山东省南水北调工程集中开展严厉打击非法违法生产经营建设行为专项行动实施方案》，开展严厉打击非法违法生产经营建设行为专项行动。

安全生产领域非法违法生产经营建设行为：违反水利技术标准强制性条文规定建设的；施工企业不按规定标准计提安全生产费用并按规定使用的；瞒报生产安全事故或对重大隐患隐瞒不报或不按规定期限予以整治的；特种设备未按规定进行日常管理维护、运行及检测、检验的；不按规定进行安全培训或无证上岗的；拒不执行安全监管指令、抗拒安全执法的；未及时对检查出的安全问题和隐患进行整改的；违反安全生产市场准入条件，从事水利工程建设的。

建设领域非法违法生产经营建设行为：施工单位超越资质范围承包、违法分包、转包工程的；施工企业无相关资质证书和安全生产许可证的；未按规定办理质量与安全监督手续；工程施工中，未按规定运输、储存和使用民用爆炸物的。其他非法违法生产、经营、建设行为。

3）预防坍塌事故专项整治

加强隧洞、基坑、围堰、边坡施工以及起重机械、脚手架的施工管理，有效防范和坚决遏制重特大事故。

专项活动整治的重点内容包括隧洞、基坑、围堰、边坡施工及起重机械的各种隐患和事故；施工工地上使用的各类脚手架，特别是支架、脚手架支撑体系的坍塌事故，包括因管件材质、各类模板使用等引发的坍塌事故。

4）"打非治违"专项行动

专项行动整治的主要内容包括将工程发包给不具备相应资质的单位承担的；施工单位无相关资质或超越资质范围承揽工程，转包、违法分包的；施工企业主要负责人、项目负责人、专职安全生产管理人员无安全生产考核合格证书、特种作业人员无操作证书，从事建筑施工活动的；无证、证照不全或过期、超许可范围从事生产经营建设，以及倒卖、出租、出借或以其他形式非法转让安全生产许可证等。

5）预防施工起重机械脚手架等坍塌事故专项整治

专项活动整治的重点内容：施工工地上使用的各类起重机械，包括龙门吊、架桥机等，以及塔式起重机安装、拆卸过程中的各种隐患和事故；施工工地上使用的各类脚手架，特别是支架、脚手架支撑体系的坍塌事故，包括因管件材质、各类模板使用等引发的坍塌事故。

专项整治工作总体上分四个阶段进行：一是部署启动阶段，研究制订专项整治方案，部署有关工作。二是自查自纠阶段，各现场建设管理单位结合工作实际组织开展自查自纠，山东省南水北调局加强指导、监督检查。三是检查督导阶段，组织督查和抽查。对存在重大隐患的，进行严肃处理。四是总结分析阶段，总结分析，归纳评估，对已开展的工作进行分析、研究，全面总结、评估，形成专项整治报告。

(三)开展"安全生产年""安全生产月"活动

2009年至2012年,开展"安全生产年""安全生产月"活动,实现全年安全生产总体目标:杜绝较大以上安全生产事故的发生,避免或减少一般安全事故,强化安全生产责任制和隐患排查治理力度,在确保安全生产的前提下,如期实现山东省南水北调工程建设目标。将安全生产工作纳入领导干部政绩考核之中,作为年度目标考核的重要内容,实行一票否决。编印了《山东省南水北调工程安全技术手册》,并举办安全生产培训班进行宣贯,通过系列教育培训,进一步推动了安全生产法律法规的贯彻落实,提高了全体参建者的安全生产意识。

七、工程档案管理

南水北调工程是国家重点建设项目,南水北调东线山东段工程档案(简称山东段工程档案)管理是工程建设的重要组成部分。结合山东段工程档案管理现状和实际情况,制定了《山东省南水北调工程项目档案管理办法》,明确了工程档案文件的管理;工程档案归档范围、整理、汇总;工程档案的专项验收和移交等管理工作。目前,山东段截污导流工程19个设计单元工程全部通过省内档案验收,主体工程12个设计单元工程通过了国家档案验收。

山东段工程档案是指山东段工程项目从提出、立项、审批、勘察设计、生产准备、施工、监理、试运行到竣工验收等工程建设阶段及工程管理过程中形成的应归档保存的文字、表格、声像、图纸等各种载体的总和。

(一)工程档案工作的基本原则

工程档案的基本原则是按照档案法规的规定,实行统一领导、分级管理的原则。保证工程档案的完整、准确、系统、安全有效利用。工程档案工作在山东省南水北调局的领导下,由南水北调山东干线公司负责工程档案的管理,对各参建单位所形成的工程档案的收集、整理、归档工作进行检查与指导。负责组织合同项目完成的档案专项自验工作并配合国务院南水北调办完成对档案工作的各项检查及档案专项验收工作。各现场建管机构负责分管单项工程、设计单元工程、合同项目工程档案检查及工程档案的接收、保管及移交工作。

(二)工程档案的特点和作用

工程档案具有专业性、成套性及现实性特点。南水北调工程档案是工程建设的真实记录,是工程验收、审计稽查、运行管理、维修养护、改建、扩建以及工程质量责任认定等工作的重要依据和参考,是工程建设历史查考、总结经验、技术交流、科学研究的重要信息资源。

(三)工程档案规章制度

1. 建立领导责任制

山东段工程档案工作是工程建设管理工作的重要组成部分,从开工即纳入项目管理工作的全过程,实行统一领导、分级管理。各现场建管机构、委托项目建管单位及工程各参建单位(包括施工监理及设备制造监理、施工、设备材料供货单位、勘察设计等单位)均要求切实加强对档案工作的领导,明确相关部门、人员的岗位职责,健全制度,把档案工作列入单位目标管理岗位责任制,集中统一管理工程建设的全部档案资料,确保档案的完整、准确、系统、安全和有效利用。明确要求落实档案工作专项经费,以保障档案工作的正常开展。

2.同步管理制度

工程档案工作应贯穿于南水北调工程建设程序的各个阶段,即从工程建设项目论证时,要同步开始进行文件材料的收集、积累和整理工作;签订勘测、设计、施工、监理等协议(合同)文书时,同时明确提出对工程档案(包括竣工图)的质量、份数、审核和移交工作的要求和违约责任;检查工程进度与施工质量时,要同时检查档案材料的质量与管理情况;进行工程中间验收(包括单位工程与项目合同验收)时,必须首先验收应归档文件材料的完整程度与整理质量,并及时将工程各阶段验收材料整理归档。

3.立卷制度

本工程档案管理实行文件形成单位立卷制度。参建单位在工程建设管理中所形成的全部档案资料,按《南水北调东中线第一期工程档案管理规定》(国调办综〔2007〕7号)文件收集、整理、立卷和归档,移交项目法人档案管理部门集中管理;任何单位或个人不得据为己有或拒绝归档、上报。

4.等级评定制度

实行档案验收等级评定制度。工程档案质量(特别是竣工图)达不到规定要求的,要限期整改。档案不合格不得进行工程验收。

5.档案质量保证金制度

建立档案质量保证金制度。工程档案的整理质量,是衡量工程勘测、设计、咨询、施工、监理等工作质量的重要内容。因此,项目法人对未移交合格工程档案的单位,不返还其工程质量保证金。对于归档质量优良、档案的综合管理及单项管理成绩突出的有关单位或责任人,项目法人给予精神或物质奖励。

6.档案管理安全制度

为了加强档案利用与管理,档案管理部门要完善提供利用手段与措施,编制各种检索工具。凡属密级档案(含秘密、机密、绝密),必须按国家保密法规管理,做好保密工作。对已超过保管期限的工程档案,应按《水利部科学技术档案管理暂行规定》进行鉴定、销毁。

(四)档案培训

山东省南水北调建管局及南水北调山东干线公司、各现场建管机构领导对档案工作十分重视,先后分别举办了多期档案管理培训班,并多次举办针对各设计单元档案工作的小型培训及现场讲解会,分别对韩庄局、两湖局、穿黄局、鲁北局、济东局,代建单位台儿庄泵站工程、二级坝泵站工程、灌区影响工程等档案及有关人员集中培训并指派档案管理人员参加了国务院南水北调办和山东省档案局举办的各类档案管理培训班。同时,针对山东段工程战线长、施工单位多、档案管理工作难度大等特点,负责档案工作的管理人员经常深入工地一线,发挥传、帮、带作用,对有关档案文件进行宣讲,及时解决施工现场档案管理中存在的问题。另外,针对发现的问题不定期召集监理、施工单位档案管理人员参加的现场研讨会,在研究解决实际问题的同时,也提高了档案管理人员的业务水平。

(五)工程档案的分类、编号

依据《南水北调东中线第一期工程档案分类编号及保管期限对照表》(国调办综〔2009〕13 号)文件编制山东段工程项目档案。例如:工程项目类档案编号以"卷"为档案保管单位,档案编号采用三级编号法。编号方法为:[大类(单项工程代号 + 设计单元工程代号)]—[属类号(文件材料类别)]—[保管单位(案卷)顺序代号]。

(六)立卷、整编及声像、电子文件的整理

根据《山东省南水北调工程项目档案类别及保管期限对照表》划分文件材料的类别,按文件种类组卷。反映建设项目过程的光盘、图片、照片(包括底片)、录音、录像等声像材料,是工程档案的重要内容,按其种类分别整理、立卷,并对每个画面附以比较详细的语言或文字说明。对隐蔽工程、工程关键部位的施工,尤其对重大事件、事故,有完整的文字和声像材料。有关单位特别是监理、施工单位从施工初期就指定专人负责,认真做好记录并随时加以整理、注释,随工程档案一并移交项目法人。

(七)工程档案的验收及移交

工程档案正式验收前,项目法人先组织工程参建单位和有关人员,根据规定和档案工作的相关要求,对工程档案收集、整理、归档情况进行自验。在确认工程档案的内容与质量达到要求后,向工程档案专项验收组织单位报送工程档案自验报告,提出工程档案验收申请。

工程档案验收结果分为合格和不合格。工程档案专项验收组半数以上成员同意通过验收的为合格。工程档案验收合格的项目,由工程档案专项验收组出具工程档案验收意见;工程档案专项验收不合格的项目,工程档案专项验收组提出整改意见,要求工程建设管理单位(法人)对存在的问题进行限期整改,并进行复查。复查后仍不合格的,不得进行竣工验收。

档案移交必须履行签字手续,填写档案移交表。按合同规定及时移交项目法人。根据山东段工程档案实际情况,工程档案移交要经过两个阶段,即参建单位向现场建管机构移交,山东段工程竣工后现场建管单位向省南水北调建设管理机构移交。

八、工程验收

南水北调工程线路长、覆盖地域广、建管模式复杂等特点,决定了南水北调工程验收工作有别于一般的水利工程,有其自身的特点。一是种类多。验收分为施工合同验收、专项验收、设计单元工程完工验收、南水北调工程竣工验收,设计单元工程通水验收,南水北调东线一期工程全线通水验收。其中,施工合同验收包括分部工程验收、单位工程验收、合同项目完成验收和水库蓄水、泵站试运行等阶段验收;专项验收包括工程档案验收、征迁安置验收、水土保持验收、环境保护验收、消防验收等。二是验收组织复杂。省界工程或是特别重要工程的设计单元工程完工验收和通水验收、南水北调东线一期工程全线通水验收由国务院南水北调办主持;其他工程设计单元工程完工验收和通水验收由国务院南水北调办委托山东省南水北调局主持;合同验收由项目法人主持或委托现场建管机构主持。

（一）验收标准

山东省南水北调工程验收执行国务院南水北调办印发的《南水北调工程验收管理规定》（国调办建管〔2006〕13 号）、《南水北调工程验收工作导则》（NSBD 10—2007）、《南水北调东线一期工程通水验收工作导则》（国调办建管〔2012〕238 号）、《山东省南水北调工程验收管理办法》、《南水北调东线一期山东干线工程施工合同验收实施细则》及国家和行业有关规定。其中，《南水北调工程验收工作导则》对验收工作的验收条件、验收组织、验收内容等方面做出具体的规定，具有很强的指导性和可操作性，在实际验收工作中发挥主要的、工具书式的作用。导则主要内容包括总则、施工合同验收、阶段验收、专项验收与安全评估、设计单元工程完工（竣工）验收、单项（设计单元）工程通水验收、遗留问题及处理与工程移交、附录等 8 个章节。

（二）具体验收程序

1. 施工合同验收

施工合同验收的依据主要是施工合同。施工合同验收包括分部工程验收、单位工程验收、合同项目完成验收以及合同约定的其他验收。其他验收包括项目法人（或项目管理单位）根据工程建设需要增设的阶段验收等。

施工合同验收由项目法人（或项目管理单位）、设计、监理、施工以及主要设备供应（制造）等单位代表组成的验收工作组负责，验收工作由项目法人（或项目管理单位）主持，其中分部工程验收可由监理单位主持。

实行委托或代建的工程项目，合同项目完成验收由项目法人或委托项目管理单位主持，其他施工合同验收原则上由项目管理单位主持。

施工合同验收工作组成员应具有工程验收所需要的资格条件和相关的专业知识。除特邀专家外，验收工作组成员是代表所在单位参加工程验收，应持有所在单位的书面确认。

2. 阶段验收

阶段验收是施工合同验收的组成部分，应在施工合同文件中明确。

阶段验收包括泵站机组试运行验收、水库工程蓄水验收以及根据工程建设需要增加的其他验收。

阶段验收的依据是批准的初步设计、施工合同及国务院南水北调办有关规定。

阶段验收原则上由项目法人（或项目管理单位）主持，国务院南水北调办确定的特别重要工程项目的阶段验收由国务院南水北调办或其委托单位主持。

阶段验收委员会由国务院南水北调办或其委托单位、项目法人、项目管理单位、质量监督机构（需要时）、验收监督管理部门（需要时）以及勘测（需要时）、设计、施工、监理、主要设备供应（制造）、运行管理等单位的代表组成。必要时，可邀请上述单位以外的专家参加。

阶段验收需要由国务院南水北调办或其委托单位主持时，项目法人（或项目管理单位）应向阶段验收主持单位提出阶段验收申请报告。

阶段验收的主要工作是：①检查阶段工程完成情况；②检查已完工程的质量和形象面貌，鉴定工程质量；③检查后续工程建设情况；④检查后续工程的计划安排和主要技术措施落实情况;⑤检查工程度汛方案;⑥研究并确定可以移交管理的工程项目;⑦对验收中发现的问题提出处理要求并落实责任处理单位;⑧讨论并最终形成"阶段验收鉴定书"。

3.专项验收与安全评估

工程专项验收是指按照国务院南水北调办和国家有关规定,列入南水北调工程项目内进行建设的专项工程和专项工作完成后进行的验收,包括水土保持工程验收、环境保护工程验收、安全设施验收、消防设施验收、征地补偿与移民安置验收、工程建设档案验收以及其他专项验收。

专项验收根据情况一般在设计单元工程完工(竣工)验收前完成。项目法人(或项目管理单位)应做好专项验收的有关准备和配合工作。申请设计单元工程完工(竣工)验收时,验收申请报告应对专项验收情况进行说明。

专项验收应具备的条件、验收程序、验收主要工作以及验收有关资料和成果性文件的具体要求等执行国务院南水北调办、国家及行业有关规定。

专项工程验收鉴定书等验收成果性文件由参加验收人员签字并加盖主持验收单位公章。验收成果性文件由项目法人在专项验收通过后 30 个工作日内报设计单元工程完工(竣工)验收主持单位备案。

国务院南水北调办确定需要进行安全评估的工程项目,设计单元工程完工(竣工)验收前,项目法人应组织进行项目安全评估。申请设计单元工程完工(竣工)验收时,项目法人应同时递交项目安全评估报告。

项目法人应选择具有相应的资格、能力和经历的安全评估机构承担项目安全评估工作。

4.设计单元工程完工(竣工)验收

完工(竣工)验收的依据是国务院南水北调办、国家及行业有关规定,经批准的工程设计文件及相应的工程设计变更文件、施工合同等。

设计单元工程完工(竣工)验收由国务院南水北调办或其委托的单位主持。

完工(竣工)验收分两阶段进行,即先进行技术性初步验收,再进行完工(竣工)验收。技术复杂的工程应组织技术性初步验收。国务院南水北调办或其委托单位根据需要确定是否组织技术性初步验收。

设计单元工程完工(竣工)验收由完工(竣工)验收委员会负责。完工(竣工)验收委员会由验收主持单位、地方政府、有关行政主管部门、验收监督管理部门、质量监督机构、运行管理单位、专项验收委员会(或工作组)代表以及技术、经济和管理等方面的专家组成。验收委员会主任委员由主持单位代表担任。

5.单项(设计单元)工程通水验收

单项(设计单元)工程通水验收由国务院南水北调办或其委托的单位主持。

单项(设计单元)工程通水验收应具备的条件:①部分工程投入使用后,不影响其他未完工程正常施工,且其他工程的施工不影响该部分工程安全运行;②必要的运行管理条件已经初步具备;③工程的临时调度、试通水运用、度汛方案等均已明确。

部分工程具备通水验收条件需投入使用时,项目法人应向国务院南水北调办或其委托单位申请单项(设计单元)工程通水验收。国务院南水北调办或其委托单位收到单项

（设计单元）工程通水验收申请报告后30个工作日内决定是否同意进行验收。

单项（设计单元）工程通水验收可分两阶段进行，即先进行技术性初步验收，再进行完工（通水）验收。

单项（设计单元）工程通水验收由单项（设计单元）工程通水验收委员会负责。单项（设计单元）工程通水验收委员会由验收主持单位、验收监督管理部门、地方政府、有关行政主管部门、质量监督机构、运行管理单位、专项验收委员会（或工作组）代表以及技术、经济和管理方面的专家组成。验收委员会主任委员由主持单位代表担任。

单项（设计单元）工程通水验收时，项目法人、项目管理单位以及监理、勘测、设计、施工、主要设备供应（制造）等单位作为被验收单位参加有关验收会议，负责解答验收委员会提出的问题，并作为被验收单位在有关验收成果性文件上签字。

6. 遗留问题及处理与工程移交

项目法人（项目管理单位）应根据验收委员会（或验收工作组）的意见和要求，逐项落实遗留问题处理的责任单位、责任人。对建议由上级部门协调的遗留问题，项目法人应根据验收意见书面报告上级有关部门。

遗留问题处理责任单位应在规定的时间内提出处理方案和实施计划，由项目法人或委托项目管理单位组织批准实施。原则上，验收中的遗留问题应在下一阶段验收之前处理完毕。验收遗留问题处理完成后，项目法人（项目管理单位）主持及时组织验收。

工程通过合同项目完成验收，且遗留问题处理完毕并经验收后，项目法人（或项目管理单位）与施工单位应在合同约定的时间内完成工程移交工作。

工程移交后，如发现隐蔽性的影响工程安全运行和使用功能的重大质量问题时，由工程项目接收单位组织工程参建单位共同分析研究，查明原因，并提出处理意见。

工程移交后，由设计、施工、材料以及设备等质量问题造成的重大质量问题，应由工程项目接收单位负责组织处理，其他工程参建单位按照各自合同确定的责任承担具体处理工作和相应的处理经费。由于使用不当及管理不善等造成的事故，应由工程项目接收单位负责处理，其他工程参建单位应协助处理。

（三）工程验收完成情况

济平干渠工程完成设计单元工程完工验收，其余设计单元工程完成了完工验收技术性初步验收或完成通水验收。

案例三　某灌区续建配套与节水改造工程代建制建设管理

一、工程概况

临沂市小埠东灌区于1963年5月建成，原设计灌溉面积12.9万亩（1亩＝1/15 hm²，下同），1997年小埠东拦河枢纽工程建成启用后，水头提高了3.4 m，一次蓄水2 830万m³，使小埠东灌区灌溉水源有了可靠保证，可灌溉面积有了很大发展，目前小埠东灌区规划灌溉面积达到了30.05万亩。2017年临沂市水利局以临水农〔2017〕46号对小埠东灌区西灌区部分进行续建配套与节水改造工程建设。项目法人和招标人为罗庄区农田水利项目建设管理处。

工程主要内容包括:(1)西灌区渠道防渗衬砌 5.3 km。

(2)新建、改建、维修渠系建筑物 41 座,其中新建 8 座,包括节制闸 2 座、进水闸 4 座、倒虹吸 1 座、生产桥 1 座;改建 16 座,包括泄水闸 2 座、节制闸 4 座、进水闸 1 座、生产桥 9 座;维修 17 座,包括节制闸 1 座、生产桥 4 座、涵洞 12 座。

(3)西灌区管理道路 12 km,共铺筑路面 5.4 万 m²。

工程总投资 3 044 万元。主体工程投资为 2 822.44 万元,其中:建筑工程 2 293.46 万元,机电设备购置及安装工程 3 万元,金属结构设备及安装工程 42.26 万元,临时工程 116.17 万元,其他费用 339.79 万元,预备费 27.76 万元,工程占迁 180.54 万元,水土保持工程投资 17.97 万元,环境保护工程投资 23.05 万元。

二、建设管理模式及组织结构

(一)本项目建设管理模式

本项目采用了目前较为新型的代建制建设管理模式,目前该模式从工程项目的代建范围来划分其实施方式分为全过程代建和两阶段代建。

1. 全过程代建

全过程代建即委托单位根据批准的项目建议书,面向社会招标,选择代建单位,由代建单位根据批准的项目建议书,从项目的可研报告开始介入,负责可研报告、初步设计、建设实施乃至竣工验收的管理。

2. 两阶段代建

两阶段代建即将建设项目分为项目前期工作阶段代建和工程项目建设实施阶段代建。

(1)项目前期工作阶段代建。由投资人直接委托或招标选择项目前期工作阶段代理单位,协助编制可行性研究报告,负责组织可研报告的评估,完成项目报批手续,通过招标选定设计单位,办理并取得规划许可证和土地使用证,协助完成土地使用拆迁工作。

(2)工程项目实施阶段代建。授权代建人办理开工申请报告,办理并取得施工许可证,通过招标选定施工单位和工程监理单位,组织管理协调工程的施工建设,履行工程如期竣工验收和交付使用的职责,负责保障工程项目在保修期内的正常使用。

由于国内代建制实施时间不长,实施经验不成熟,因此本项目仅在实施阶段采用了代建模式。

(二)本项目组织结构

1. 工程项目组织机构

(1)工程项目主管部门:罗庄区水务局。

(2)项目发包人(建设单位):罗庄区农田水利项目建设管理处。

(3)代建单位:山东省淮河流域水利管理局规划设计院。

(4)设计单位:山东省临沂市水利勘测设计院。

(5)承包人:一标段,临沂市罗水建筑安装有限公司;二标段,临沂锦华建设有限公司。

（6）监理单位：山东临沂水利工程总公司。

（7）审计单位：山东恒正项目管理有限公司。

（8）质量检测单位：江苏禹衡工程质量检测有限公司。

（9）金属结构设备供应单位：衡水市合鑫水利机械有限公司。

（10）质量监督机构：临沂市水利基本建设工程质量监督站。

2. 代建单位组织机构

为了加强临沂市小埠东灌区 2017 年度续建配套与节水改造工程（西灌区部分）的质量和安全管理，防止和减少质量事故发生，代建单位于 2017 年 9 月 1 日成立了临沂市小埠东灌区 2017 年度续建配套与节水改造工程代建项目部与质量和安全管理领导小组。

3. 监理单位组织机构

2017 年 8 月 31 日以临水总〔2017〕第 112 号文成立了临沂市小埠东灌区 2017 年度续建配套与节水改造工程监理部。配备了各类监理人员 7 名，监理部实行总监理工程师负责制，总监理工程师为监理单位履行工程监理合同的全权代理人，严格按照工程监理合同要求开展工作；监理工程师接受总监理工程师、总监代表的领导并指导监理员的工作。

4. 施工单位组织结构

1）管理模式

采用以项目经理负责制为中心的项目法进行工程施工组织，组建以工程施工项目为主控对象、以项目施工管理为中心的现场组织机构——项目经理部，实行项目经理负责制，下设管理层和作业层，全面实施"一级管理，两层分离，共同负责，风险共担"的全过程、全方位的施工管理模式。

2）项目管理层

项目管理层由各专业科室负责人和内业管理人员组成，负责项目各项工作的管理。根据本工程情况，结合工程的招标要求，项目管理层组织机构如图 11-5 所示。

5. 各部门职责

1）工程科

（1）在总工程师领导下，负责本项目的技术管理工作，主管图纸审核、岗前培训、技术交底，依据规定进行临时工程设计、编制施工组织设计、工艺细则及应急方案等，保证各项技术工作规范、科学、正确、有序开展，为每道工序生产合格产品提供可靠的技术保证，做好资料记录与管理。

（2）负责本项目的施工生产调度及现场管理，负责协调项目经理部各个部门、各个施工队的关系，保障施工生产正常、有序进行，组织召开工程例会，及时沟通与业主、监理的联系，解决好施工生产的协调工作。

（3）负责本项目的施工测量控制及施工监测，保证其工作准确、生产规范进行，收集保存各种内、外业资料。

2）质检科

（1）在总工程师直接领导下负责本工程的质量工作，是质量控制的专职部门，施工中同监理工程师密切配合协作，主管质量计划的编制、检查、落实。监督施工方案、施工工艺及工作规程的执行情况，制定质量通病预防措施，组织 QC 小组活动，对工程质量进行自

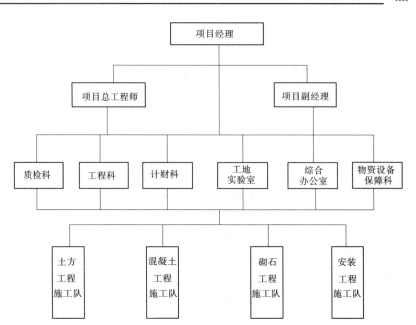

图 11-5　项目部组织机构

检评定。严格按照施工规范检查各工序的成品、半成品，保证上道工序为下道工序提供合格的产品，完成各种质量记录。

（2）负责本项目的安全管理工作。主管安全生产计划的编制并检查落实，进行岗前安全教育培训，施工中日常安全检查及事故分析。严格安全操作程序，督促检查安全防护品的佩戴和使用、安全设施的设置与使用。

（3）负责 ISO9001∶2000 质量管理体系、《职业健康安全管理体系》（GB/T 28001—2011）及《环境管理体系要求及使用指南》（GB/T 24001—2016）在本项目中的有效实施，并做好各种质量记录，保证其畅通、有序、有效运行。

3）工地实验室

负责本项目的试验、监测工作，为合格的建筑材料进场及施工生产提供正确、完整的试验资料，并负责质检控制。

4）物资设备保障科

（1）负责工程所需物资采购和物资管理，制订工程项目的物资管理计划，参加工程项目验工计价。

（2）负责工程项目施工设备管理工作，制定施工机械、设备管理制度。

5）计财科

（1）负责本项目的全面计划管理，分析各项目施工成本，制定切实可行的施工成本控制措施，及时进行计量计价和投资控制管理，按期上报各种报表。

（2）保障本项目的资金管理、调配和使用，合理安排资金使用计划，严格按照财务管理制度展开工作。

6）综合办公室

负责项目经理部日常生活、生产后勤保障事务，以及对外协调、处理与地方关系，创造一个良好的周边环境,以利于工程施工。

(1)负责本项目实施中的项目经理部的日常行政事务管理,主管项目经理部文件的起草、递送和保管。负责监理工程师和业主代表的办公、生活及其工作的外部保障协调工作。

(2)负责施工现场的防火、防盗、治安保卫、综合治理及案件查处等工作。

(3)负责工地必要的急救和医药服务,并负责工地现场的卫生保健工作。

(4)负责监督检查本项目的文明施工及环境保护工作的执行情况。

三、合同管理

(一)招标投标

项目法人通过招标代理机构,严格按照国家、省有关法律、法规和水利行业有关规定依照法定程序进行了公开招标。先后确定了勘察设计单位、代建单位、施工单位和监理单位。勘察设计单位为山东省临沂市水利勘察设计院,代建单位为山东省淮河流域水利管理局规划设计院,施工单位分为两个标段,一标段为临沂市罗水建筑安装有限公司、二标段为临沂锦华建设有限公司,监理单位为山东临沂水利工程总公司。

(二)合同管理

合同是建设管理的重要依据,合同双方按照《合同法》和《水利水电工程施工合同示范文本》的规定,严格合同管理,认真履行双方的权利和义务,在执行过程中,双方未发生违反合同条款的行为,为工程建设提供了可靠的保证。本项目主要合同管理有以下内容。

1. 代建合同

通过公开招标,与山东省淮河流域水利管理局规划设计院签订了工程建设代建合同。

合同采用总价承包形式,合同价款为代建单位投标中标价,按合同条款支付。甲、乙双方各自履行合同条款的权利和义务,未出现任何合同纠纷,合同执行效果良好。

2. 设计合同

通过公开招标,实施方案由项目法人委托山东省临沂市勘察设计院承担,签订了设计合同。设计单位在开工前,进行施工图技术交底、解答设计、施工有关问题,开工后,设计代表常驻工地,深入现场,解答施工中提出的有关设计问题,并及时做好变更,为工程顺利进行创造条件。建设管理处也及时支付合同勘测设计费用,不拖欠、不扣留。双方严格执行合同,取得良好效果。

3. 监理合同

通过公开招标,项目法人与山东临沂水利工程总公司签订了工程建设监理合同。

合同采用总价承包形式,合同价款为监理单位投标中标价,建设处按合同条款支付。甲、乙双方各自履行合同条款的权利和义务,未出现任何合同纠纷,合同执行效果良好。

4. 施工合同

通过公开招标,项目法人分别与临沂市罗水建筑安装有限公司和临沂锦华建设有限公司签订了建筑工程施工合同,施工合同价款按中标价签订,实行单价承包合同,工程结算按实际发生的工作量与投标书《工程量清单》中单价结算,对《工程量清单》中未含单价项目,按合同约定方法确定单价。

按合同条款规定甲方支付乙方预付款,施工进度分期拨款,由承建方提交进度拨款申请单,经监理审签,审计审核后支付,工程结算,由承建方提交工程明细结算清单,经监理核实、跟踪审计单位审核,出具结算报告后支付,并预留5%的质量保证金,待保修期完一次结清。

5. 检测合同

项目法人与江苏禹衡工程质量检测有限公司签订了检测合同(管材)。

四、进度管理

本工程的工期:自2017年9月26日开始至2018年3月20日结束。

(一)前期工程进度的控制

(1)自合同签订后,总监理工程师下达合同开工通知之前,由建设单位组织建设单位、代建单位、工程监理单位和施工单位分别对各自人员及分工、开工准备、监理例会的要求等情况进行沟通和协调。

(2)建设单位开工前的准备工作:①首批开工项目施工图纸和文件的供应;②测量基准点的移交;③施工用地及必要的场内交通条件;④首次工程预付款的付款;⑤施工合同中约定应由发包人提供的道路、供电、供水、通信条件。

代建单位要根据建设单位的准备工作做好配合,积极协助建设单位解决所能做到、做好的工作。

(3)监理单位开工前的准备工作:①对发包人和承包人的准备工作进行检查和审核;②对所涉及的工程进行监理交底;③对设计所提供的施工图纸进行审核;④审核施工单位所提交的施工总进度计划是否切合工程实际。

(4)施工单位开工前的准备工作:①承包人组织机构和人员的审核;②承包人工地实验室和试验计量设备的检查;③承包人进场施工设备的审核;④对基准点、基准线和水准点的复核和工程放线;⑤检查进场原材料和构配件;⑥检查砂石料、混凝土拌合系统以及场内道路、供水、供电、供风等施工辅助设施的准备情况。

所有工程开工前的准备工作做好以后,才能按照施工单位所提交的总进度计划进行施工,如若不然,将会影响工程的工期。

(二)工程施工过程中的进度控制

(1)在施工过程中应对监理单位审核后的施工总进度计划进行检查,对存在疑问的时间节点问题提出建议,指示施工单位再根据实际工地进展进行调整,控制在合同规定的工期内。本工程中代建单位审查监理单位所审阅批复的施工总进度计划,对工程进度及时反馈意见,并为下一步更好地完成工程提出合理的建议。

(2)督促监理单位做好工程进度的把控,并及时反馈工程进度情况。监理单位每周对工程进展进行汇总,并附上工程进度完成情况与详细的分析,代建单位根据监理单位所提交的进度内容进行检查,并对监理单位做好下一步进度控制工作提出要求。

(3)在工地检查过程中,检查施工单位的工程进展,并及时指示施工单位对工程进度及时调整。检查完工地进展情况后,及时与施工单位进行交流,根据实际情况,提出工程进展中所存在的问题,并根据施工单位所反映的工地进展情况,指示施工单位适时调整施工单位的进度计划。

(4)根据工程施工的环境,及时做好与工程所在乡镇的分管领导沟通,协助建设单位协调工程占迁问题,保证施工场地有足够的施工工作面。在遇到地下管道和线路问题时,根据施工所在村干部的提示,积极与相对应的单位进行联系,做好现场保护,待达成一致意见后,指示施工单位按照统一后的意见进行施工,以免意见不统一而导致施工无法进行,耽误工期。

(5)在施工单位提出的实际现状与设计图纸存在出入时,及时协助建设单位联系勘察设计单位,到现场进行实地勘察,并汇总各方的参考意见,结合设计所给出的合理调整,做出下一步的工作指示,以免因为设计图纸问题影响施工进展。

五、质量管理

(一)代建单位的质量责任和义务

(1)协助建设单位审查勘察设计、施工、监理单位的相应资质等级。

(2)收集建设单位向有关的勘察设计、施工、工程监理等单位提供与建设工程有关的原始资料,原始资料要真实、准确、齐全,然后下传给相应的单位。

(3)协助建设单位将施工图纸设计文件报县级以上人民政府建设行政主管部门或者其他部门进行审查,施工图纸未经审查批准的,不得使用。

(4)协助建设单位建立健全施工质量检查体系,根据工程特点建立质量管理机构和质量管理制度。

(5)在工程开工前,协助项目法人按规定向水利工程质量监督机构办理工程质量监督手续。在工程施工过程中,主动接受质量监督机构对工程质量的监督检查。

(6)协助项目法人组织设计和施工单位进行设计交底,施工中应对工程质量进行检查,工程完工后应及时组织有关单位进行工程质量验收和签证。

(二)施工质量控制

1.施工导流与排水规范

本次渠系工程与管理房工程施工期间降雨量稀少,且灌区处于停水期,无需施工导流与截留,只需要基坑排水。采用电力式内燃机为基坑排水提供动力,基坑排水采用明排方案。

西灌区五分干五支渠进水闸、五分干五支渠泄水闸、五分干六支渠进水闸。西三冲节制闸施工时需筑围堰并做好施工期基坑内排水,方可保证施工顺利进行。

2.主体工程施工要求

本次工程施工主要包括渠道疏挖、开挖、填筑及渠道护砌、道路修筑工程,另有少量工艺较复杂的建筑物工程,为保证工程质量,采用专业队伍施工。适宜的施工方法为:机械与人工相结合,以机械施工为主,人工为辅,全线开工,以便保证质量按期完成施工任务。

1)土石方工程

渠道疏挖工程:土方开挖采用 $1 \mathrm{~m}^3$ 挖掘机挖土;土方回填压实采用 75 kW 履带拖拉机压实结合人工补边夯。土方回填压实标准:黏性土的压实度不应小于 0.9,非黏性土的相对密度不应小于 0.6,填方渠道土方施工应严格执行有关规范规定。

2）砌石工程

本工程砌石方量较大，应维持好施工秩序，选择合适的施工方法，以保证施工进度。

浆砌石施工采用机械拌合砂浆，人工安砌。浆砌石桥、闸墩施工采用坐浆法分层砌筑，浆砌石渠道边墙砌筑应采用铺浆法。砌体所用石料、混凝土预制件质量及砌体强度均应满足设计要求，并严格执行上下错缝及灰浆饱满密实的规定。施工过程中应严格按照《砌体结构工程施工质量验收规范》（GB 50203—2011）及《堤防工程施工规范》（SL 260—2014）的有关规定要求施工。

3）混凝土及钢筋混凝土工程

混凝土拌合料采用搅拌机拌合（也可采用商品混凝土），斗车运输，采用溜槽入仓，分层填筑，机械振捣。养护期覆盖草袋，并洒水养护。混凝土预制构件采用工厂集中预制，汽车运输，由人工安砌就位。施工中严格遵守《水工混凝土施工规范》（SL 677—2014）、《水工混凝土试验规程 1 附条文说明》（SL 352—2006）及《水闸施工规范》（SL 27—2014）的规定。

3. 主体工程施工控制

1）土石方工程具体施工要求

（1）土方工程施工前，必须进行轴线引测控制，监理人员应督促承包商对现场使用的经纬仪、水准仪进行一次全面的严格检查，并根据勘察设计单位给出的测点，引至施工现场的临时用点上，一般应进行三次复核。同时，现场监理人员亦必须对此工作进行复核，确保绝对准确。最后代建单位对监理单位的复核进行抽查检验。

（2）严格审查挖土方案，重点是审查监理审核该挖土方案能否满足设计要求和勘探资料显示的土质要求，并提出合理的工作建议。

（3）审查挖土的设备情况和质保体系，督促施工单位做好班组技术交底。

（4）检查进场人员与进场设备是否符合施工方案。

（5）监督、检查挖土中的施工情况严格按挖土方案施工。

（6）对于地下水位较丰的施工地段，需井点降水开挖，应督促施工单位准备双路电源或发电设备，确保连续供电，确保开挖顺利进行，井点正常运转，避免产生涌砂、塌方、人身伤亡等事故。

（7）挖土时，严禁扰动地基土。对于机械挖土，应有 20 ~ 30 mm 的余量，在挖土完成后，进行人工修土。

（8）挖土时，严禁用水浸泡地基，以免造成不均匀沉降。

（9）土方工程检查的控制要点。要求现场监理人员对土方工程的质量检查和评定主要包括以下几个方面：①边坡；②基坑验收；③填方的基底处理；④回填土料：回填的土料必须符合设计和施工规范要求，土方回填后，一般涉及地坪、道路、设备基础、散水坡等后续工程，回填的质量将直接影响这些工程的安全和使用，严重的可能会因为填土的不均匀沉降而引起断裂破坏，因此凡有压实要求的填方，监理人员必须对填土工程的土料进行检验；⑤回填土的碾压；⑥填土土料质量；⑦填方结束后，应检查标高、边坡坡度、压实程度等。

2）浆砌石工程具体施工要求

（1）浆砌矩形渠道和梯形渠道控制要点

由于本工程灌渠渠堤填筑段占渠道总里程数的28%左右，约3 350 km，根据多年来渠道填筑工程施工经验，渠道的填筑质量较为关键，过程的控制是重中之重。

①渠堤填筑，总体上遵循全断面自上游段至下游段平起均衡下降的施工方法，图纸设计比降为1/3 000。将填筑段沿平行于渠中心线方向按200 m分成若干个单元。在各单元依次完成填筑的各道工序，现场质检员及时按照规范进行回填土碾压试验，检测压实质量，避免超压或漏压。

②在料场确定和渠道挖方确定的基础上，认真进行料场土料含水量和现场碾压试验，确定合理的施工参数。

③采用一般的自行碾压设备进行填筑碾压。

④横向接合部位处理（界面处理），由人工配合1.2 m³液压反铲进行刨松或者剔除老土处理，禁止出现斜层搭接和碾压。

⑤填筑前应先进行表面腐殖土清理，清理厚度不小于20 cm，填筑基础面应该无草根、淤泥、积水现象；首层铺料前，应对基础面进行检查，确保无软基现象，若有则应先将软基进行清除，然后分层填筑软基处至基础面；并将基础面碾压6~8遍，确保密实后方可开始进行铺料填筑；基础面应保证为水平填筑，禁止出现斜面填筑。

⑥矩形渠道填筑基础设计尺寸宽度为1.48 m，高度为0.5 m，渠道墙体设计尺寸上顶宽度为0.4 m，挡土墙背侧坡比为1:0.35，渠道基础面至渠顶面设计高度为1.55 m；梯形渠道基础设计尺寸宽度为0.3 m，高度为严格按照施工组织设计和施工方案的要求，进行刷坡和保护层开挖施工，应先由测量人员对于渠坡进行精确放样，人工挂线，每15 m一个断面进行分缝处理，断面应包括起始点、变化点等，挖掘机进行粗挖，并预留5~10 cm二级保护层进行人工精削坡至设计基础面。梯形渠道现状高程与设计渠底高程相差在2.2 m以上，且两侧为基本生产农田，为了避免因雨天造成渠道二次淤积和保护农田，应适当增长渠道坡长。9+400~9+520段渠道因处在庄内且可以施工的工作面，经过业主、代建、设计、监理和施工等单位协商后，将此段渠道改为矩形渠道，按照矩形渠道的施工方法进行组织施工。按照三检制进行验收资料填写，复检合格后专职质检员负责终检，终检合格并报请监理工程师同意，方可转入下道工序施工。

（2）渠道与渠系建筑物结合部位，施工设备不易施工。对该部位填筑采用如下技术措施和质量控制：

①应先完成渠系建筑物施工，建筑物混凝土龄期应保证在14天以后开始进行周边渠道铺筑施工，混凝土结合面应进行涂刷泥浆施工，泥浆施工每层高度应与铺筑厚度与强度相适应。

②对接合部位按规范要求进行人工配合进行渠道扭坡面施工，并由碾压机具碾压密实。

3）混凝土渠顶和混凝土渠盖板工程具体施工要求

本工程分为混凝土渠顶和混凝土盖板实施，有效施工期1.5个月，总工程量为1 254.2 m³，采用现场浇筑混凝土渠顶和混凝土盖板，施工质量控制采取以下措施：

(1)混凝土表面平整度控制。

①根据实际施工情况及时对模板改进,防止模板变形或漂模,确保混凝土表面平整度。

②采用一次抹面的工艺措施,混凝土满仓后立即人工木模进行一次抹面,同时现场技术人员用 2 m 靠尺在混凝土初凝前对永久面、施工缝面增加检测频率,确保混凝土不出现划痕、鼓包、凹陷等缺陷,局部不平整 2 m 范围内起伏差不超过 3 mm。

(2)渠道混凝土防裂控制。

①加强混凝土配合比的控制。结合以往的施工经验,认真进行混凝土配合比试验,提出合理化建议,确定最佳混凝土施工配合比。

②加强混凝土拌制质量的控制。为了确保混凝土的施工质量,安排专人进行混凝土的拌制质量的控制,要求每班在机口坍落度至少检测 4 次,拌合物的温度、气温和原材料温度,每 4 h 检测 1 次。

③加强混凝土施工的温度和湿度控制。为了避免由于混凝土的内、外温差过大产生裂缝,减少未凝固混凝土水分过多蒸发,防止混凝土开裂,应加强混凝土施工的温度和施工小环境的湿度控制。因此,在拌合站集料储备仓制作遮阳棚或采用冷水拌合方案拌制混凝土,以防水分过分蒸发而产生收缩裂缝(干裂或龟裂),控制入仓温度使其符合规范及设计要求。

④混凝土入仓前应保证基面洒水湿润。

⑤加强混凝土的养护,人工木模一次收面后采用立即覆盖塑料薄膜保湿,暂缓洒水养护,对混凝土板进行终生湿润养护,保湿养护至通水为止。

⑥渠道混凝土压顶施工完成 7 天后,方可开始混凝土板浇筑施工,防止因填筑段自然沉降导致混凝土压顶开裂。

4)生产道路工程具体施工要求

开工前,由建设单位、代建单位、设计单位、监理单位和施工单位共同到施工现场进行交桩,施工单位要对所交的桩点妥善保管好,如发现有损坏情况,要及时与监理工程师进行汇报,并按照监理工程师的要求对桩位重新恢复。

(1)碎石基层施工。

①工作程序:准备下承层(底基层)→施工测量放样→挂线→厂拌料(实验室取样)→运输→摊铺→压实(质检组检测)→养生。

②工作方法:

a. 准备下承层:对路基单位交付的底基层进行检查,要求表面平整、坚实、无浮土,没有松散和软弱地点,其各项指标已达到规范要求并经监理工程师检测。底基层顶面先进行拉毛并扫除浮土后再摊铺。另外,在摊铺之前对干燥地段进行洒水润湿。

b. 施工测量放样:施工单位先对中线复核,检查路面宽度,根据下基层路面宽度放出边桩,测定出中桩与边桩每个点的高程(每 50 m 或者 100 m 为一个断面),确定每个点与设计高程之差,并在路面两侧固定方木挡料,防止压实时路面塌肩。

c. 挂线:施工单位依据测量成果与设计摊捕厚度之和乘以压实系数,挂出路面两侧基准线。

d. 机械拌合：按照施工项目部所提供的混凝土强度配合比对原材料进行称重，然后进行机械拌合，拌合时间在 1.5 ~ 2 min，根据天气情况和原材砂的含水量进行供水量的调整。

e. 运输：由合适的运输车将拌合好的成品运送到施工部位，运输车数量根据生产能力和运距确定，并有适当的余量。卸料时控制卸料速度，以防止离析。

f. 摊铺：拌合好的混凝土运至现场，立即进行摊铺。运料车在摊铺部位前 10 ~ 30 cm 处停下，空档等候，然后推向前进，运料车倒向卸料，在摊铺过程中，边摊铺边卸料，卸完料后运输车即离去，另一辆运输车再倒向摊铺机。摊铺人员梯队式作业进行摊铺，一次铺筑成型。派专人处理粗细集料离析现象，铲除局部粗集料"窝"，并用新拌合料填补使表面平整。另外，摊铺现场配备不少于 200 m 的塑料薄膜，以防未压实的工作面遭雨淋。

g. 振动：在拌合混凝土卸入并摊铺完成后，施工人员采用振动棒进行振动，将混凝土进行处理，使灰浆浮出，然后进行平仓，保证边道灰浆饱满，麻面蜂窝不集中。

h. 机械抹光：圆盘抹光机粗抹或用振动梁复振一次能起匀浆、粗平及表层致密作用。它能平整真空脱水后留下的凹凸不平，封闭真空脱水后出现的定向毛细孔开口，通过挤压研磨作用消除表层孔隙，增大表层密实度，使表层残留水和浆体不均匀现象得到改善，以减少不均匀收缩。实践证明，粗抹是决定路面大致平整的关键，因此应在 3 m 直尺检查下进行。通过检查，采取高处多磨、低处补浆（原浆）的方法进行边抹光边找平，用 3 m 直尺纵横检测，保证其平整度不宜大于 1 cm。

i. 养护：在浇筑完路面混凝土后进行洒水养护并覆盖地膜，以免水分过分蒸发导致混凝土路面出现裂纹。

o. 拆模：混凝土模板的拆除时间视气温而定。拆模操作中，要十分注意保护接缝、边角等部位。

k. 伸缩缝：在混凝土达到设计强度的 50% ~ 70% 时，用切缝机切割成缝，缝宽 3 ~ 5 mm，切缝深度不低于混凝土路面厚度的 1/3。

六、费用管理

（一）资金筹措

小埠东灌区续建配套与节水改造项目总投资 3 044 万元，其中：中央财政补助资金 2 130 万元，省财政补助投资 760 万元，市县配套 154 万元。

（二）资金控制

1. 预付款阶段

合理使用开工预付款。开工后，根据合同要求，施工单位申报预付款支付，监理单位依据合同进行预付款的审核并批复，上报代建单位和建设单位最终确认。预付款即入账，并合理地使用资金，尽快形成生产规模，发挥预付款作用；在项目中要根据结算周期编制资金筹集及使用计划，并要留有后备资金以应付突发情况，严格按计划使用资金，减少资金支出的盲目性。

2. 施工的准备阶段

施工单位要根据施工所需要支出的费用制定详细的财务收支计划、规章制度和资金近期计划。由于资金在这个阶段发生频繁且数量大,这一阶段要做好资金的控制。

3.施工阶段

根据合同要求,在完成工程量的50%后,支付施工单位工程进度款,并相应扣回预付款。经监理单位和代建单位工程现场确认工程量后,施工单位提报付款申请表,监理单位根据施工单位所提报的申请表进行审核并确认。然后经监理单位将审核后的施工单位支付申请表报送至代建单位,代建单位再进行复核,确认无误后,报送至建设单位。最后经建设单位同意后,进行进度款的拨付。

最后,在施工单位完成所有施工任务后,根据合同要求,再进行一次资金拨付申报。监理单位和代建单位对完成的工程量依据隐蔽工程签证、工程量清单以及设计图纸进行审核,最后报送建设单位确认。依据合同内有关款项的支付内容,进行拨付至工程价款的70%。

4.工程交付阶段

待施工工程项目全部验收合格后,施工单位要及时向建设单位办理验收交付手续,并根据合同要求,拨付工程款至95%。

七、安全管理

(1)本灌区工程实行项目法人负责、代建单位和监理单位控制、施工单位保证和政府监督相结合的安全管理体系,并推行第三方质量检测制度。

参建各方应当明确并落实质量和安全责任,自觉接受水行政主管部门质量与安全监督机构的监督。

(2)工程开工前,项目法人及时办理质量与安全监督手续。工程验收前,及时将工程的关键部位、重要隐蔽单元工程、分部工程、单位工程等质量等级结论进行核备或核定。

(3)项目法人择优选择具有相应资质等级和专业要求的水利工程质量检测单位,并经项目质量监督机构同意后,对工程质量进行全过程第三方检测。水利工程质量检测项目和数量按照《山东省水利工程质量检测要点》确定。检测单位应当及时向委托方提交检测报告,参与法人验收和政府验收活动。

(4)水利工程建设项目法人、代建单位、勘察设计单位、监理单位、施工单位及其他与水利工程建设安全生产有关的单位,必须遵守安全法律、法规、规定。采取有效措施,保证水利工程建设安全生产,依法承担水利工程建设安全生产责任。

(5)代建单位协助项目法人组织编制保证安全生产的措施方案,并自工程开工之日起15个工作日内报有管辖权的水行政主管部门或其委托的水利工程建设质量与安全监督机构备案。

八、工程档案管理

工程档案是工程建设管理工作的重要组成部分。为管理好档案资料,确保档案的完整、准确、系统、安全,按照统一领导、分级管理的原则,代建项目部及相关参建单位必须加强对档案工作的领导,将其纳入工程建设管理的全过程,落实岗位责任制。在工程建设管理中要列出档案工作专项经费,保障档案工作的正常开展。

积极推行档案工作现代化管理。代建项目部及各参建单位充分利用信息技术,开展档案数字化工作,建立档案数据库,有效开发档案信息资源,提高档案管理水平,努力实现"一流工程,一流档案"的目标。

(一)档案管理机构及其职责

(1)代建项目部及参建单位建立健全档案管理机构,确定分管档案工作的负责人,设立档案室,落实档案专(兼)职人员及岗位职责。各级专(兼)职档案人员自觉接受上(同)级档案管理部门的业务指导,参加业务培训,各有关部门积极配合档案管理部门履行监督、检查和指导职责,共同做好本部门和所承担工程项目的档案管理工作。

(2)代建项目部对本工程代建阶段的工程档案管理负责,其档案管理部门的主要职责为:

①贯彻执行国家有关法律、法规,建立健全工程档案管理办法和档案工作规章制度并组织实施,推行档案管理工作的标准化、规范化、现代化。

②负责组织、协调、督促、检查、指导参建单位及本单位各部门档案的收集、整理、归档工作,并加强归档前文件资料的管理。档案管理人员会同工程技术人员对文件材料的归档情况进行定期检查,审核验收归档案卷。

③集中统一管理代建项目部收集、整理的档案资料。推行文档一体化管理,编制档案分类方案、归档范围、卷目划分、保管期限表,做好档案的接收、移交、保管、统计、鉴定、利用等工作,为工程建设管理提供服务。

(3)参建单位要采取有效措施,确保对所承建工程整个过程各种载体、全部档案资料的动态跟踪管理。技术负责人对本单位工程档案内容及质量负责。

①勘测设计单位根据有关要求分项目按设计阶段,对应归档的勘测设计等有关资料原件进行收集、整理和立卷,按规定移交。

②施工及设备(管材)制造承包单位负责所承担工程文件材料的收集、整理、立卷和归档工作,并做好归档前档案资料的管理,严格登记,妥善保管,会同工程技术人员定期检查文件材料的整理情况,及时送交相应监理单位签署审核意见。

③监理单位负责对工程建设中形成的监理文件材料进行收集、整理、立卷和归档工作,督促、检查施工单位档案资料的整理工作,及时对施工档案资料签署审核意见,并向代建项目部提交审核工程档案内容与整理质量情况的专题报告。专题报告内容包括工程概况和工程进度情况;工程档案资料收集、整理、保管情况;根据工程进度,对档案资料的完整、准确、系统性提出审核评价意见。

④检测单位对工程建设中的检测资料包括检测合同、委托书、原始记录、质量检测报告等,根据工程进度负责进行收集、整理、立卷和归档工作。检测单位应当单独建立检测不合格项目台账。

⑤其他所有参与工程建设的单位对其在本业务中所产生的全部文件材料负责,按本办法规定对应归档的文件材料进行收集、整理、立卷、归档工作。

(二)档案文件管理

(1)实行文件形成单位立卷制度。代建项目部、参建单位在工程建设中所形成的全部档案资料,均由本单位按要求收集、整理、立卷和归档,在工程验收前移交项目法人或代建项目部集中管理,任何单位和个人不得据为己有或拒绝归档、移交。

(2)档案工作要与工程建设同步开展,从工程建设前期就要同步开展文件材料的收集和整理工作;在签订有关合同、协议时,应同时对工程档案的载体形式、质量、份数、移交等提出明确要求;检查工程进度与施工质量、支付工程预付款及结算时,要同时检查档案的收集、整理情况;成果评审、鉴定和工程质量评定时,要同时检查档案的完整、准确、系统及案卷质量是否符合要求;单位工程验收(含阶段验收)、合同(完工)验收前,首先对档案资料进行审查,并做出相应的鉴定评语。

(3)实行档案验收等级评定制度。档案验收等级作为工程质量等级评定的重要依据。优良工程的档案质量等级必须达到优良。档案质量(特别是竣工图)达不到规定要求的,要限期整改,仍不合格的,不得进行工程验收。档案评定标准按照《水利工程建设项目档案验收管理办法》中有关档案验收评分标准执行。

(4)工程档案的质量是衡量工程勘测、设计、咨询、招(投)标、施工、监理等工作质量的重要依据。应将其纳入工程质量的管理内容。档案达不到规定要求的,不得进行鉴定或通过验收。

(5)为加强档案利用与管理,档案管理部门要制定档案借阅与利用等管理制度,编制各种检索工具,完善利用手段,积极主动为建设管理提供服务,充分发挥档案资料的作用。凡属涉密档案,必须按国家保密法规管理,做好保密工作。

(三)归档范围及要求

(1)档案资料必须完整、准确、系统。文书档案与工程档案分类清楚,组卷合理。为保证工程档案的完整、系统,与工程项目密切的管理性文件应同时与工程文件一并组卷。所有归档材料应是原件,双面用纸(特殊情况除外),要做到数据真实一致,字迹清楚、图面整洁,签字手续完备;案卷线装(去掉金属物),结实美观;图片、照片等附以有关情况说明。案卷目录、卷内目录、备考表采用计算机打印,手写签名。文件材料的载体和书写材料应符合耐久性要求,不能用圆珠笔、纯蓝墨水笔、铅笔书写(包括拟写、修改、补充、注释或签名)和压感复写以及热敏纸等。

(2)代建项目部的文书档案按照《机关文件材料归档范围和文书档案保管期限规定》进行分类及划分保管期限,按照《归档文件整理规则》进行整理,按件装订,文件首页上端居中的空白位置加盖、填写归档章(红色)。会计档案执行财政部发布的《会计档案管理办法》。

(3)竣工图是工程档案的重要组成部分,必须做到准确、清楚,真实反映工程竣工时的实际情况。竣工图必须由施工单位在图标上方加盖竣工图章,相关单位和责任人应严格履行签字手续,不得代签;每套竣工图应附编制说明、鉴定意见和目录,施工单位应按以下要求编制竣工图:

①按图施工没有变动的,在施工图上直接加盖并签署竣工图章。

②一般性图纸变更及符合杠改或划改要求的,可在原施工图上更改,在说明栏内注明变更依据,加盖并签署竣工图章。

③凡涉及结构形式、工艺、平面布置等重大改变或图面变更超过 1/3,应重新绘制竣工图(可不再加盖竣工图章)。重绘图应按原图编号,并在说明栏内注明变更依据,在图

标栏内注明"竣工阶段"和绘制竣工图的时间、单位、责任人。监理单位应在图标上方加盖并签署"竣工图确认章"。

（4）项目建设过程的照片、录音、录像等文件，是工程档案的重要内容，应按其种类分别整理、立卷。电子文件刻录到光盘，并附以详细的语言或文字说明。对隐蔽工程、关键部位的施工，尤其对重大事件、事故，必须有完整的文字和声像材料。代建项目部以及施工、监理等参建单位，从建设初期就应指定专人负责，认真做好声像记录并随时加以整理、注释。各参建单位在竣工前须提供反映工程建设全过程的影像资料。

（5）电子文件与纸质文件同时归档，其内容与纸质文件保持一致，并附有相关说明，注明档号、标题、编制单位、编制时间、文件数量、格式等信息。

（6）归档套（份）数。勘测设计、施工、设备（管材）制造、监理、委托代理、质量检测等归档单位所提交的各种载体的档案制作三套，工程竣工验收后一套（正本）移交运行管理单位，代建项目部留存一套，报项目法人一套。三套档案中均要求存放原件，当只有一份原件时，原件由运行管理单位保存，其他单位保存复印件。

（四）档案资料验收与移交

（1）水利工程档案专项验收，是工程竣工验收的重要组成部分。工程竣工验收前三个月，在完成各类文件材料、全套竣工图的组卷、分类、编号及通过档案管理软件对案卷级和文件级目录进行录入并有效管理后，由代建项目部组织设计、施工、设备制造、监理等单位的项目负责人、工程技术人员和档案管理人员，对工程档案的完整性、系统性、准确性、规范性进行全面自查，并进行档案质量等级自评，写出自检报告，向项目法人提交档案验收申请。项目法人审核同意后，向项目竣工验收主持单位提出档案验收申请。验收时，验收专家组对档案资料进行审查，出具包括评定等级在内的档案验收意见。

档案验收申请包括代建项目部开展档案自检工作的情况说明、自检得分数、自检结论等内容，并将档案自检工作报告和监理单位专项审核报告附后。

档案自检工作报告的主要内容包括工程概况，工程档案管理情况，档案资料的收集、整理（立卷）、归档与保管情况，竣工图编制与整理情况，档案自检工作的组织情况，对档案资料完整、准确、系统、安全性以及整体案卷的质量评价，档案资料在施工、试运行中的作用情况，对自检或以往检查中发现档案管理工作中存在的问题和整改情况，档案质量自评得分及综合评价等。

专项审核报告的主要内容：监理单位履行审核责任的组织情况，对监理和施工单位提交的项目档案审核、把关情况，审核档案的范围、数量，审核中发现的主要问题与整改情况，对档案内容与整理质量的综合评价等内容。

（2）档案资料移交前必须编制交接案卷及卷内目录，交接双方应认真核对目录与实物，填写移交接收凭证，并由经办人、负责人签字，加盖单位公章确认。

九、工程验收

为搞好临沂市小埠东灌区 2017 年度续建配套与节水改造工程（西灌区部分）（简称"本工程"）验收工作，根据水利部《水利工程建设项目验收管理规定》（水利部令 30 号）、《水利水电建设工程验收规程》（SL 223—2008）及有关规定，结合本工程实际情况，制定了相应的的验收办法。

本工程验收按工程内容分为分部工程验收、单位工程验收、合同工程完工验收、专项验收和竣工验收。

本工程验收按验收主持单位分为法人验收和政府验收。法人验收包括分部工程验收、单位工程验收、合同工程完工验收;政府验收包括专项验收、竣工验收。

本工程项目为 2 个单位工程,共 10 个分部工程,验收情况如下。

（一）分部工程验收

2018 年 3 月 14 日~3 月 15 日,受项目法人委托由总监理工程师主持,对临沂市小埠东灌区 2017 年度续建配套与节水改造工程(西灌区部分)2 个单位工程的 10 个分部工程,即渠道开挖工程、渠基填筑工程、渠道衬砌工程、渠顶工程和渠系建筑物工程进行了验收,10 个分部工程评定为合格。

（二）单位工程验收

2018 年 3 月 20 日,项目法人组织单位工程验收会议,对临沂市小埠东灌区 2017 年度续建配套与节水改造工程(西灌区部分)2 个单位工程进行了验收,验收结果为合格。

（三）合同工程完工验收

2018 年 3 月 26 日,临沂市罗庄区水务局组织合同工程完工验收会议,对临沂市小埠东灌区 2017 年度续建配套与节水改造工程(西灌区部分)进行了完工验收,验收结果为合格。

十、取得的经验

本工程的顺利实施,为今后类似工程建设提供了可借鉴的经验:

（1）实行严格的招投标制,择优选择施工企业。专业的施工队伍,能确保工程质量,按时完成工程建设任务,并且易于管理。

（2）建立健全安全生产管理体系,是工程建设创先争优的保障。在建设过程中,临沂市小埠东灌区 2017 年度续建配套与节水改造工程(西灌区部分)建设处始终坚持"安全第一"的方针,狠抓安全生产,在工程建设期间无一伤亡事故发生。

（3）强化施工质量管理。罗庄区农田水利项目建设处始终贯彻"质量第一"的宗旨,努力提高各单位的质量意识,完善质量保证体系,在实行专业监理的同时,临沂市小埠东灌区 2017 年度续建配套与节水改造工程(西灌区部分)建设处技术人员实行全过程现场跟踪检查,取得了明显成效。

（4）领导重视、各方密切配合是工程得以顺利实施的保证。建设单位是组织工程建设的核心,要始终掌握建设的主动权,确保工程按计划实施。罗庄区农田水利项目建设处在工程建设过程中,根据水利工程建设的特点,在工程建设的各个阶段提出相应的控制性进度和应达到的工程形象面貌,然后据此安排施工计划、配置资源、组织实施。为确保目标的实现,建设单位在加强全过程管理的同时,辅以相应的奖罚措施,并进行广泛的动员,统一思想认识,为工程按期建设提供了有力的保证。

附录　部分参考答案

职业能力训练一

一、单项选择题

1. C　　　2. A　　　3. C　　　4. A　　　5. C

二、多项选择题

1. ACD　　2. A C E　　3. AC　　4. ABD　　5. ABCE

6. ABC

职业能力训练二

一、单项选择题

1. A　　　2. B　　　3. C　　　4. D　　　5. B

6. B　　　7. C　　　8. D　　　9. C

二、多项选择题

1. ABDE　　2. ACDE　　3. ADE　　4. ABD　　5. BCDE

6. AE　　　7. BDE

职业能力训练三

一、单项选择题

1. B　　　2. D　　　3. A　　　4. C　　　5. C

6. C　　　7. C

二、多项选择题

1. BCDE　　2. ACD　　3. ACD　　4. AE

三、略

四、略

项职业能力训练四

一、单项选择题

1. C　　　2. C　　　3. A　　　4. A　　　5. C

6. C　　　7. B　　　8. A　　　9. B　　　10. B

二、多项选择题

1. BD	2. BE	3. BDE	4. AE

❖ 职业能力训练五

一、单项选择题

1. C	2D	3. A	4. B	5. A
6. A	7. B	8. A	9. D	10. B
11. B	12. B	13. A	14. C	15. A

二、多项选择题

1. BD	2. ABCE	3. ABE	4. ABCD	5. BD
6. BCD	7. CDE	8. ABCD	9. ADE	10. ADE

❖ 职业能力训练六

一、单项选择题

1. C	2. A	3. B	4. A	5. B
6. A				

二、多项选择题

1. ABDE	2. ADE	3. ABDE

三、案例分析题

略。

❖ 职业能力训练七

一、单项选择题

1. C	2. A	3. B	4. B	5. C
6. B	7. B	8. D	9. D	10. A
11. A	12. D	13. A		

二、多项选择题

1. ABDE	2. ACE	3. ABC	4. AD	5. AC
6. ABDE	7. ABDE	8. AC	9. ACE	10. AD
11. CD	12. ABDE	13. ABD	14. ABCD	15. ACDE

❖ 职业能力训练八

一、单项选择题

1. B	2. A	3. C	4. B	5. D

二、多项选择题

1. ABCD   2. ABCD   3. ACD   4. ABCD   5. ABCDE

三、判断题

1. √   2. √   3. ×   4. ×   5. √

 职业能力训练九

一、单项选择题

1. A   2. C   3. A   4. B   5. D

二、多项选择题

1. ACD   2. DE

职业能力训练十

一、单项选择题

1. C   2. C   3. D   4. A   5. C

6. D   7. C

二、多项选择题

1. ACD   2. ACDE   3. ABCD   4. ABCE

参考文献

[1] 尹红莲,刘俊艳,彭英慧.现代水利工程项目管理[M].黄河水利出版社,2014.

[2] 聂相田.建设项目管理[M].2版.北京:中央广播电视大学出版社,2008.

[3] 杨培岭.现代水利水电工程项目管理理论与实务[M].北京:中国水利水电出版社,2006.

[4] 全国二级建造师执业资格考试用书编写委员会.建设工程施工管理[M].北京:中国建筑工业出版社,2017.

[5] 中水淮河工程有限责任公司.水利水电建设工程验收规程:SL 223—2008[S].北京:中国水利水电出版社,2008.

[6] 全国二级建造师执业资格考试用书编写委员会.水利水电工程管理与实务[M].北京:中国建筑工业出版社,2017.

[7] 陈涛.2006年新编水利水电工程建设实用百科全书[M].北京:中国科技文化出版社,2006.

[8] 中华人民共和国建设部.建设工程项目管理规范:GB/T 50326—2017[S].北京:中国建筑工业出版社,2017.

[9] 仲景兵,王红兵.工程项目管理[M].北京:北京大学出版社,2006.

[10] 刘小平.建筑工程项目管理[M].北京:高等教育出版社,2014.

[11] 翟丽旻,姚玉娟.建筑施工组织与管理[M].北京:北京大学出版社,2009.

[12] 中国水利工程协会.水利工程建设质量控制[M].北京:中国水利水电出版社,2007.

[13] 中华人民共和国水利部.水利水电工程标准施工招标文件[S].北京:水利水电出版社,2009.

[14] 徐存东.水利水电建设项目管理与评估[M].北京:中国水利水电出版社,2006.

[15] 王火利,章润娣.水利水电工程建设项目管理[M].北京:中国水利水电出版社,2005.

[16] 丰景春,杨晨,黄华爱,等.水利水电工程合同条件应用与合同管理实务[M].北京:中国水利水电出版社,2005.

[17] 中华人民共和国水利部.水利水电工程施工安全管理导则:SL 721—2015[S].北京:中国水利水电出版社,2015.